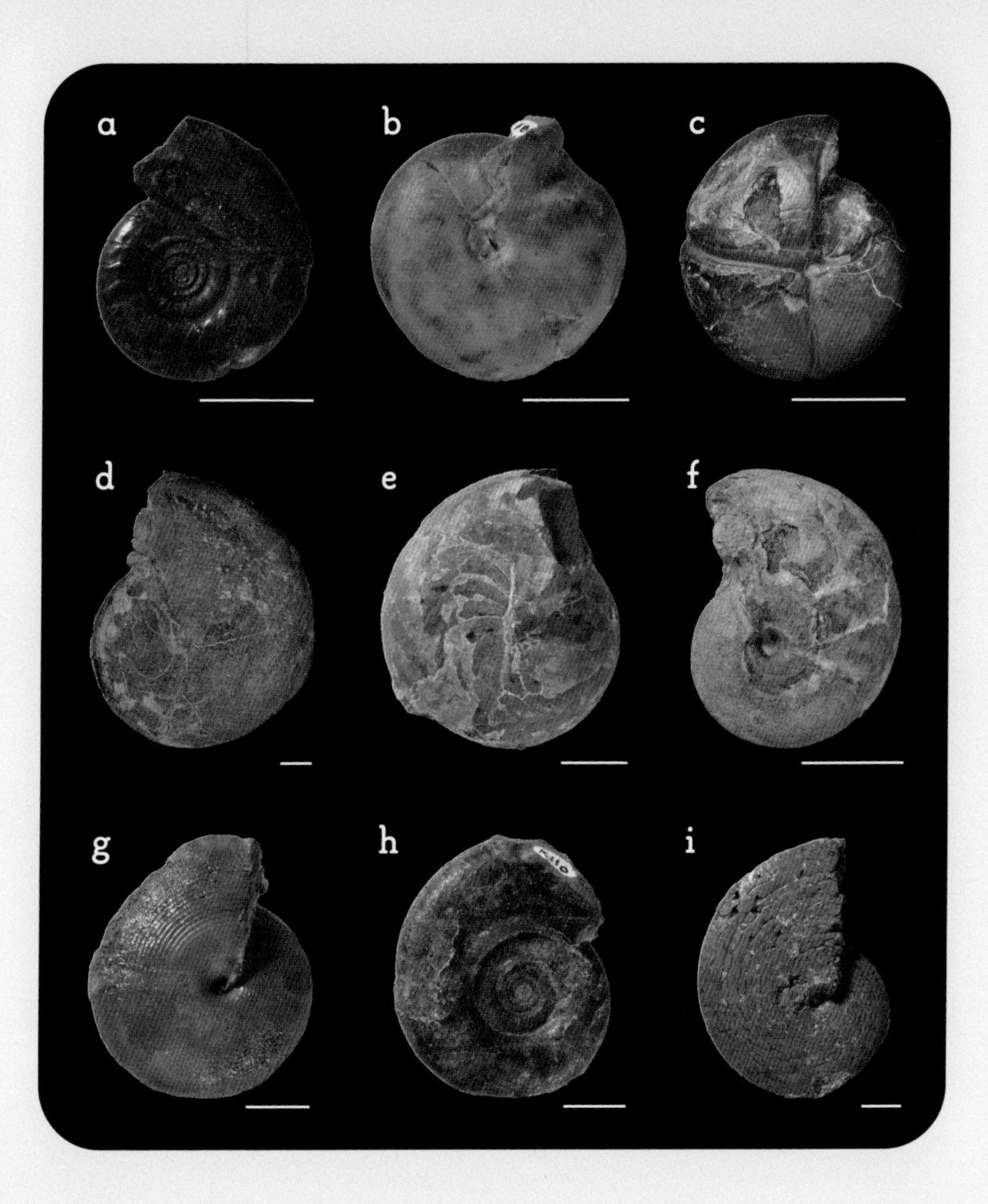

古生代のアンモナイト。a: ギロセラタイテス・ラエヴィス、b: プロロビテス・エリプティカス、c: プリオノセラスの一種、d: スポラディセラス・ミュンステリ、e: ゴニアタイト・マルチリラータス、f: ビサトセラス・ミレリ、g: アガシセラス・サンダイカム、h: プラチクリメニア・アニュラータ、i: メドリコッティア・オルビニアナ。スケールは1cm、a, b, d, e, g, h, i: 三笠市立博物館所蔵。→**第二章**

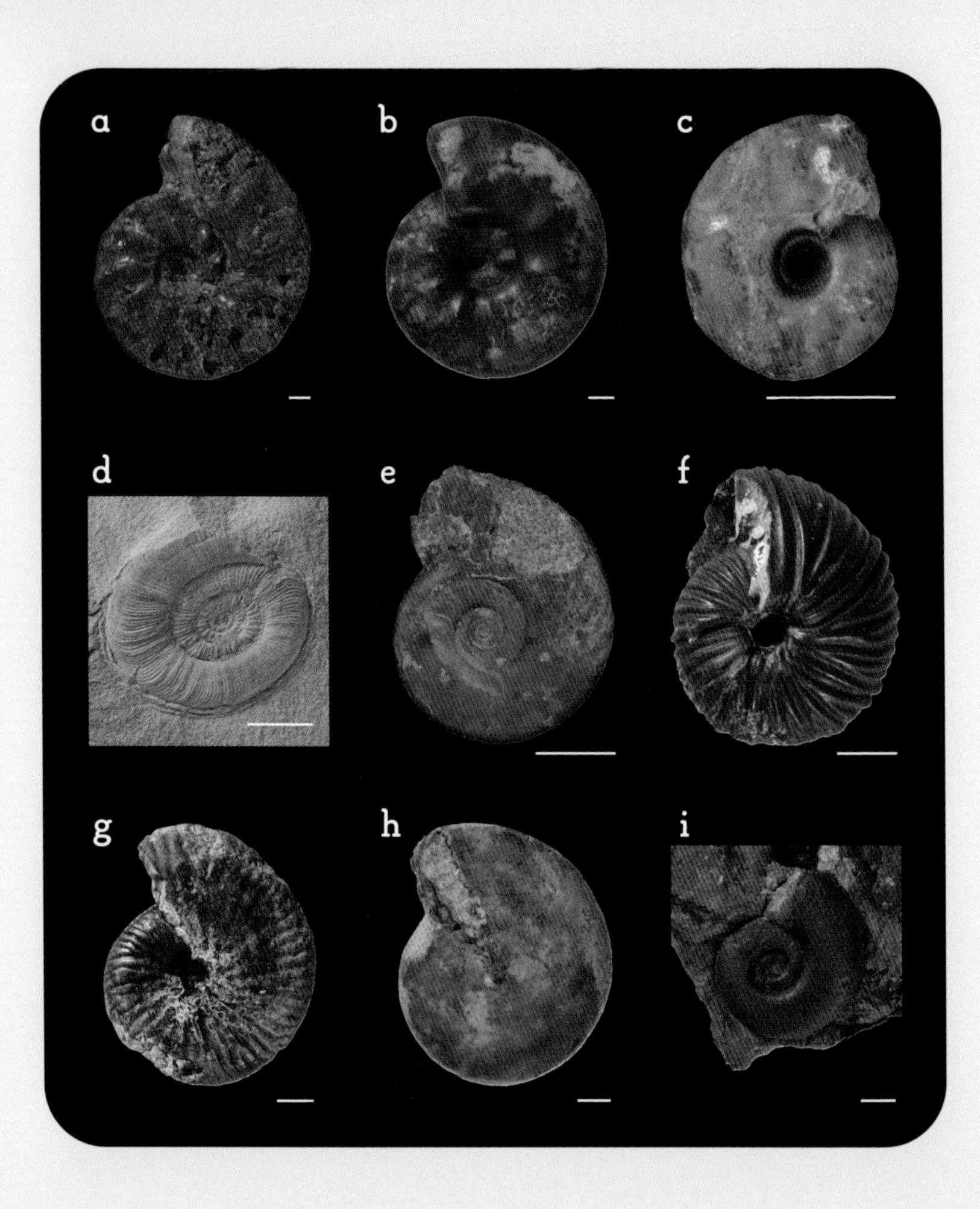

中生代三畳紀のアンモナイト。a: セラタイテス・ノドサス、b: セラタイテス・ポッセケリ、c: パラナンニテス・アスペネンシス、d: ヘレニテス・チェルニシェフィエンシス、e: ゼノセルタイテスの一種、f: アナトミテスの一種、g: ブレデンバーギテス・ブレデンバーギ、h: クラディサイテス・トルナータス、i: モノフィリテス・ウェンゲンシス。スケールは1cm、a, b, f, g, h, i: 三笠市立博物館所蔵、d: 岩手県立博物館所蔵。→**第二章**

中生代ジュラ紀のアンモナイト。a: ホルコフィロセラス・ポリオルカム、b: プシロセラス・プラノービス、c: リトセラス・シエメンシ、d: ダクティリオセラス・コミューン、e: ヒルドセラス・バイフロンズ、f: ハーポセラス・サーペンティナム、g: フォンタネシエラ・プロリソグラフィカ、h: ユーアスピドセラスの一種、i: ペリスフィンクテスの一種。スケールは1cm、c, e: 三笠市立博物館所蔵。→第二章

中生代白亜紀のアンモナイト。a: フィロパキセラス・エゾエンゼ、b: テトラゴニテス・グラブルス、c: ヘテロセラス・モリエゼンセ、d: ドゥビレイセラス・マミラータム、e: ハウエリセラス・アングスタム、f: メヌイテス・ジャポニクス、g: コスマチセラスの一種、h: ユーバリセラス・ユーバレンゼ、i: メタプラセンチセラス・サブチリストリアータム。スケールは1cm、c, h: 三笠市立博物館所蔵。→第二章

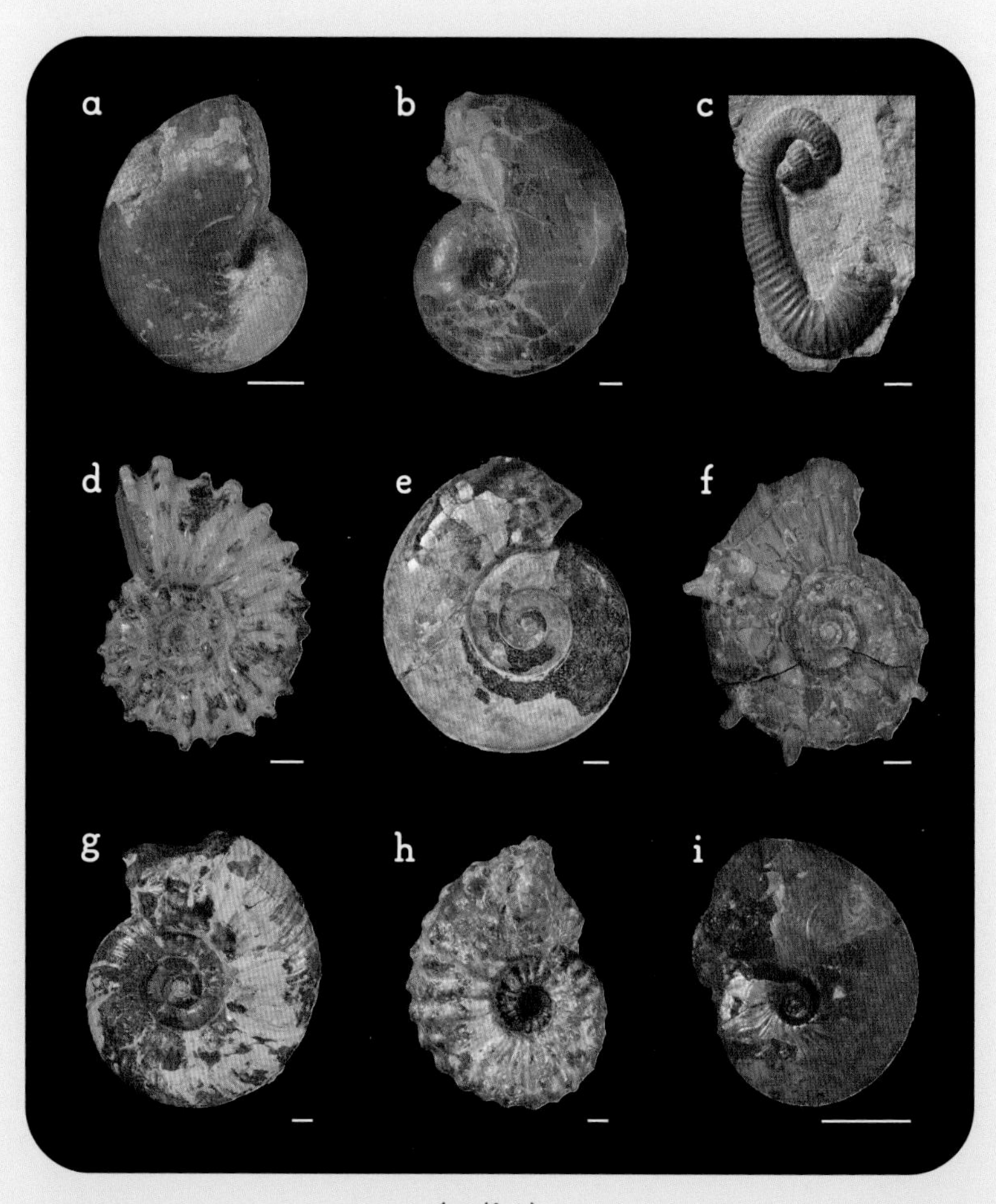

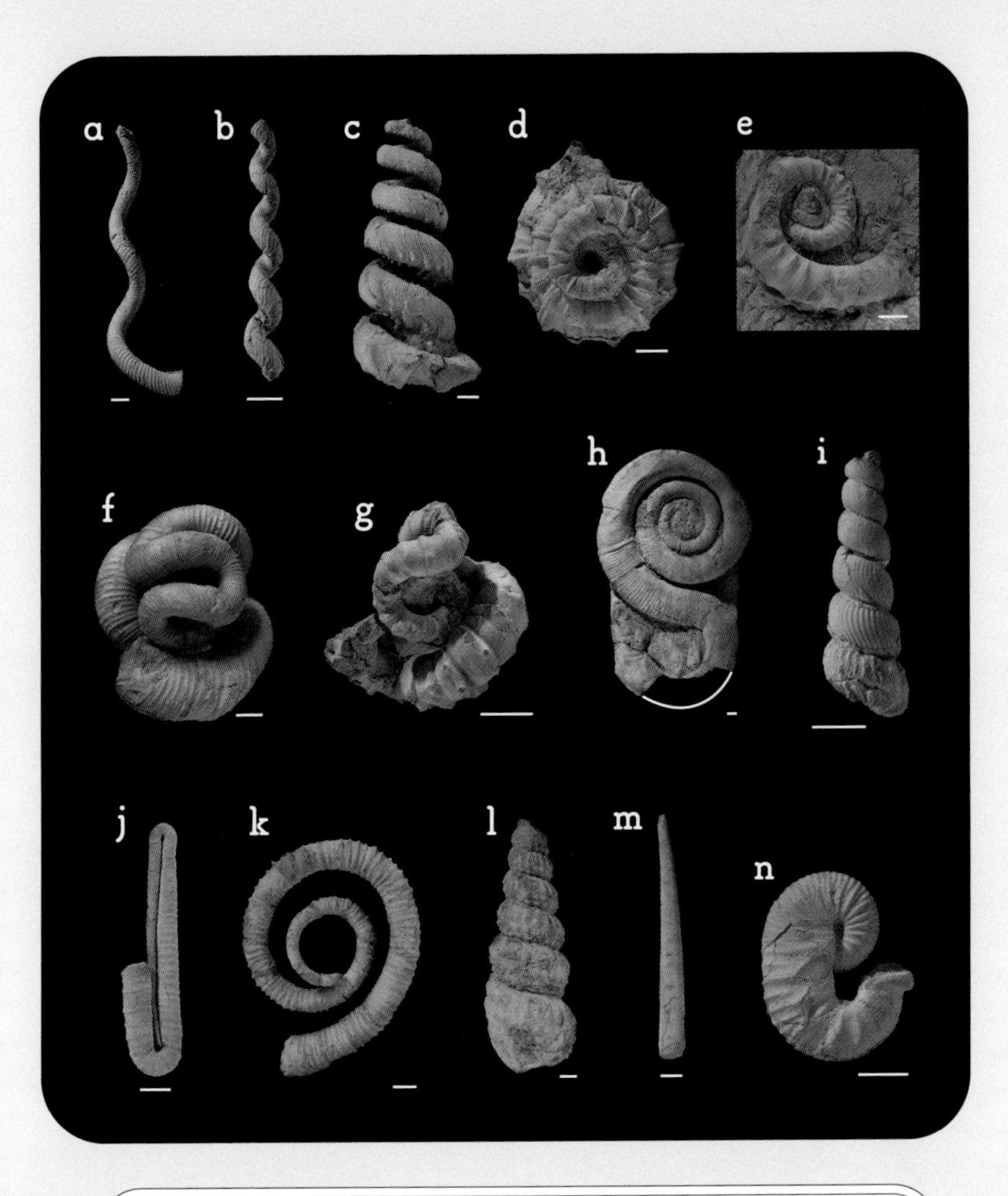

北海道で見つかる白亜紀後期の様々な異常巻アンモナイト。a: ユーボストリコセラス・ヴァルデラクサム、b: ハイファントセラス・オリエンターレ、c: エゾセラス・エレガンス、d: ムラモトセラス・エゾエンゼ、e: アイノセラス・カムイ、f: ニッポニテス・ミラビリス、g: リュウエラ・リュウ、h: プラビトセラス・シグモイダーレ、i: ノストセラス科属種未定、j: ポリプチコセラス・シュードゴウルチナム、k: スカラリテス・スカラリス、l: マリエラ・オーラーティ、m: バキュリテス・タナカエ、n: エゾイテス・シュードイクアリス。スケールは1cm、すべて三笠市立博物館所蔵。›第六章

白亜紀の地層「蝦夷層群」の野外調査。**a:** 羽幌川層の大露頭、
b: コンクリーションから顔を出したターコイズブルーに輝くダメシテス。→第三〜六章

カラーパターンが残っているアンモナイト。a: テキサナイテス・カワサキイ、b: アマルテウス・ギボサス、c: プロスフィンギテス・スロッシ、d: ダメシテスの一種。スケールは1cm。a: 個人標本(藤原寛一)。→**第七章**

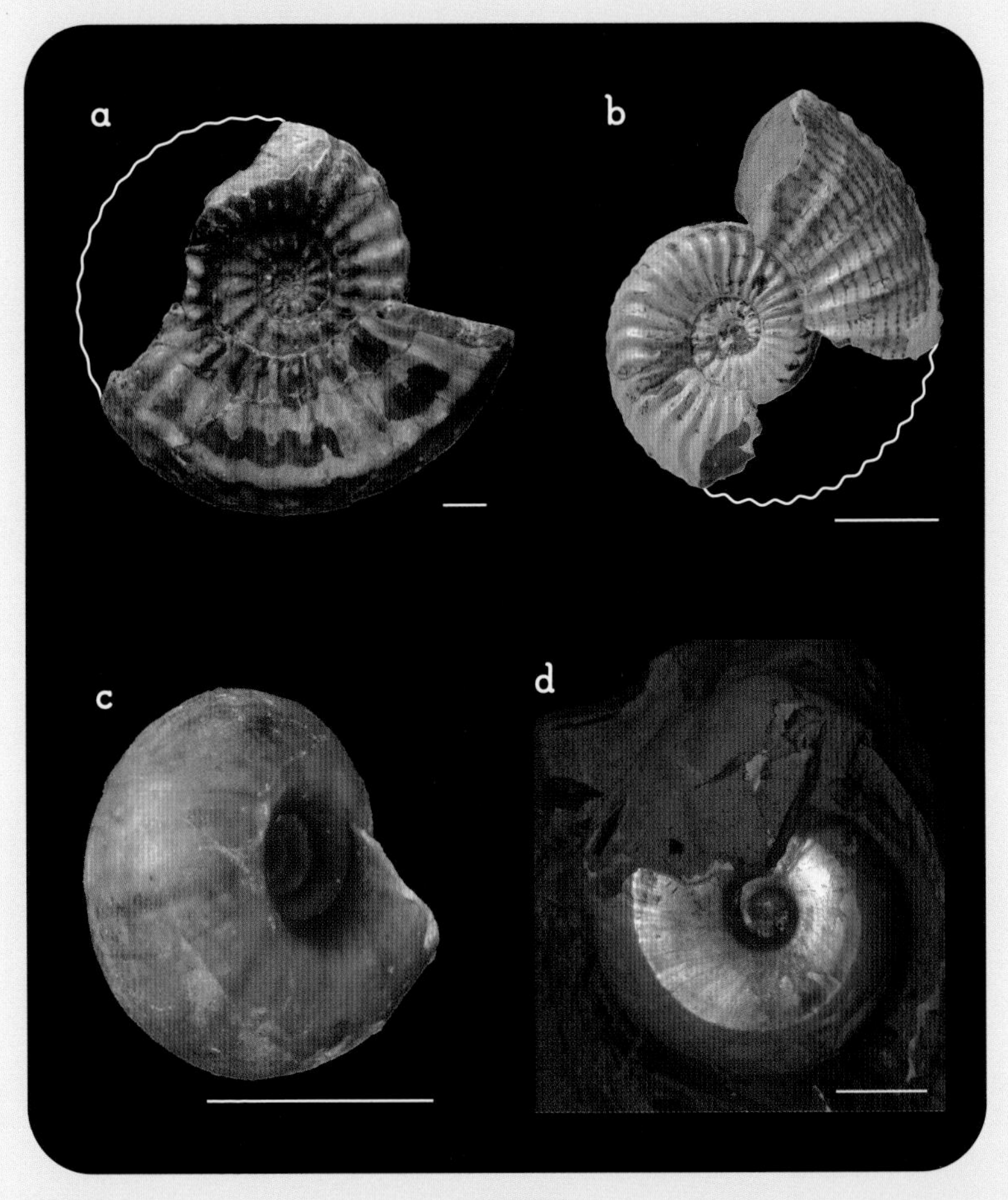

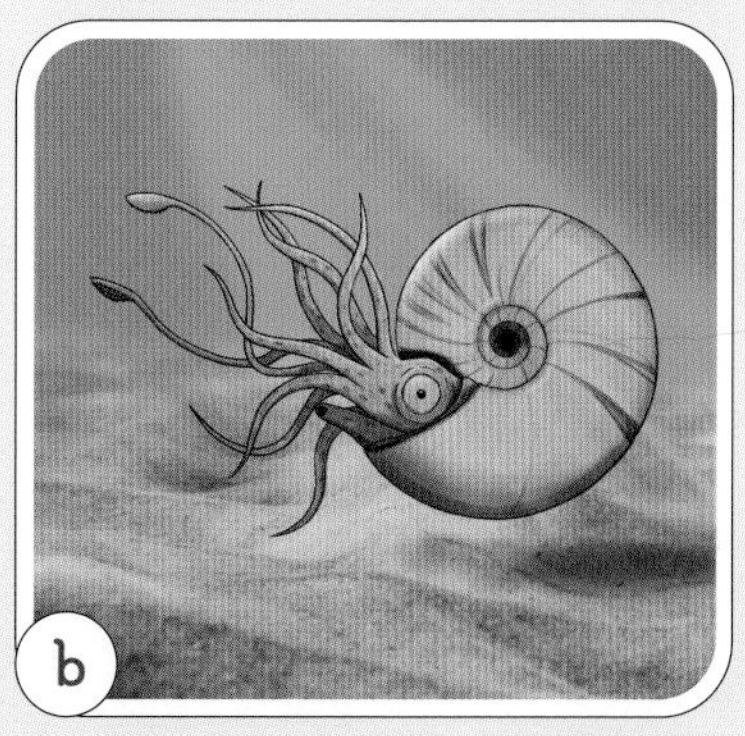

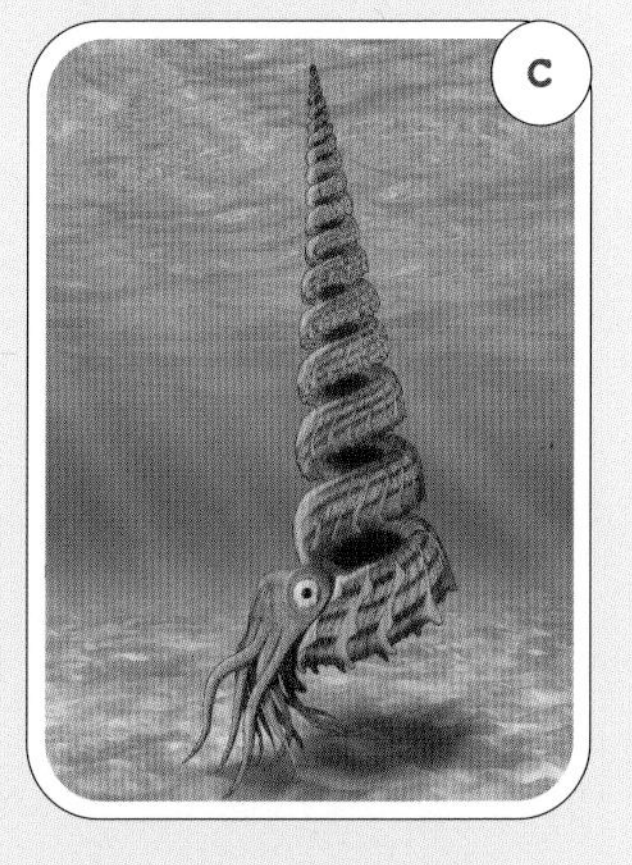

アンモナイトの生体復元画。a: コスマチセラスの一種、
b: テトラゴニテス・ミニマス、c: エゾセラス・エレガンス。→**第七章**

アンモナイト学入門

殻の形から読み解く進化と生態

相場大佑

はじめに

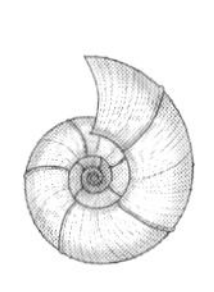

アンモナイトという言葉をまったく聞いたことがないという人は、おそらく少ないのではないかと思う。野外調査のために田舎町に訪れた夜、飲み屋で隣になったおじさんと話をしていて、アンモナイトの化石を採りに来たと言うと、「あ～アンモナイトね、あのぐるぐる巻いたやつでしょ」となんとなく知ってもらえているようだった。誰もがその名前を知っているだけでなく、形までイメージできる化石・古生物は、恐竜かアンモナイトくらいではないだろうか。

しかし、アンモナイトについて、名前と形以上のことはそれほど知られていないように感じる。イカやタコに近い生き物であることは、アンモナイトのもっとも基本的なプロフィールであるが、おじさんにそのことを伝えると、「えっ？　貝だと思ってた！」と驚いていた。これがアンモナイトに対する一般的な認識なのであろう。

アンモナイトの生き物としての実態、その奇妙さ、面白さを、このおじさんに、世の人々にもっと知ってもらいたいと思った。


アンモナイトは三億年という非常に長期間にわたって地球上に生存し、その殻は実に様々に進化した。正確に数えるのはなかなか難しいが、これまで発見された数は一万種以上ともいわれている。現在生きているイカやタコがおよそ七〇〇種であり、その姿や生態が多様であることを考えると、アンモナイトはそれ以上に、形ごと、種類ごと、個体ごとそれぞれの生き様があったはずである。

そして、アンモナイトの数だけ、それらを発見し、命名した古生物学者がいた。謎の数だけ、それを解き明かそうとした古生物学者がいた。かくいう筆者自身もアンモナイトに魅了された一人で、進化や生態の謎に日々挑戦している。

本書は、アンモナイトの進化と生態、そしてそれらの謎に挑戦した古今東西の古生物学者たちの歴史を掘り下げ、記したものである。

まず第一章でアンモナイトの殻構造など基本的なプロフィールを示し、続く第二章でその進化史を概観し、彼らはいかにして地球上に登場し、どのように進化し、なぜ絶滅したかに迫る。第三章では、アンモナイトの成長に着目し、殻形成の仕組みや成長過程を紹介し、より生物的な側面として性別や寿命などのトピックスにも触れる。

第四章では、いよいよ本題とも言えるアンモナイトの生態に関して、様々な側面から掘り下げていく。この章を読んでいただければ、アンモナイトのより動的な姿が見えてくるはずである。第五章では、アンモナイトが死んで、その殻が海底に沈み、化石になるまでの過程を明らかにした研究を紹介する。第六章では、アンモナイトの中でも少し変わった姿をした「異常巻アンモナイト」にフォーカスを当てて、彼らの形の多様性・形づくりのメカニズムなどを解き明かしていく。

第七章はクライマックス、アンモナイトの「本体」はどんな姿形をしていたのかという究極の研究課題に迫り、アンモナイト研究の歴史そのものとも言える「復元」の歴史を振り返る。また、「外見」という枠組みから殻の色・模様についても考えてみる。

第一章には殻構造の説明などがあるので、最初に一読されることをおすすめするが、その後の章は、それぞれがある程度独立したものなので、必ずしも順番通りに読まなくても良い。目次を見て、面白そうだな、と思った話から読んでいただければと思う。

できるだけ執筆時点（二〇二三年十二月時点）で広く受け入れられている知見、最新の知見を紹介することを心がけた。しかし、これはどの科学分野でもそうだが、すべては「諸説あり」で、研究者の数だけ学説がある。一つのトピックに対するすべての学説を紹介することは到底できず、筆者の独断で研究例を選定している。加えて、筆者自身による観察、見解、感想なども時に織り交ぜられていることもご了承いただきたい。

本書があなたにとって、アンモナイトへの探究の「入門」となること、そして何度も読み返し、長く味わっていただけるスルメのような一冊となることを祈っている。

〝ぐるぐる〟だけではない、アンモナイトのディープな世界へようこそ。

目次

第三章 アンモナイトの成長 063

第四章 アンモナイトの生態 117

第五章 アンモナイトのタフォノミー 173

第六章 異常巻アンモナイト 205

第七章 アンモナイトの復元 231

第一章

アンモナイトのきほん

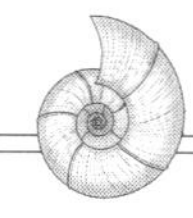

アンモナイトは小学校理科の教科書にも出てくる有名な古生物である。渦巻状の殻は巻貝を思わせるが、こう見えても巻貝のなかまではなく、イカやタコ、オウムガイなどと同じ頭足類である。大きさは、多くの種類で数センチメートル～数十センチメートルほどだが、大きいものでは二メートルを越え、一方で成体でも一センチメートルに満たないものもいる。殻の化石はよく見つかるが、本体（軟体部）の化石はほとんど見つからない。古生代デボン紀前期に登場し、新生代古第三紀初期に絶滅した。

古生物学の基本は、まずは化石をよく観察し、時に現生生物との比較を通してその構造を理解することである。これからアンモナイトを様々な側面から眺め、「アンモナイトは何者か?」ということを知っていただくにあたり、まずは基本的な殻の特徴を紹介しておきたい。しかし、ここで紹介するすべてを完全に理解し、覚えてもらう必要はない。この後の章でも、専門用語はできるだけ一般的な言葉に置き換えたり、説明を繰り返したりするように心がけた。もしも、殻のどの部分を指して説明されているのかわからなくなってしまったら、この章に戻ってきてもらえればと思う。

時代を示す化石

アンモナイトは進化のスピードが速く、数十万年の単位で殻の形が変化した。数十万年と聞くと長く感じるかもしれないが、何億年というスケールで生き物の進化史を見ると、とても短い。この特徴が利用されて、世界各地、様々な時代の地層が産出するアンモナイトの種類により細かく分けられている。また、化石がたくさん見つかることに加えて、アンモナイトは海中を泳ぎ海流に乗って拡散されたので、遠く離れた場所から同じ種類の化石が見つかることもある。このことから、異なる地域の地層同士を比較し、その地層ができた時代を知ることができるのである。

アンモナイトのように、地層の時代を判断する上で有効な化石のことを「示準化石」という。アンモナイトは、イギリスで地質図をはじめて作ったとされる「地質学の父」ウィリアム・スミスにより一九世紀初頭に示準化石としての価値が見いだされ、地質学において重宝されるようになった。アンモナイトは地質学の興りを語る上で欠かせない象徴的な存在なのである。また、日本でも、アンモナイトは示準化石の代表として、理科の教科書で必ずと言って良いほど紹介されている。化石の中でも知名度が特に高い理由はここにある。

アモンの角

アンモナイトは、人類史の中で、はじめから「絶滅生物の化石」として認識されていたわけではない。科学的に理解される前はその幾何学的で神秘的な形が人々を魅了したのか、世界各地に様々な伝承や信仰があり、地域により異なるものに例えられてきた。日本でも「菊石（きくいし）」や「かぼちゃ石」と呼ばれていたことがあり、特に「菊石」は、論文などでも「アンモナイト」の訳語として普通に使われていた。

そもそも「アンモナイト」という呼称の由来は、古代エジプトの神話にある。アメン（ギリシア語ではアモン）は、古代エジプト神話の太陽神であり、大気の守護神、豊穣神である。アモンの頭は豊穣の象徴とされる雄の羊、もしくは雄羊の角が生えた人間の頭として表される。一世紀の博物学者ガイウス・プリニウス・セクンドゥスは、後にアンモナイトとされる化石を「アモンの角」として記述した（しかしこの時

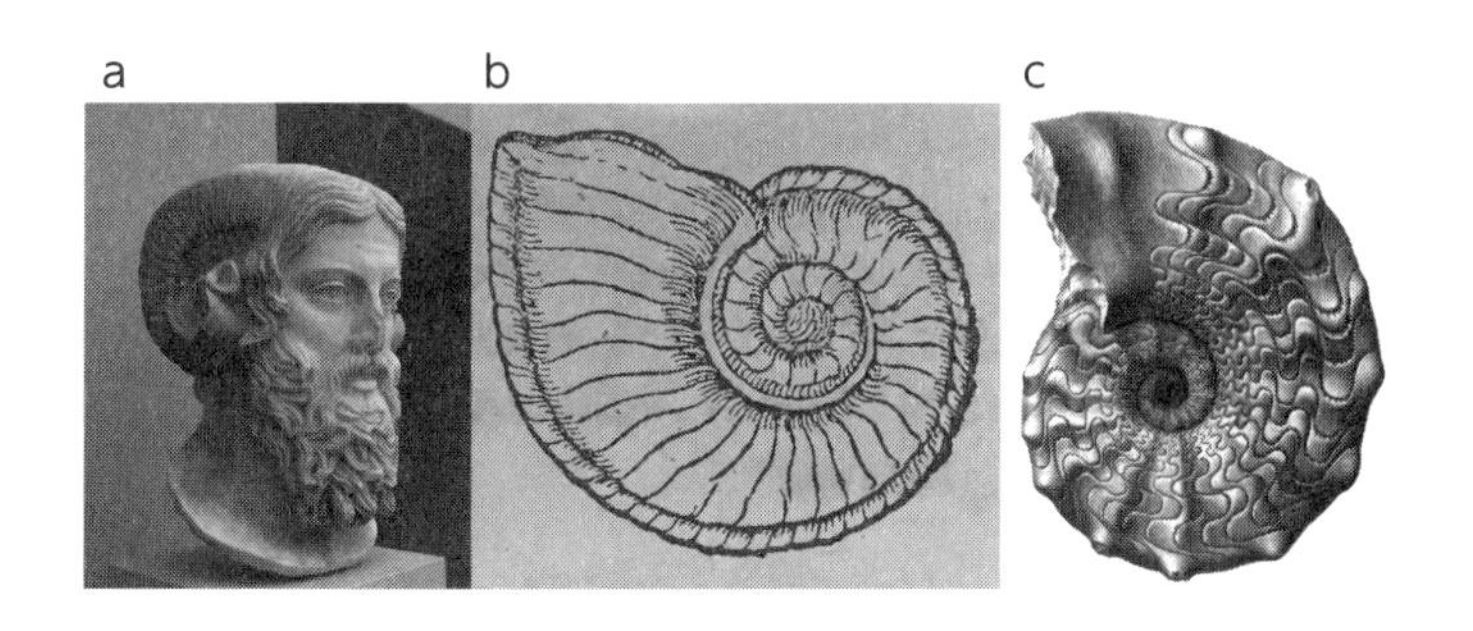

a: 太陽神アモンの石像、©Dan Mihai Pitea。b: ゲスナーが「アモンの角」として報告した化石のイラスト。c: 学術的に記載された最初のアンモナイトの一つ「セラタイテス・ノドサス」。

にプリニウスが言及した化石は、実際にはアンモナイトではなく巻貝だったという話もある)。時は過ぎ、アンモナイトについての記述やイラストが書物に登場するようになったのは一六世紀になってからである。一五六五年にスイスの博物学者コンラート・ゲスナーが「アモンの角」としてアンモナイトの化石を図示した。この時、蛇や巻貝との類似性が指摘されるも、生き物の遺骸であるという認識はされなかった。その後、イギリスの科学者ロバート・フックは一六六五年にアンモナイトがオウムガイと近縁な生き物であることを示し、一八世紀頃になるとアンモナイトが頭足類の化石であることは学者の間では知られるようになっていた。

一七八九年に、フランスの動物学者ジャン=ギヨーム・ブリュギエールは、プリニウスの「アモンの角」を元に「アモンの石」を意味する「アンモナイト」(Ammonite)という呼称を作り、「アンモナイテス属」(*Ammonites*)を設立した。この時に記載した最初のアンモナイト種の一つが「アンモナイテス・ノドサ」で、現在はセラタイテス・ノドサスという学名で呼ばれる中生代三畳紀のセラタイト類の代表種である(口絵2a)。ちなみに、アンモナイテス属は様々な形態のものを含んでしまっていたため、その後細分化され、現在では属名は使用されておらず、「アンモナイト」という名称は、亜綱、目、亜目などの上位分類階級(詳しくはp.31)で用いられている。なお、アンモナイトの属名には、角を意味するギリシャ語「セラス」(ceras)が付いたものが多くあるが、それは、上述のように角に例えられていたことに由来している。

殻外部のつくり

たくさんぐるぐるしているもの、あまり巻いていないもの、ぽっちゃりしたもの、

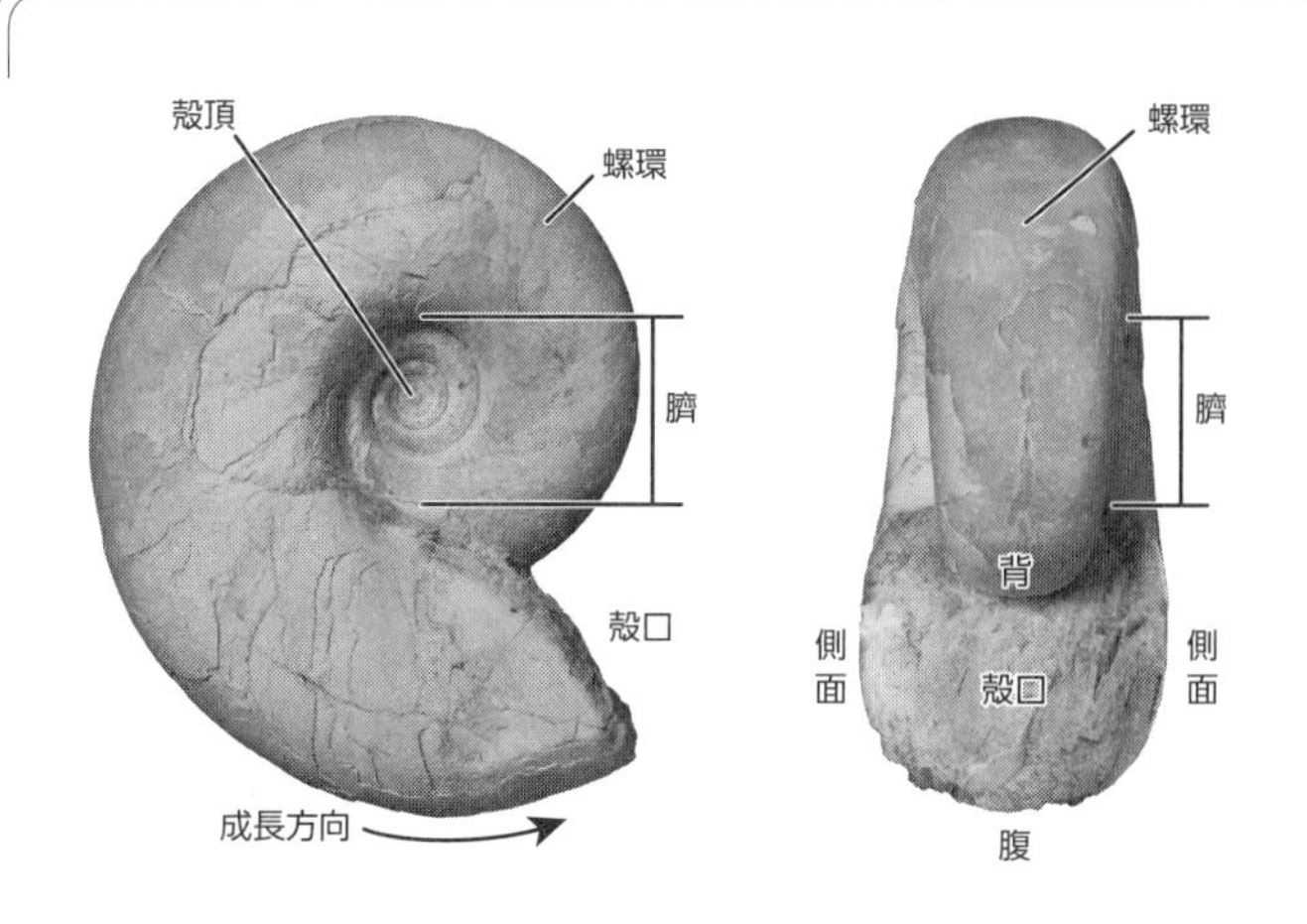

アンモナイトの殻外部のつくり。

スリムなもの、棘があるもの、ツルッとしたもの……アンモナイトの殻の形は実に様々である。中には、巻きが解けた「異常巻アンモナイト」と呼ばれるものもあるが、それはまた後ほど紹介するとして（第六章）、ここではまず基本形である、平面螺旋状にぴったりと巻いた殻を例にして話を進めたい。

アンモナイトの殻はラッパのような円錐形の殻が渦巻状に巻いたもので、「螺環」という。螺環の広がった方の一番端、ラッパでいうところの音が出る、開いた部分を「殻口」、その反対側、口を付けて吹く部分を「殻頂」という。アンモナイトの螺環は殻頂から成長がはじまり、殻口の縁に新たな殻を付け足して大きくなっていく。螺環は成長とともに太くなるが、急激に太くなるもの（螺環拡大率が大きい）や、太さの変化がゆるやかで一周巻いても太さがほとんど変わらないもの（螺環拡大率が小さい）もある。

殻口を正面から見て、前の巻きに近い方を「背」、その反対側を「腹」という。両側面はそのまま「側面」などと表現される。螺環断面の形は円型、卵型、かまぼこのような形、四角形に近いものなど様々である。また、螺環の幅が横に広いものを「太い」、狭いものを「細い」などと表現する。

巻いた螺環に囲まれる中央部分のことを「臍（へそ）」と呼ぶ。臍は中心に向かって凹んだ、すり鉢状の形になる。螺環は一周前の螺環に少し重なっているものが多いが、重なりの程度は様々である。重なりが小さく、ぐるぐるとした渦巻がよく見えるものや、重なりが大きく、前の巻きをほとんど覆っているために、渦巻があまり見えないものもある。前者を「巻きがゆるい」「臍が広い」、後者を「巻きがきつい」「臍が狭い」などと表現する。

螺環の表面には様々な装飾が見られることがある。掃除機の蛇腹ホースのような輪っか状の凸凹は「肋（ろく）」といい、その凸凹が大きく粗いものは「強肋」、凸凹が小さ

●螺環形態

拡大率

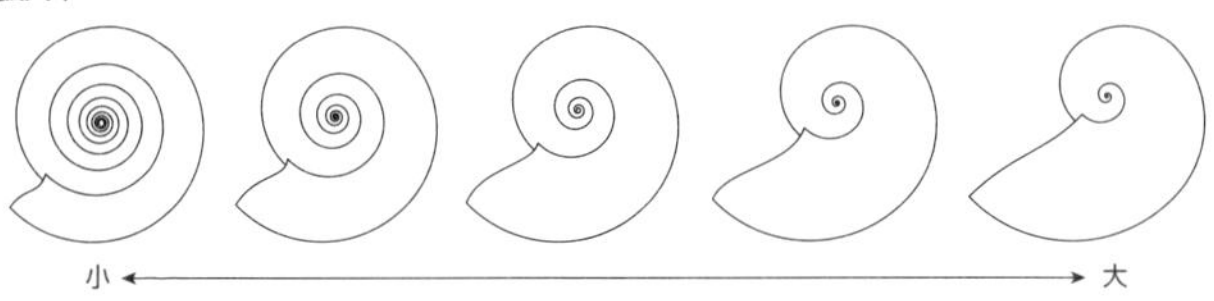

巻きのゆるさ・臍の広さ

太さ

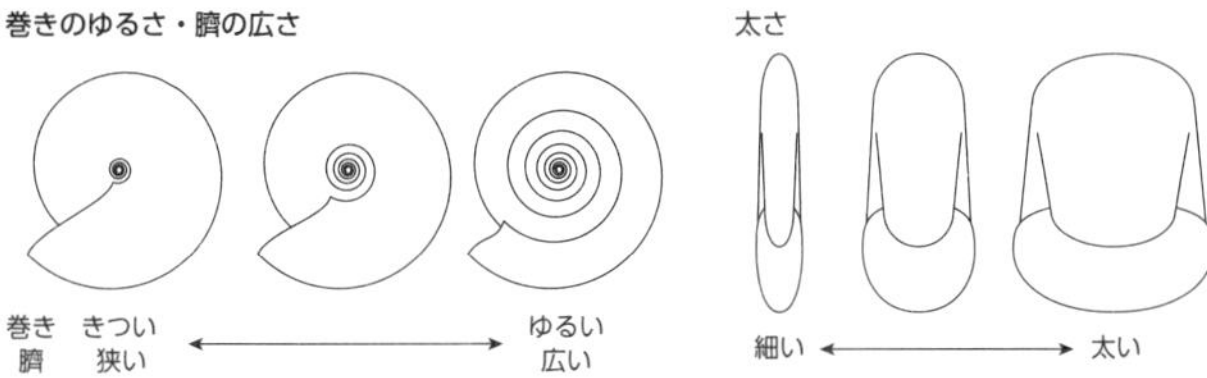

断面の形

●殻表面装飾

肋

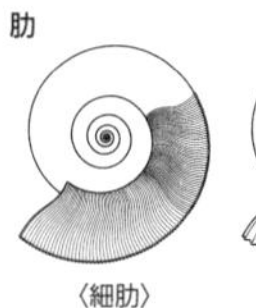

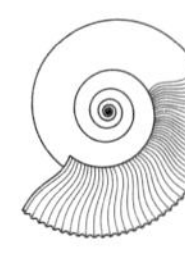

キール

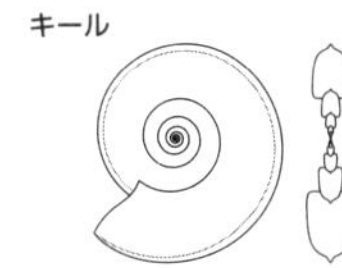

突起

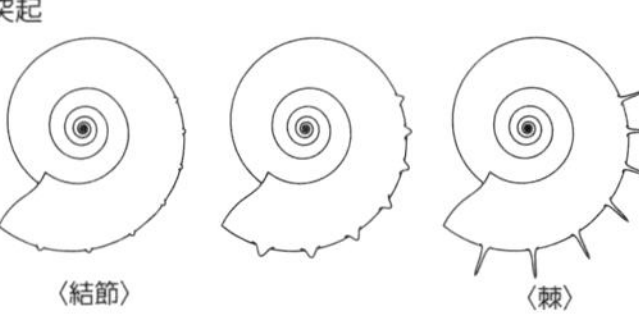

コンストリクション

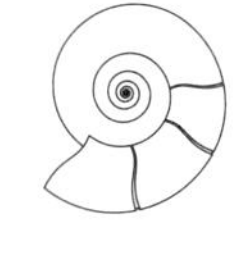

アンモナイトの殻形態のバリエーション。

く細かいものは「細肋」などと表現される。突起が発達するものもある。棘のように鋭く細かいものや、おできのような結節、いぼなど、その特徴により様々な表現がされる。また、螺環の腹側中央が尖っているものがある。これは船底に例えられ「キール」と呼ばれる。螺環が周期的にくびれることがあり、これは「コンストリクション」と呼ばれる。コンストリクションは、一時的な成長の停止により作られるものと考えられている。成長後期の殻口は少し特殊な形になることがあるが、これは第三章で詳しく紹介しよう。

殻内部のつくり

アンモナイトの殻内部は「気房（きぼう）」と「住房（じゅうぼう）」から成る。住房は螺環の殻口側にあり、アンモナイトの本体（軟体部）が入っていた部分である。巻きのゆるさや螺環拡大率など殻全体の形により住房の長さは異なるが、半周〜一周程度のものが多い。気房は住房よりも奥にあり、いくつもの「隔壁（かくへき）」で仕切られていて、隔壁で仕切られた空間の一つひとつを「気室（きしつ）」という。螺環の内部には「連室細管（れんしつさいかん）」という細い管状の構造

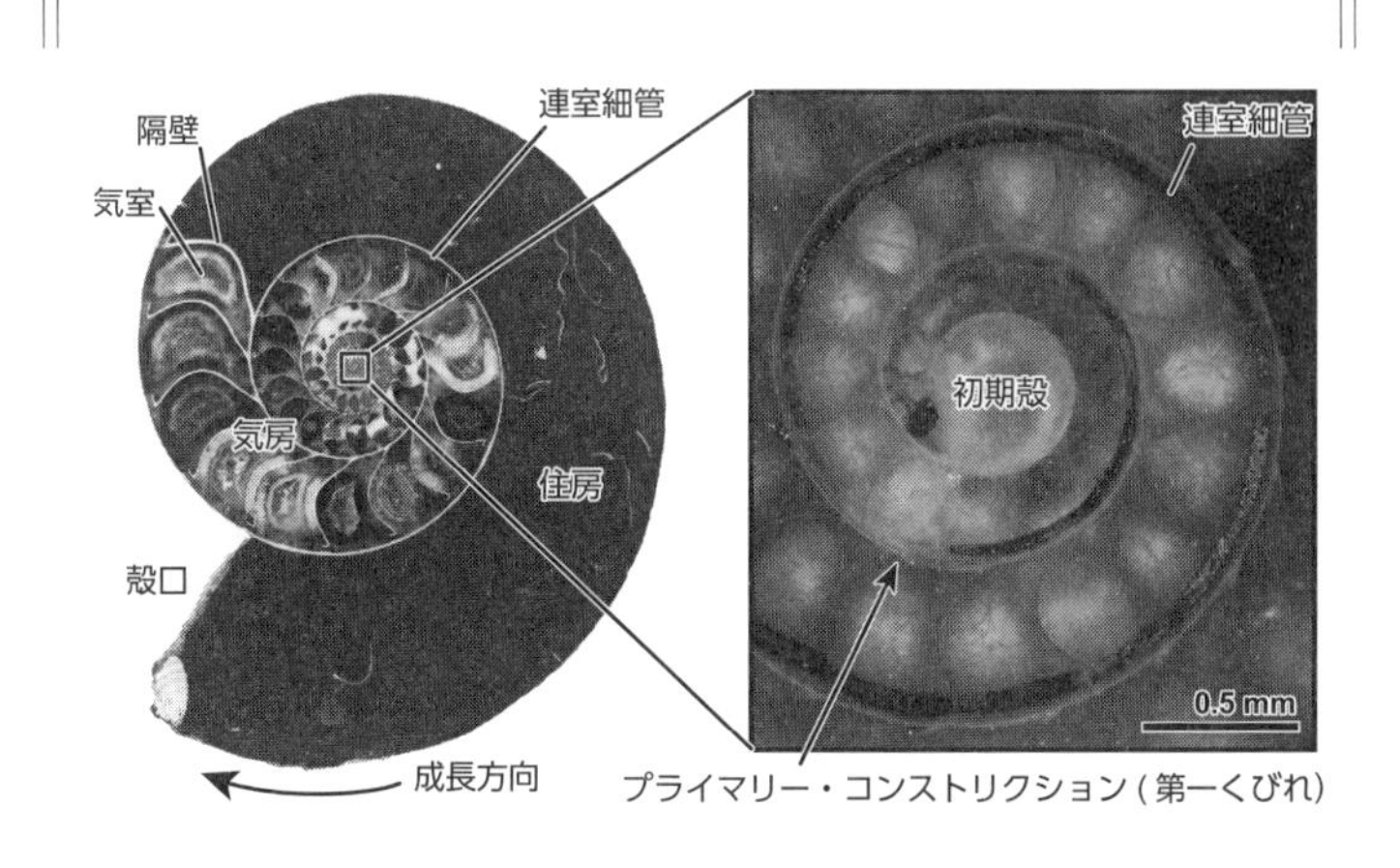

アンモナイトの殻内部のつくり。右：巻きの中心部分の拡大。

がある。連室細管は巻きの中心から最後の隔壁まで、すべての隔壁を貫いて続いていて、ほとんどの種類では外側に近い箇所（腹側）を通っているが、一部（クリメニア類）では内側（背側）にある。ちなみに、隔壁は一部の巻貝の成長初期にも見られるが、連室細管は巻貝にはない。隔壁で仕切られた気室と連室細管の組み合わせは頭足類に特有の構造であり、「気室―連室細管系」と呼ばれる。巻きの中心には球状の「初期殻（しょきかく）」があり、一周弱巻いたところには「プライマリー・コンストリクション（第一くびれ）」がある。

隔壁の正中断面は殻口側に向かって凸

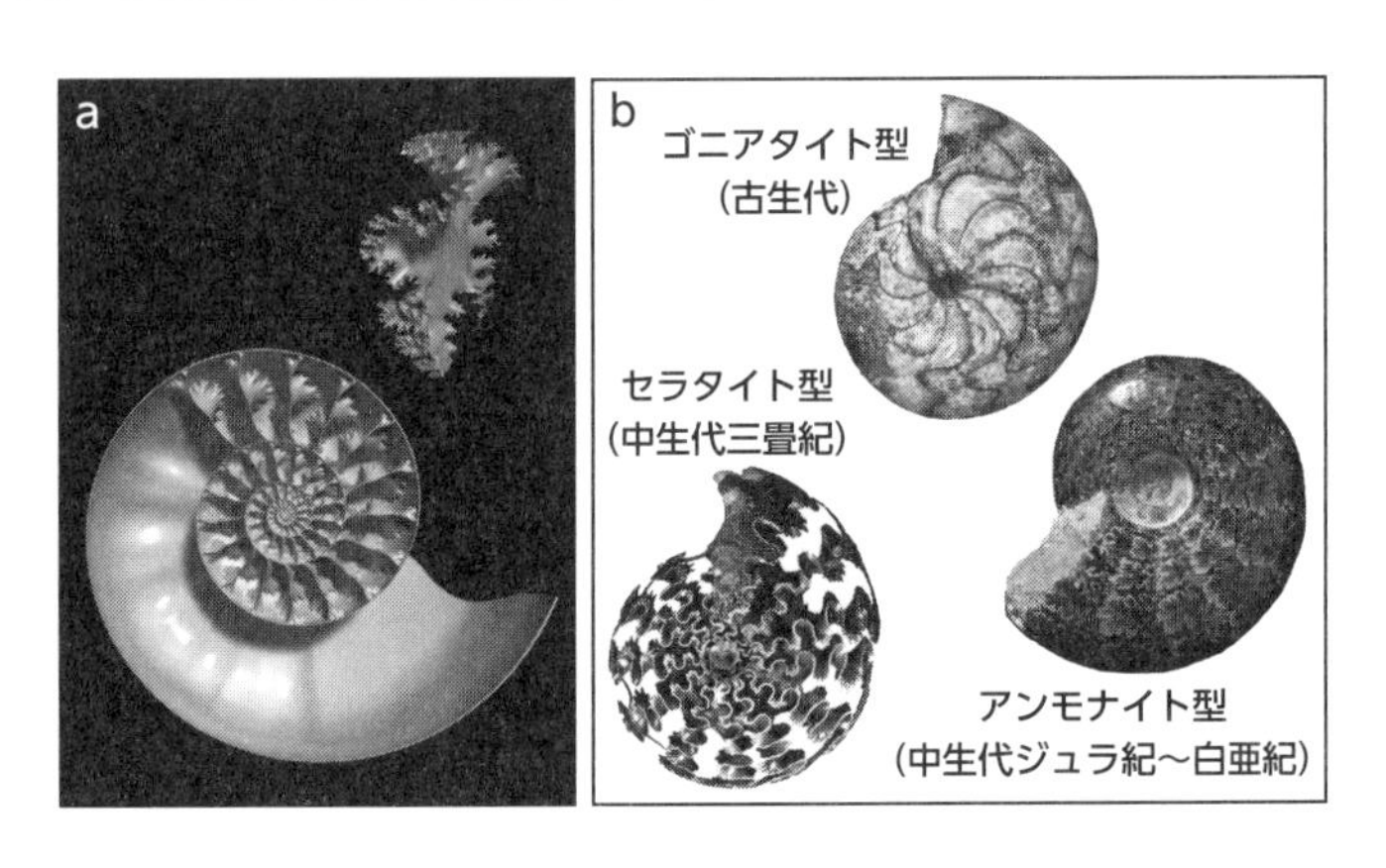

アンモナイトの縫合線。a: 縫合線を形作る、うねった隔壁の3Dモデル(Peterman et al. (2021) を改作)。b: 様々な時代・種類の縫合線。

の形をしているものが多い。隔壁を三次元的に見ると、全体が波打っていて、隔壁の中心から離れるほどうねりの程度が大きく、刻みも多くなる。螺環の内側と接する隔壁の縁が作り出す複雑な模様は「縫合線(ほうごうせん)」と呼ばれる。縫合線は殻内部の構造であるが、化石の殻が剥がれたり風化したりすると化石の外側からも見ることができる。縫合線の形は近い種類同士で共通しており(=大まかな分類ごとに形が異なる)、一般的に古い時代の種類ほど形が単純で、新しい時代の種類ほど形がより複雑になることが知られている。アンモナイトには、遠く離れた時代のもの同士で外見上は殻の形が似ているものもあるが、縫合線を比べると、それらが別の時代の異なる分類のものであることがわかる。このように、縫合線はアンモナイトを分類する上でもっとも重要な特徴である。

頭足類のなかまたち

アンモナイトは、イカ、タコ、オウムガイと同じ頭足類のなかまである。アンモナイトと他の頭足類はどこが似ていてどこが違うのか、近縁であるのはどれか、それらについて知るために殻のつくりを比較してみよう。まず、直感的にもっとも似ているとわかるのが、螺旋状の殻をもつオウムガイであろう。オウムガイの殻も気室―連室細管系をもつが、隔壁はアンモナイトと弧が逆向きで、殻頂側に凸の形をしていて、隔壁の縁はアンモナイトほど複雑にはうねっていない。また、連室細管が隔壁の中央付近を通っている点もアンモナイトと異なる。トグロコウイカは現生種のイカのうち、もっとも原始的な特徴を残した種類で、体の中にアンモナイトそっくりな渦巻状の殻をもっており、内部には気室―連室細管系がある。中生代三畳紀〜白亜紀に生きたべ

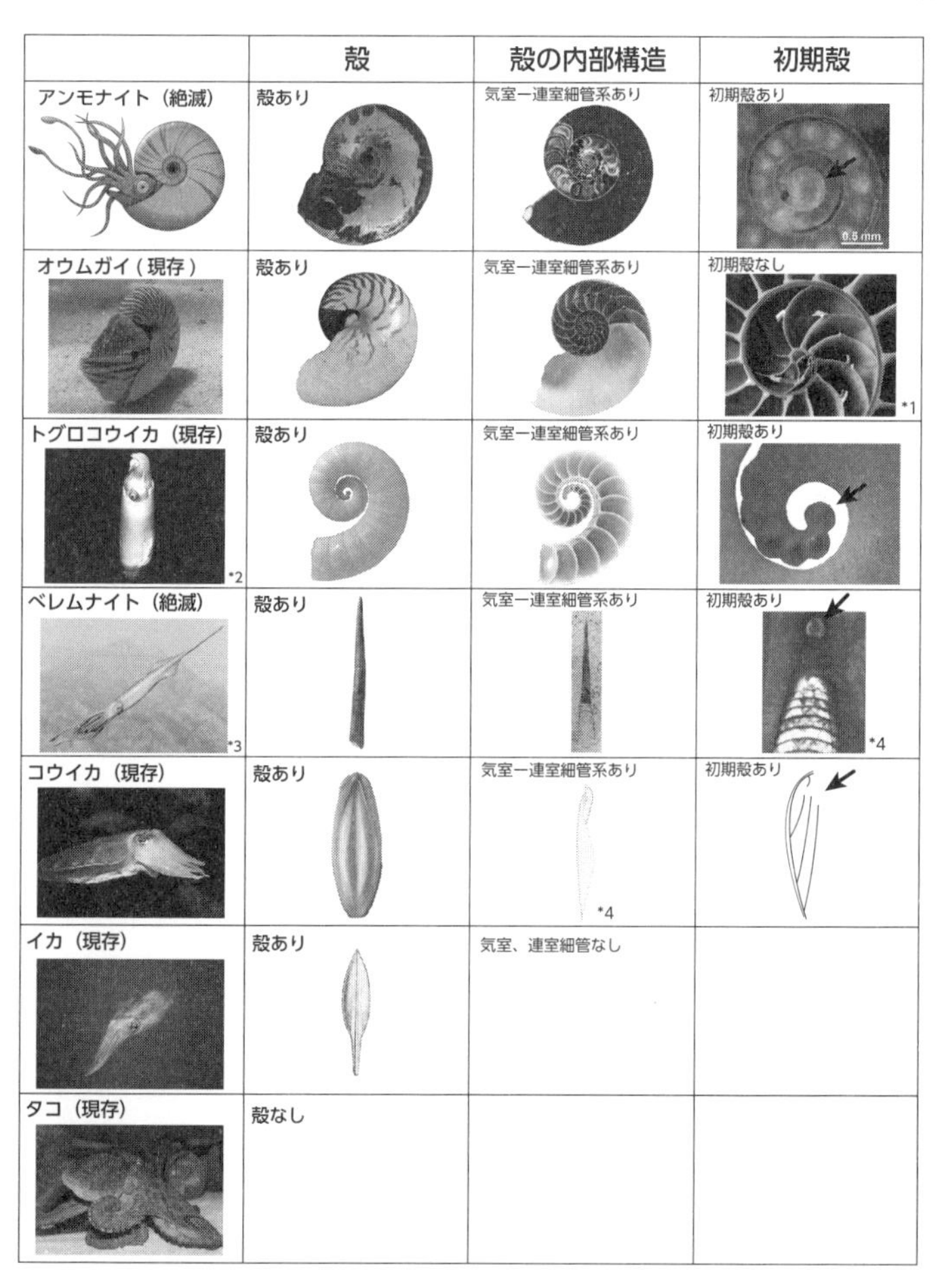

	殻	殻の内部構造	初期殻
アンモナイト（絶滅）	殻あり	気室ー連室細管系あり	初期殻あり
オウムガイ（現存）	殻あり	気室ー連室細管系あり	初期殻なし
トグロコウイカ（現存）	殻あり	気室ー連室細管系あり	初期殻あり
ベレムナイト（絶滅）	殻あり	気室ー連室細管系あり	初期殻あり
コウイカ（現存）	殻あり	気室ー連室細管系あり	初期殻あり
イカ（現存）	殻あり	気室、連室細管なし	
タコ（現存）	殻なし		

頭足類の殻の比較。画像の出典は巻末に記述。

レムナイトはイカに近縁な頭足類で、弾丸のような硬い鞘を体の中にもち、その鞘の内部に気室―連室細管系がある。トグロコウイカとベレムナイトの隔壁もオウムガイと同じく殻頂側に凸の形をしており、隔壁の縁にうねりはなく、衛星放送を受信するパラボラアンテナのような形になっている。イカは殻をもっていないように見えるが、実は体の内部に殻の名残である「軟甲」と呼ばれる構造がある。軟甲は半透明のプラスチックのような棒状のもので、見たことがある人もいるかもしれない。軟甲には気室―連室細管系はない。イカの一種であるコウイカは、よりしっかりした「甲」をもっている。コウイカの甲は貝殻質で、断面を見ると、内部がたくさんの隔壁で仕切られていることがわかる。

次に、殻の中心に注目して比較してみよう。アンモナイトはラグビーボール状（断面では円形に見える）の初期殻をもち、そこから螺環が続いているが、オウムガイの殻頂には初期殻がなく、コーン状の螺環がいきなりはじまっている。一方で、トグロコウイカとベレムナイトには球状の初期殻があり、それから螺環が続いている。このように、アンモナイトとトグロコウイカとベレムナイトは初期殻をもち、オウムガイは初期殻をもたないということは、アンモナイトが系統的にオウムガイよりもイカに

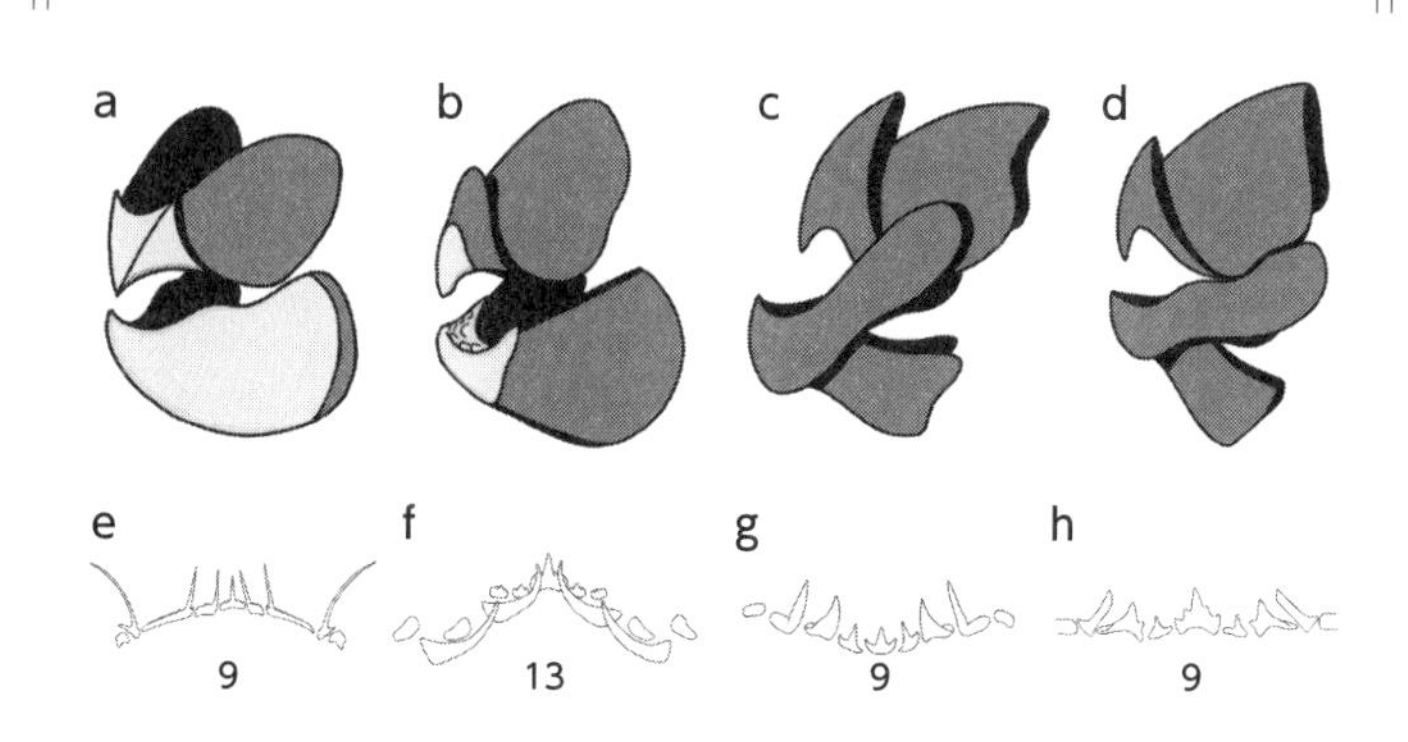

頭足類の顎器と歯舌の比較。a–d: 顎器。a: アンモナイト、b: オウムガイ、c: イカ、d: タコ。e–h: 歯舌。e: アンモナイト、f: オウムガイ、g: イカ、h: タコ。歯舌の下の数字は列の数。Tanabe et al. (2015a)、Kruta et al. (2015) を参考に作図。

近いことの根拠の一つとなっている。

殻だけでなく、「カラストンビ」とも呼ばれる「顎器（がくき）」とその奥にある細かい歯の列が並んだ舌状の「歯舌（しぜつ）」にも共通性がある。これらはイカ、タコとも直接比較することができ、同じなかまであることが明らかである。また、殻や歯舌の詳しい比較からも、アンモナイトがイカ・タコの方にやや近縁であることがわかる。

進化史の中ではアンモナイトはオウムガイよりも後、イカ・タコよりも先に登場したと考えられていて、左に示すような系統関係が推測されている。

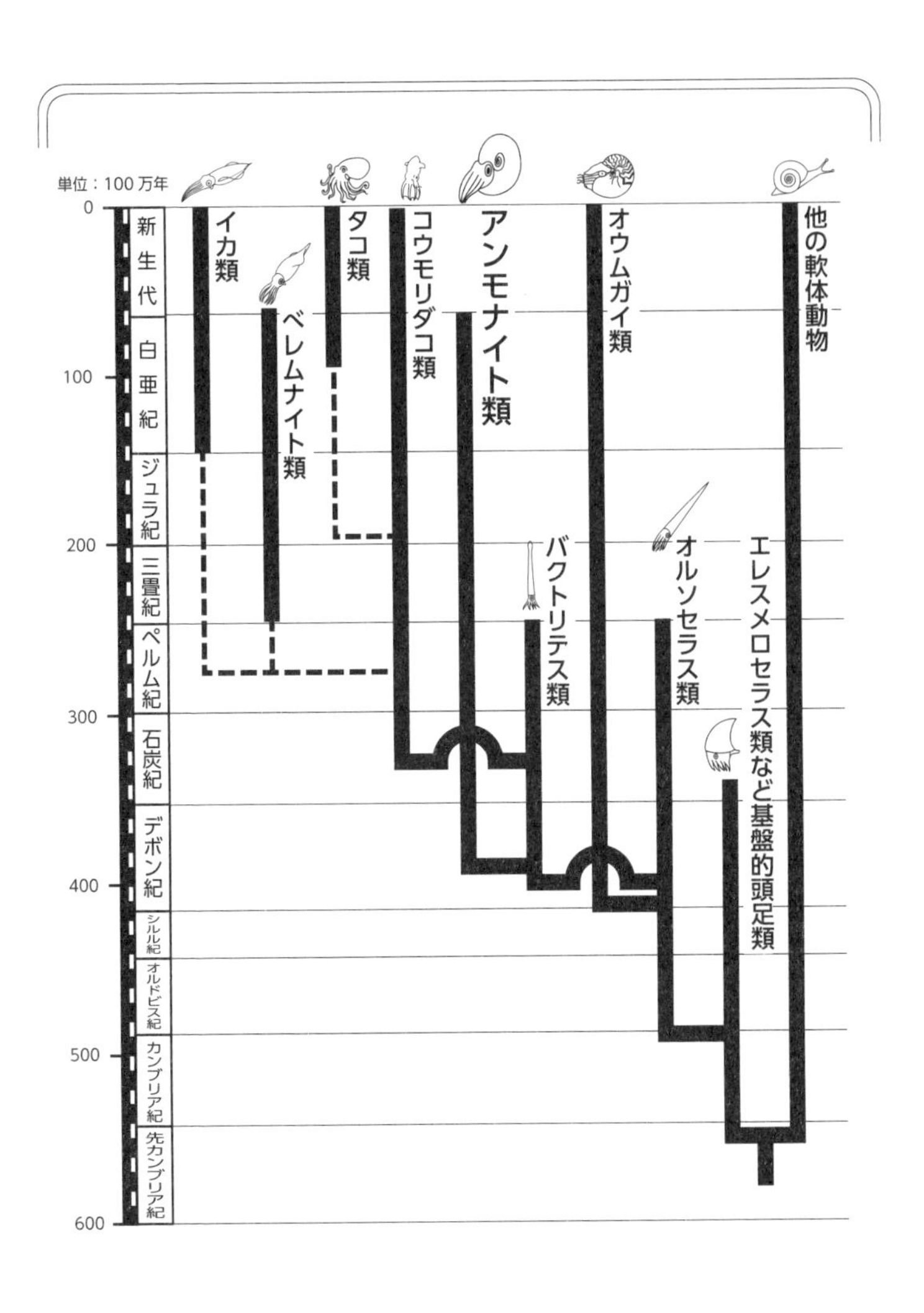

頭足類の系統図。Kröger et al. (2011) を元に作図。

いろいろな種類がある

地下鉄や商業施設、ホテルの壁面などの石材には化石が含まれていることがある。このコラムシリーズでは、石材中のアンモナイトの少しマニアックな見方を紹介しよう。様々な切断面のアンモナイトが見られるが、そのうち横断面では美しい螺旋と内部構造が見られる（a、b）。一方で、縦断面で見られる螺環形態からは種類を知ることができる場合がある。例えば、矢尻型螺環はオッペリア科（c）、突起付きのかまぼこ型螺環はアスピドセラス科の可能性がある（d）。このように、縦断面に注目するとそこには様々な形・種類のアンモナイトが生きていたということがわかる（a：Jヴィレッジ、b、c：日本橋三越本店、d：地下鉄三越前駅改札付近、いずれもジュラ紀）。

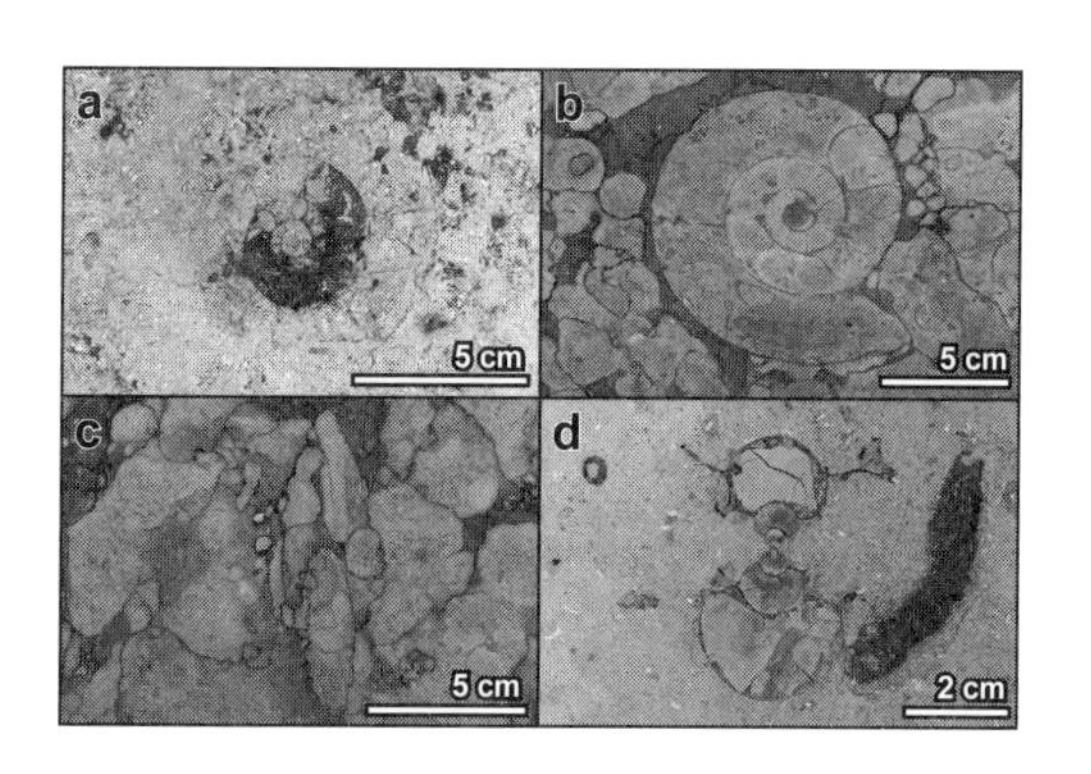

第二章

アンモナイトの進化と絶滅

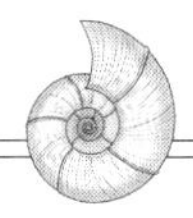

アンモナイトは、今から約四億年前（古生代デボン紀前期）に登場し、三億年以上にわたって地球上で生存し、約六六〇〇万年前（新生代古第三紀初期）に絶滅した。アンモナイトと一口に言っても、様々な形のものが存在する。進化史の中で少なくとも一万種以上に分化し、世界各地の海洋に分散し、適応した。一方で、アンモナイトの進化の歴史は決して順風満帆ではなく、何度も絶滅の危機に瀕した。その度にいくつかの系統は途絶え、一握りが生き残り、その後の時代にかろうじて続いていった。

この章では、はじめにアンモナイトの進化史を辿り、いつの時代に、どのような種類が生息していたのかを解説する。続いて、進化史をさらに深掘りし、そもそも渦巻状の殻をもつアンモナイトはなぜ生まれたのか、殻の形はどのように進化したのか、進化にはどのようなパターンが見られるのか、また進化とともにどのような生態の変化があり、環境や生態系に関する出来事がどう影響したのかについて現在知られていることを紹介し、最後にアンモナイト絶滅の謎に迫っていく。

進化史を辿る

まずはアンモナイトの進化史の概要を古い時代から順を追って解説しよう。カタカナの名前がたくさん並び、少しこんがらがってしまうかもしれないが、p.33の系統図と口絵1～5を見ながら読んでいただければと思う。また、この節では、リンネ式の分類階級名で解説をする。生き物の分類にはいくつかの階級があり、本書で登場するものでは、上位から「綱」「亜綱」「目」「亜目」「超科」「科」「属」「種」となる。下の階級で同じなかまに属しているものほど、近い特徴をもっているということである。また、ざっくりと「～のなかま」を表す時には「類」が使われることもある。

◆古生代デボン紀（およそ四億一九二〇万年前～三億五八九〇万年前）

デボン紀前期に、まっすぐな棒状の殻をもつ頭足類バクトリテス亜綱から、最初のアンモナイトである、ゆる巻き型のアゴニアタイト目（口絵1a）が派生し、さらにアンモナイトらしい、しっかりと巻いた形に進化した（口絵1b）。遊泳生物の進化が爆発的に加速した「デボン遊泳革命」をバックグラウンドとして、アンモナイトの初期進化のスピードは特に速かった。デボン紀中期には、アゴニアタイト目からゴニアタイト目（口絵1c〜1g）が派生し、また後期にはクリメニア目（口絵1h）が出現した。クリメニア目は短期間で急激に多様化したグループで、外見こそ他のアンモナイトと大きな違いはないが、内部構造は少し異なり、連室細管が腹側ではなく、背側に通っているという変わった特徴をもっていた。デボン紀後期に、アンモナイトにとって最初の危機が訪れる。この時の大量絶滅事変により、ゴニアタイト目の中の一系統を残し、アゴニアタイト目とクリメニア目は絶滅した。

◆古生代石炭紀（およそ三億五八九〇万年前〜二億九八九〇万年前）

石炭紀になると、生き残ったゴニアタイト目が多様化して席巻し、繁栄はペルム紀まで続いた。その傍ら、新たな系統であるプロレカニテス目（口絵1i）を生み出した。プロレカニテス目は石炭紀〜ペルム紀を通してそれほど多様化しなかったが、その後の中生代三畳紀に繁栄したセラタイト目を生み出したことにおいて、進化史の中で重要なアンモナイトと言える。

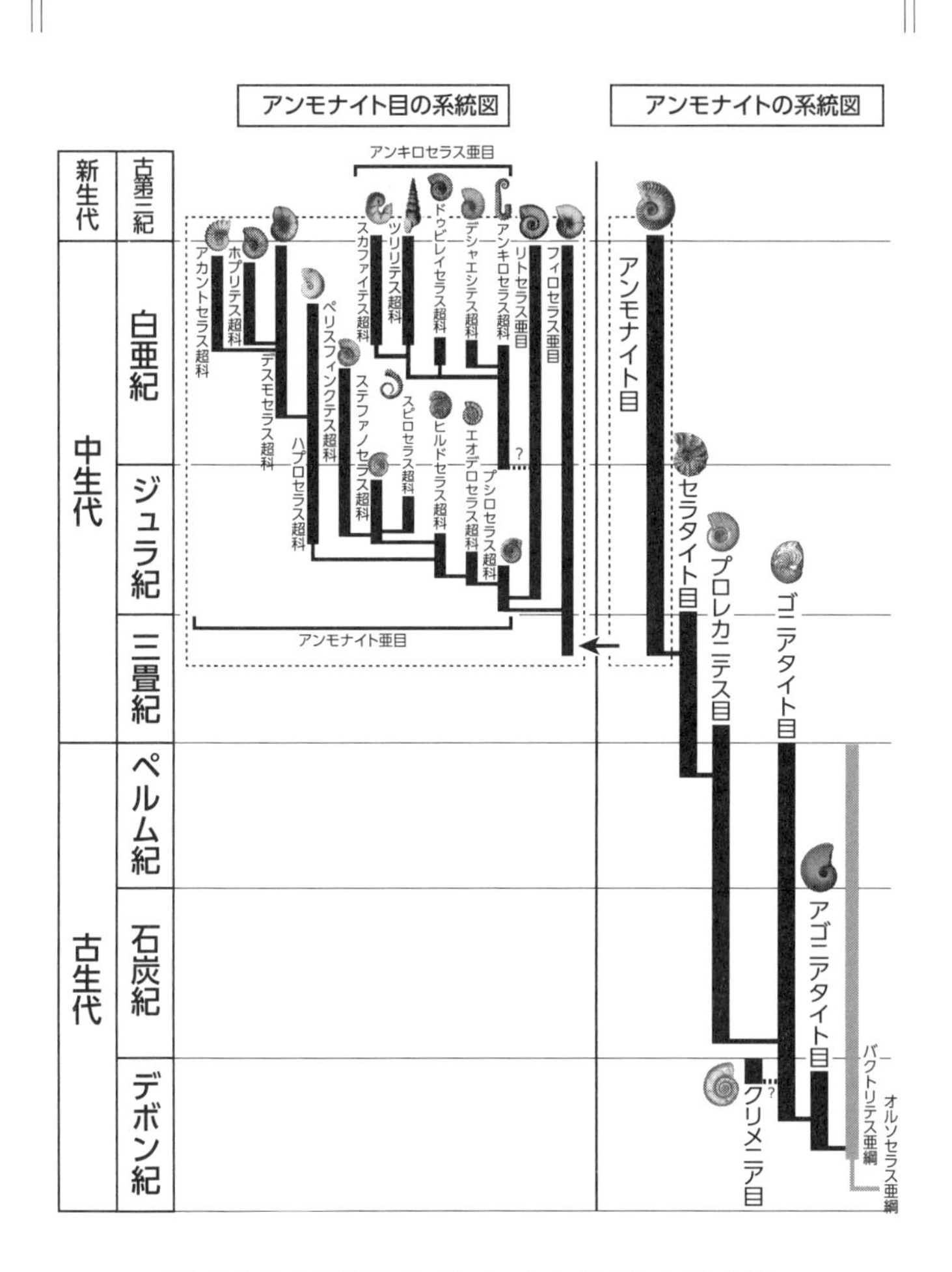

アンモナイトの系統図。De Baets et al. (2016) を元に作図。

◆古生代ペルム紀（およそ二億九八九〇万年前～二億五一九〇万年前）

ペルム紀にも、ゴニアタイト目とプロレカニテス目が繁栄を続けた。ペルム紀末には史上最大の大量絶滅事変が起きた。その原因は大規模な火山活動だったと考えられており、海洋生物の九五パーセント以上が絶滅したとされている。生き物の顔ぶれに大規模な入れ替わりが生じたため、ここを境に古生代と中生代が分けられている。この大量絶滅事変によりゴニアタイト目は絶滅し、プロレカニテス目の一部とプロレカニテス目から派生した原始的なセラタイト目が三畳紀に続いた。

◆中生代三畳紀（およそ二億五一九〇万年前～二億一四〇〇万年前）

中生代三畳紀に入るとすぐにアンモナイトは回復し、爆発的に多様性を増した。繁栄したのはセラタイト目（口絵2a～2h）の方で、プロレカニテス目はすぐに絶滅した。セラタイト目はかなり多様化し、グループ内にたくさんの系統を生み出した。また、の古生代までにはほとんどいなかった棘（とげ）などの殻装飾を備えた種類が増えた。多様化したセラタイト目の種類により三畳紀の細かい区分が定義されている。縫合線（ほうごうせん）の刻みに独特の膨らみがあるフィロセラス亜目は、三畳紀にセラタイト目から派生し、白亜紀末まで生存した（口絵2i，3a，4a）。また、三畳紀を超えて生存したフィロセラス亜目は、ジュラ紀以降のすべてのアンモナイトの祖先となった。いわゆる「異常巻アンモナイト」がはじめて登場したのは三畳紀後期で、セラタイト目の中に生じたが、系統は続かずに短期間で途絶えている。三畳紀末にも大量絶滅事変が起き、すべてのセラタイト目が絶滅し、フィロセラス亜目と、フィロセラス亜目から派生したと思われるプシロセラス超科（口絵3b）が生き残った。

◆中生代ジュラ紀（およそ二億一四〇〇万年前〜一億四五〇〇万年前）

この時代の最初に繁栄したのはプシロセラス超科で、ジュラ紀のはじまりはプシロセラス属（口絵3b）の出現により定義されている。三畳紀に続いて、世界共通の時代区分がアンモナイトにより定められているということは、層序学においてアンモナイトがいかに重要であるかを示している。プシロセラス超科から様々なアンモナイトが派生し、その一つであるリトセラス亜目（口絵3c，4b）は白亜紀末まで生存した。他にも、ゆる巻き型のエオデロセラス超科（口絵3d）や、イギリスの民俗学的な伝承に由来があるヒルドセラス超科（口絵3e，3f）、ハプロセラス超科（口絵3g）、ペリスフィンクテス超科（口絵3h，3i）などが順番に登場し、世界中で繁栄した。ジュラ紀のアンモナイトには顕著な性的二型（詳しくは第三章）が多く見られ、繁殖戦略に新たな改革があった可能性もある。また、白亜紀に大繁栄する異常巻アンモナイトのグループ、アンキロセラス亜目（口絵4c，4d，5）はジュラ紀後期に登場した。

◆中生代白亜紀（およそ一億四五〇〇万年前〜六六〇〇万年前）

ジュラ紀から白亜紀の境界ではアンモナイトの大きな入れ替わりは起きなかった。新たに登場したのは白亜紀末まで世界中で広く繁栄したデスモセラス超科（口絵4e〜4g）で、さらにデスモセラス超科から、派手な殻装飾を備えたアカントセラス超科（口絵4h）、ホプリテス超科（口絵4i）が派生した。フィロセラス亜目（口絵4a）とリトセラス亜目（口絵4b）はジュラ紀から引き続き繁栄を続けた。異常巻アンモナイトのアンキロセラス亜目も多様化し、ツリリテス超科（口絵5a〜5m）やスカファイテス超科（口絵5n）の他、巻きが再びきつくなり、通常のアンモナイトと似た形になったドゥビレイセラス超科（口絵4d）、デシャイエシテス超科が登場した。この時代には、小規模にアンモナイトの入れ替わりが生じたものの、白亜紀末まで多くの系統が繁栄を続けた。そして、今から約六六〇〇万年前に生じた隕石衝突を発端とした環境変動の影響により、アンモナイトは恐竜や海棲爬虫類などとともに絶滅してしまった。また、最近の研究では、隕石衝突後の新生代古第三紀はじめのごくわずかな期間、一部の系統が生存していたらしいことがわかっている。

以上がアンモナイトの進化史のあらましである。その繁栄と衰退は、地球規模の環境変動の影響を大きく受けたものであった。しかし、それだけではなかったようである。サウサンプトン大学（イギリス）のマイケル・ハウスは、一九八九年にアンモナイトの多様性変動を二〇〇万年刻みで調べ、いずれの絶滅事変においても、多様性の低下は絶滅事変よりもわずかに先行していること、多様性変動は海水準変動とよくリンクしていることを明らかにした。これは、多様性変動が海水準変動に直接コントロールされていることを意味するものではないが、どうやら大規模な絶滅事変だけでなく別の環境要因とも関係がありそうである。例えば、早稲田大学の平野弘道らにより詳しく研究されたように、海水中の酸素が欠乏する「海洋無酸素事変」が白亜紀では度々起きており、アンモナイトの多様性を左右していた可能性がある。

　次節からは、進化史の中でも特に重要な出来事や進化パターンについてさらに掘り下げながら、アンモナイトの進化と繁栄、絶滅の謎を解説していきたい。

アンモナイトの出現

最初のアンモナイトが登場したのは、今からおよそ四億年前の古生代デボン紀前期である。「直角貝」とも呼ばれる、円錐状の殻をもったオルソセラス亜綱（オウムガイ類の祖先）から、棒状の殻をもったバクトリテス亜綱を経由して進化し、アンモナイトが出現した。ちなみに、以前はバクトリテス亜綱をアンモナイトに含める考えもあったが、最近では含めないのが主流となっている。本書でもこの考えにしたがい、バクトリテス亜綱から進化した、一周以上巻いた殻をもつアゴニアタイト目以降の種類をアンモナイトとする。

　アンモナイトの初期進化におけるもっとも重要な殻形態の変化は、巻きがきつくなったということである。バクトリテス－アンモナイトの系統を辿りながら殻形態の

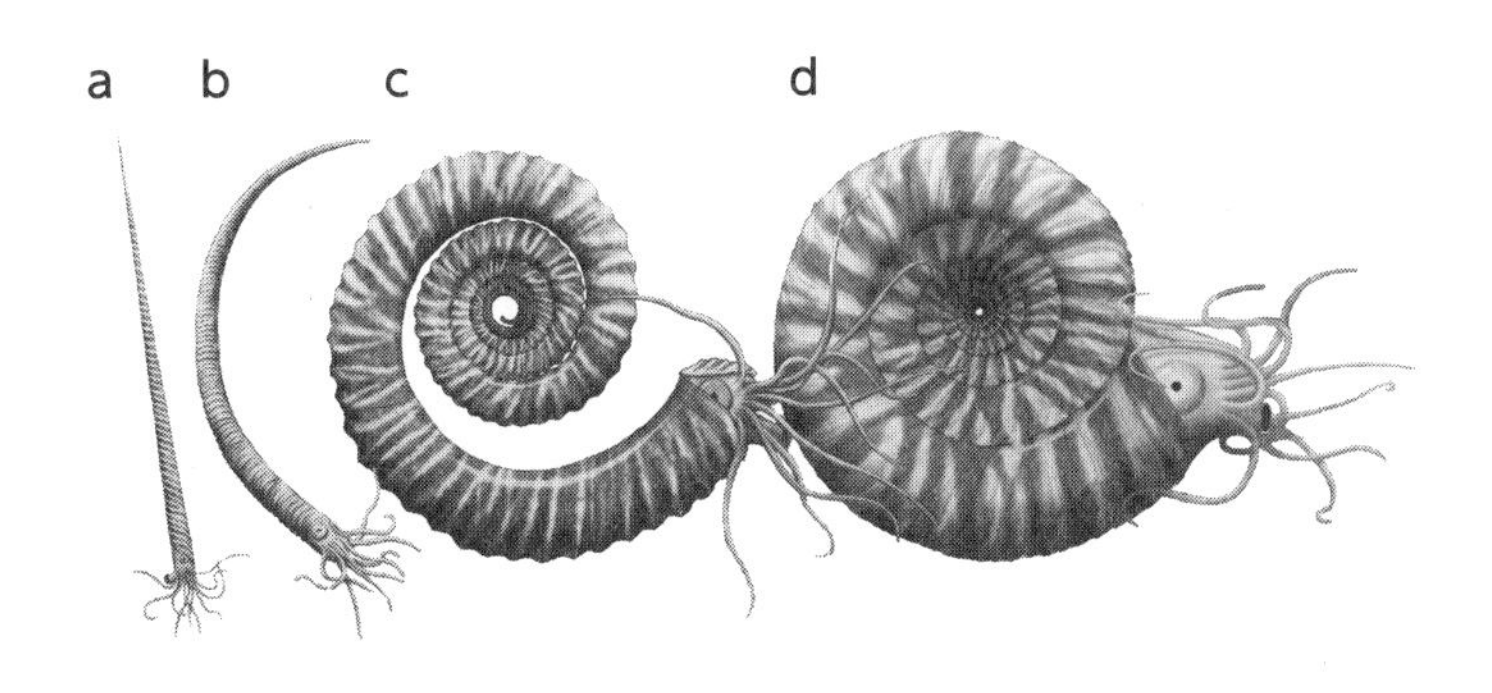

アンモナイトの初期進化。a→dの順で進化。a–b: バクトリテス、c–d: アンモナイト。
Monnet et al.（2011）を改作。

変遷を見てみると、棒状のバクトリテスからはじまり、続いて殻が弓形にやや曲がったキルトバクトリテスが出現し、その後、蚊取り線香のような形をした最初のアンモナイトの一つ、アネトセラスが出現した。さらに派生的な系統では、巻きがきつくなって殻同士が接し、一般的にアンモナイトの形としてイメージされるような殻をもつ種類が登場した。

なぜアンモナイトは殻を巻いたのか？　殻を巻いたことでその生態にどのような変化があったのか？　アンモナイトの初期進化は、クリスチャン・クルッグやケネス・デ・バッツェ、ビョルン・クルーガーをはじめとしたヨーロッパの研究者らにより近年特に詳しく研究され、進化や生態などに関する様々なことが明らかになっている。

殻はなぜ巻いたのか？

最初のアンモナイトが出現したデボン紀は、海の中を泳ぐ生き物が爆発的に増えた時代である。遊泳生活をはじめたものの中でも、生態系への影響が特に大きかったのが魚類で、デボン紀が「魚の時代」ともいわれるほど様々な種類が出現した。この時代の魚類は立派な顎を備えたことに加えて、海中を積極的に泳ぐようになり、多くの生き物にとっての脅威となった。バクトリテス－アンモナイトの系統は、泳ぐことが苦手な棒状の殻をもつものから順に淘汰され、わずかに泳ぎのうまい、やや巻いた殻をもつものが増えていった。「追う－追われる」のイタチごっこは加速し、魚類とアンモナイトはそれぞれ高速遊泳に適した形に共進化していった。このようにして、バクトリテス－アンモナイトは棒型から巻き型へと短期間で進化したわけである。

一方で、「棒状の殻は泳ぎが苦手で、巻いた殻は泳ぎがうまい」というのは、確か

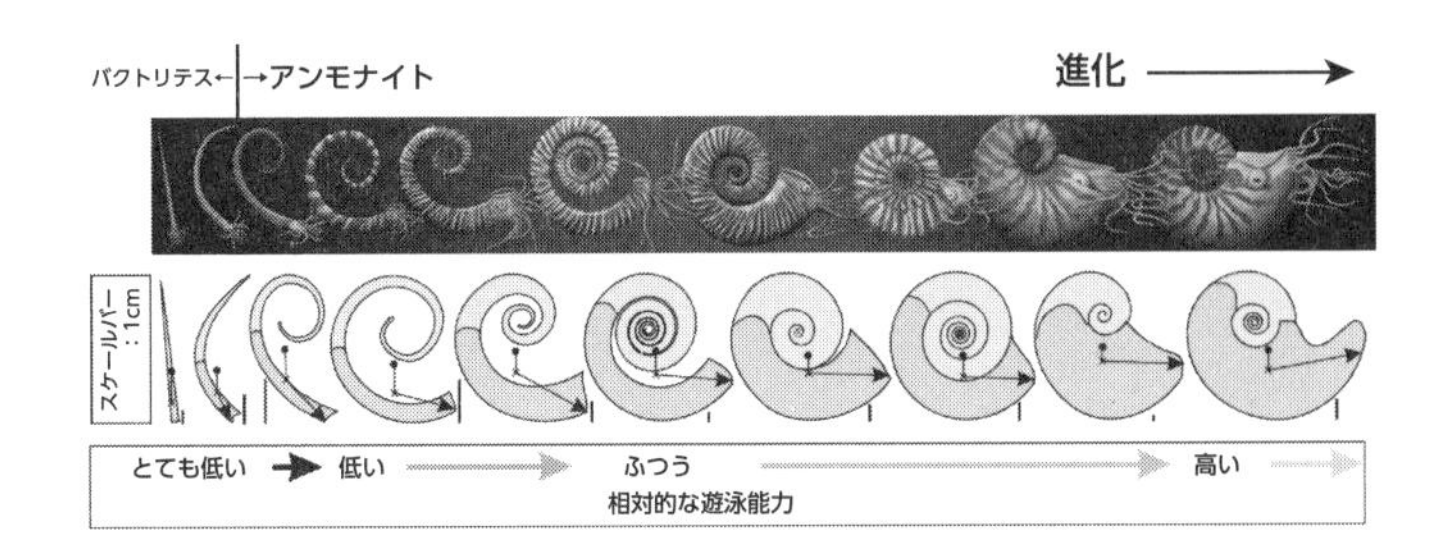

アンモナイトの初期進化における殻形態・生息姿勢・遊泳能力の変化。
Klug & Korn (2004) を改作。

なのだろうか。チューリッヒ大学（スイス）のクリスチャン・クルッグとフンボルト大学（ドイツ）のディッター・コーンは二〇〇四年に、アンモナイトの初期進化における殻の形と遊泳性能の変化について検討している。殻全体の生息姿勢を復元すると、巻きがきつくなるにつれて、アンモナイト自身の顔の向きが下から横に変化したらしいことがわかった。体全体の向きというのは遊泳を考える上で大変重要で、アンモナイトの顔が横を向いていて、しかも推進力となる漏斗が体の重心と水平の位置にあるほど、漏斗から水を噴射した際に生じる体全体の揺れは最小限になり、噴射を効率よく運動エネルギーに変換できる。一方で、棒状のバクトリテス類はどうだったかというと、ほぼ縦向きの姿勢で顔は下を向き、重心は全体の下の方にある。この姿勢では、縦方向には動くことができたかもしれないが、横向きに泳ごうとして漏斗から水を噴射しても殻全体が揺れてしまい、横方向の推進力にはほとんど繋がらなかっただろう。棒状の殻がほとんど横移動できないことは、模型を用いた水槽実験からも確かめられている。

さらに、クルッグの二〇〇一年の報告によると、アンモナイトの初期進化では、殻の巻きがきつくなることと併せて、腹側の縁が凹んだような形になったのだという。現生オウムガイにも同様の凹みがあり、この構造により漏斗をいろいろな方向に向けることができる。アンモナイトの初期進化においてその凹みが見られるようになったということは、この時期に漏斗がより発達したことを意味するのではないかとクルッグは考察している。このように、アンモナイトの初期進化では、遊泳能力の向上に繋がる複数の変化が同時に起きたのである。

「カンブリア爆発」と呼ばれる現象は有名なので聞いたことがある方も多いだろう。およそ五億四〇〇〇万年前の古生代カンブリア紀に様々な生き物が急速に進化し、多様性が爆発的に増したことを指してそのように呼ばれる。その背景になっているのは、地球史上はじめて生き物の体に眼ができたことで、眼で獲物を見て襲う「食う－食われる」の関係がはじまったことにより、攻撃と防御の応酬で進化が加速したとされている。アンモナイトの遠い祖先にあたる、現在見つかっている中で最古の頭足類プレクトロノセラスもカンブリア紀に誕生した。

一方で、デボン紀には先に説明したように、立派な顎をもった魚類が泳ぎはじめたことで、頭足類の進化が促され、巻き型のアンモナイトが登場した。二〇一〇年にクルッグらは、遊泳競争がもたらしたデボン紀の海洋生物の形態・生態の進化的変化を「デボン遊泳革命」と呼んだ。カンブリア爆発のキーワードが「眼」「食う－食われる」だとすれば、デボン遊泳革命のキーワードは「顎」「追う－追われる」ということになるだろう。

より小さな卵を多く産む

アンモナイトの初期進化において、殻がきつく巻いて遊泳能力が向上したことの他に、三億年以上にもわたる成功を決定づけた重要な変革があった。それは、孵化サイズの縮小と殻の大型化、これによりもたらされた小卵多産型の繁殖戦略である。アンモナイトの初期発生における進化傾向について詳しく調べたチューリッヒ大学（スイス）のケネス・デ・バッツェらによる二〇一二年の報告を中心に、このことについて説明していきたい。

第一章でも解説したとおり、アンモナイトの巻きの中心にはラグビーボール状（もしくは球形）の初期殻があり、その初期殻を管状の螺環（らかん）が取り囲むような構造をしている。そして、螺環をおよそ一周作った段階で卵から生まれる（孵化時の殻を「アンモニテラ（胚殻（はいかく））」という）。棒状の殻をもつバクトリテスの胚殻は巻いていなかったが、バクトリテス－アンモナイトの進化で殻が次第に巻いていく過程において、徐々に螺環が初期殻を取り囲む形に移行した。そして、胚殻を時代順に見ると、次第に小さくなる傾向があることがわかった。初期殻や螺環そのものが小さくなったということと併せて、巻いたことで胚殻全体がよりコンパクトになったのである。バクトリテスの胚殻は植物のツクシに似た形をしているので、これを例にしよう。まっすぐの状態のツクシをぐるっと丸めてみると、伸ばした状態よりも全体がコンパクトになるこ

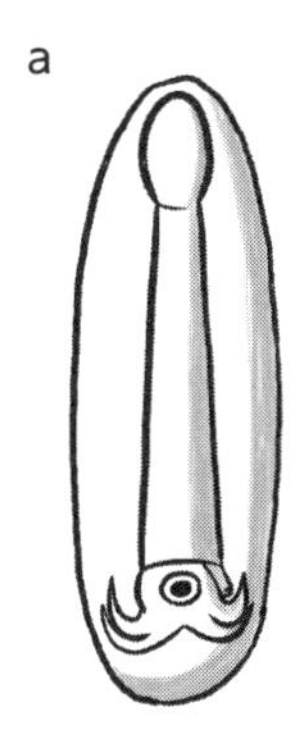

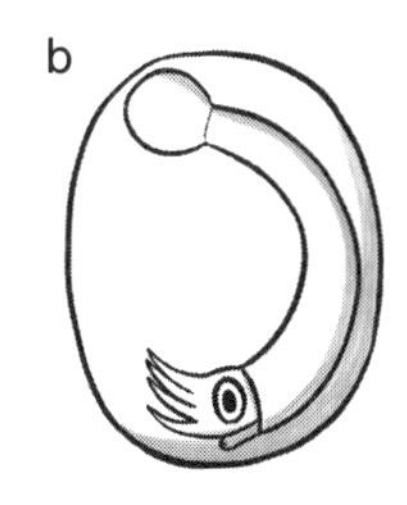

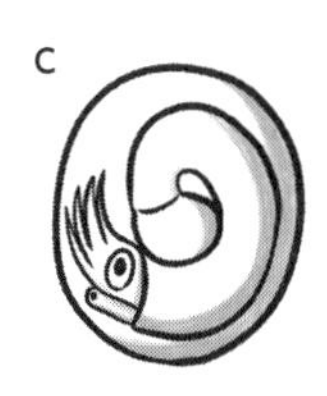

バクトリテス→アンモナイトの初期進化における胚殻の形態変化と卵のコンパクト化。
a → c の順で進化。a: バクトリテス、b–c: アンモナイト。

とが想像できるだろう。そして、胚殻が収まるのに必要な卵の大きさを見積もると、伸びているよりも丸まっている方が無駄がなく、より小さくてコンパクトな球状の卵になる。親が卵を作る時、一つひとつの卵が小さければ、代わりに数を増やすことができる。このようにして、小さな卵をたくさん産む繁殖戦略が実現された。

卵の小型化に加えて、成体サイズが大型化したことも繁殖力の向上に繋がった。親の体が大きいほど、卵を多く作ることができるためである。卵の大きさと成体の殻の大きさから、親が作ることができた卵の数を試算すると、胚殻が棒状に近いエルベノセラスでは多く見積もったとしても五〇〇個、巻き型で大型のマンティコセラスでは、その四四〇倍の二二万個にもなると概算された。生き物の繁殖戦略には小卵多産型と大卵少産型があり、どちらが有利であるかはその時々の状況や環境によって異なるが、アンモナイトの進化においては小卵多産型のメリットが大きく働いていたのかもしれない。

以上のように、螺旋状に巻いた殻と小さな胚殻という、アンモナイトの進化と生態を語る上で欠かせない特徴はデボン紀の間にすでに確立していたのである。

派手になる殻装飾

アンモナイトの進化において、殻形態の変化に傾向が見られることがある。そうした進化パターンには、そのバックグラウンドが推測されているものもあれば、傾向があるがその要因まではよくわからない、というものもある。アンモナイトの進化パターンは、二〇一五年に、リール大学（フランス）のクロード・モネらにより詳細にまとめられている。ここでは、現在までに知られている主要な進化パターンを紹介しよう。

アンモナイトの中には突起やいぼなどの目立つ殻装飾をもつ種類がいるが（例えば、口絵4d，4f，4h）、古生代にはほとんどおらず、中生代三畳紀以降に増加するという傾向をカリフォルニア大学（アメリカ）のピーター・ウォードが一九八一年に報告している。殻にある突起の機能にはいくつかの推測があるが、防御に役立ったという説がもっとも広く信じられている。「中生代海洋革命」とは、メリーランド大学（アメリカ）のヒーラット・ヴァーメイが提唱した概念で、中生代に二枚貝の殻を砕いてその中身を食べるカニやヒトデ、巻貝などの底生の捕食者が増加し、その結果、捕食される側の二枚貝の進化が加速し、より強固な殻をもつもの、泳ぐもの、海底に埋没するものが登場したというものである。アンモナイトもこれに関連して、防御力がより高まるような進化をした可能性がある、というのがウォードの見解である。海棲爬虫類のモササウルスがアンモナイトを捕食していたことが想定されているが、実はこれには諸説ある（詳しくは第四章）。また、甲殻類に空けられたと思われる穴があるアンモナイトの化石が白亜紀の地層から見つかっており、一部のアンモナイトは海底付近に生息し、確かに甲殻類の攻撃を受けていた可能性がある。さらに、ウォードは現

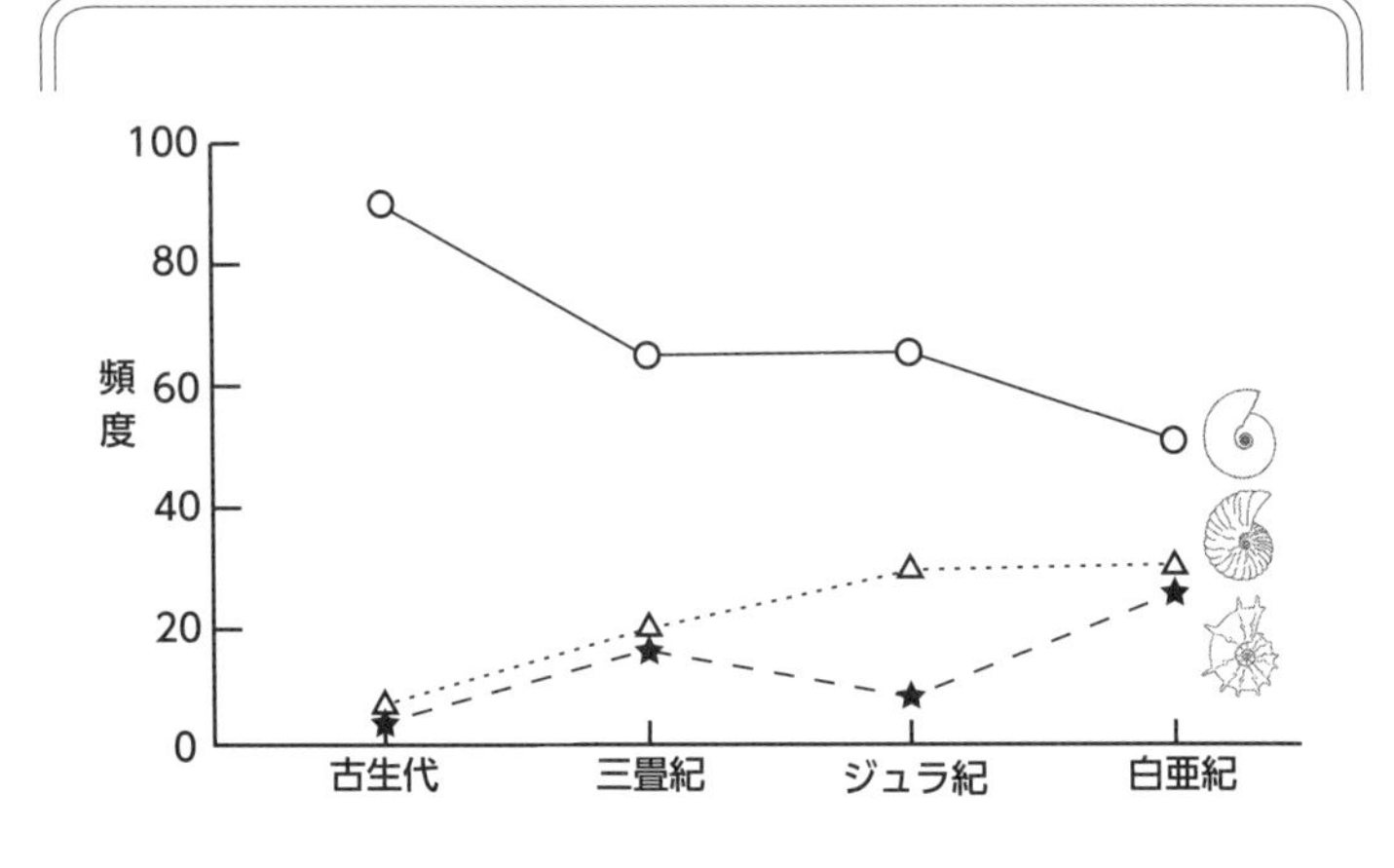

時代とともに派手になる殻装飾。○：突起がない種類、△：弱い突起がある種類、★：強い突起がある種類。Ward (1981) を改作。

生オウムガイが甲殻類の死骸を好んで食べることにも触れ、アンモナイト自身がカニなどを食べる捕食者側であったことを想定した場合でも、突起があることで殻強度が高まり、捕食するにあたり好都合だったのではないかと考察している。

中生代は、魚竜や首長竜、モササウルスなどの海棲爬虫類だけでなく、ベレムナイトやコウモリダコの系統など、より機動力のある頭足類が勢力を伸ばした時代でもある。ウォードが論文を発表した一九八一年時には、そのことがまだ十分に知られていなかったが、現在までにベレムナイトやコウモリダコ類の消化管からアンモナイトの顎器（がくき）が見つかっており、彼らがアンモナイトを捕食していたことが確実となっている。機動力のある頭足類がアンモナイトにとって驚異的な捕食者となり、アンモナイトの、守りを強固にするような進化が促された可能性は十分に考えられる。

複雑化する縫合線

波打った隔壁と外殻との交わり部分にできる模様は「縫合線（ほうごうせん）」と呼ばれるが、この模様は進化の中で複雑化した。この傾向は古くから認識されていたが、一九九二年に、ペンシルベニア大学（アメリカ）のジョージ・ボヤジアンとウエスト・チェスター大学（アメリカ）のティム・ラッツにより定量化され、改めて明らかなパターンが示されている。古生代のゴニアタイト類の縫合線には、細かい刻みがなく、大きな山と谷のみである。中生代三畳紀のセラタイト類の縫合線は、波の数が増え、谷の部分には細かい刻みが見られる。中生代ジュラ紀以降の狭義のアンモナイト類の縫合線は、山にも谷にも細かい刻みがかなり増え、菊の葉を思わせるような模様を作り出している。アンモナイトは進化が速いため、地層の時代を判断する示準化石として重宝され、特

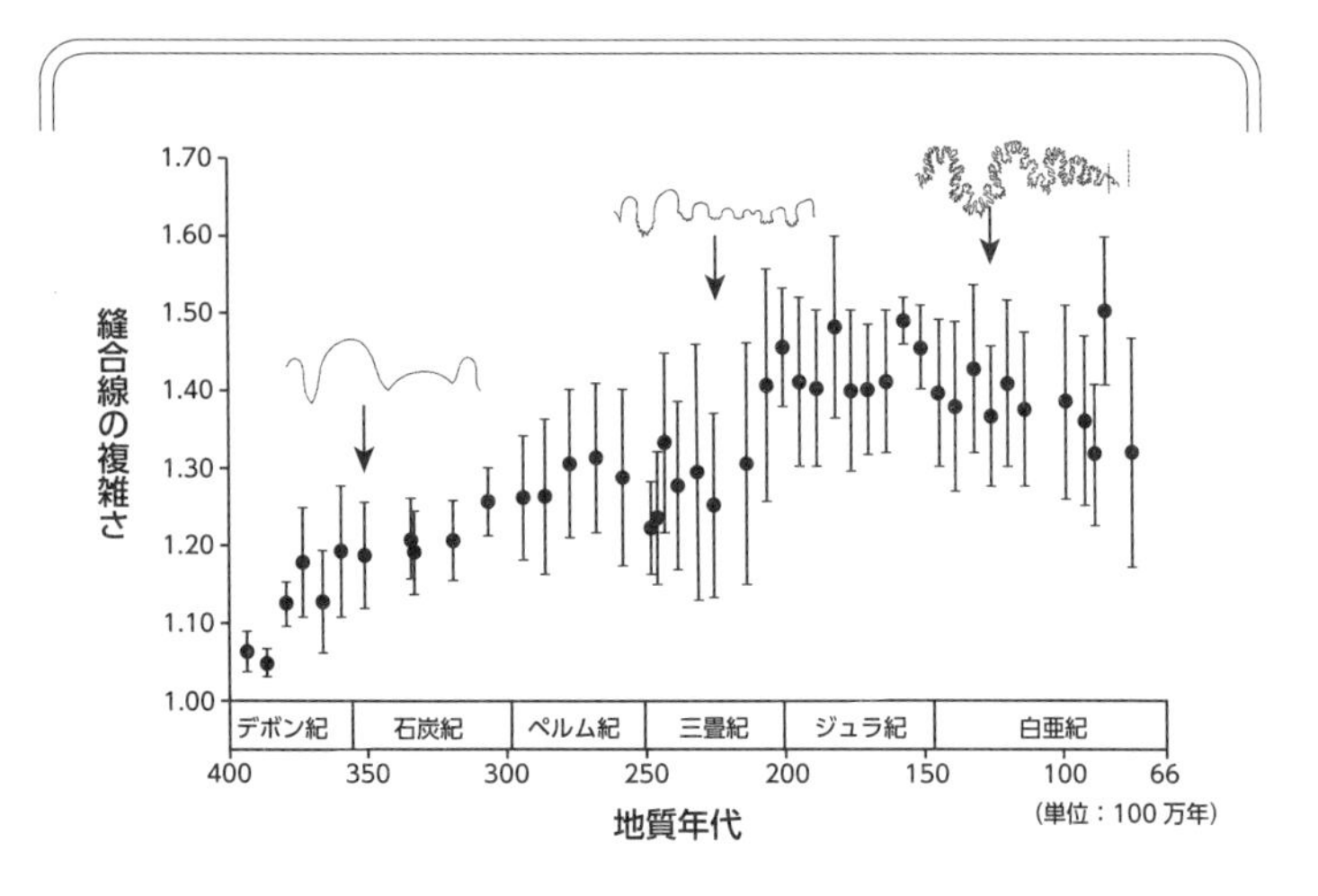

時代とともに複雑化する縫合線。Peterman et al. (2021) を改作。

に縫合線は殻が剥がれている部分で容易に観察することができるので、地層の研究においても非常に役立つ。

縫合線の複雑化は、もっともよく知られたアンモナイトの進化パターンであり、古生物学の教科書などでしばしば紹介される。その一方で、「縫合線はなぜ複雑化したのか」という生態学的・進化学的意義は十分に理解されていない。隔壁の機能として古典的な解釈である「殻強度向上説」はこれまでに多くの実験やシミュレーションなどから検証され、相反するような見解はあまり出ていないので、機能としては確かにあったのかもしれない。しかしながら、例えば、アンモナイトの生息水深が時代を経るごとに深くなる傾向が事実としてあったかというと、どうもそういうことではなさそうで、縫合線の複雑化の要因はよくわかっていないのが現状である。

白亜紀末の大量絶滅

アンモナイトは、白亜紀末の大量絶滅事変で一つの系統も残すことなく絶滅してしまった。過去に何度も危機をくぐり抜けてきたアンモナイトは、この時にはなぜ乗り越えることができなかったのだろうか？

白亜紀の大量絶滅事変では、地球上の七五パーセント以上の生物種が絶滅した。特に、鳥類を除く恐竜や海棲爬虫類、翼竜などがすべて絶滅したことがよく知られている。この大量絶滅は、現在のメキシコ・ユカタン半島に隕石が衝突したことにより引き起こされたと考えられている。隕石衝突説は、一九八〇年にこの説を提唱した研究者親子にちなんで「アルバレス仮説」と呼ばれている。隕石衝突時に形成された巨大なクレーター（チチュルブクレーター）が地形として残っていることの他、中生代白

中生代白亜紀と新生代古第三紀の境界の地層(アメリカ・コロラド州)。

亜紀末と新生代古第三紀の境界の地層には、地表には本来ほとんど存在しない「イリジウム」という元素が多く含まれることなどから、アルバレス仮説はほぼ確実視されている。ちなみに、最近の研究では、隕石が衝突した季節はどうやら春だったらしいことが魚類化石の成長線の解析などからわかっている。

白亜紀末の大量絶滅は、隕石衝突による衝撃などで生じた一瞬の出来事ではなく、隕石衝突により大気中に大量の塵が発生し、太陽光が遮られたことで引き起こされた長期的な寒冷化、大規模な火山噴火（デカン・トラップ）、海水の酸性化などから、陸上と海洋両方の生態系が崩壊した結果であると考えられている。

アンモナイトの絶滅は突然だったのか、それとも段階的なものだったのか。一九九〇年代までの研究では、絶滅に先駆けてアンモナイトの多様性は減少しはじめており、隕石衝突がトドメの一撃となったことが強調されていた。しかし、近年の研究では、白亜紀末の最後の五〇万年間の地層だけでも様々な系統のアンモナイトが三一属も存在しており、絶滅寸前までかなり高い多様性を保っていたことが明らかになった。つまり、アンモナイトは、隕石衝突により突然絶滅したのであり、絶滅の理由を長期的な多様性変動に見いだすことはできない。

隕石衝突後もしばらく生きていた？

二〇世紀後半以降、白亜紀末／新生代古第三紀の境界をわずかに超えた地層から、アンモナイトの化石が見つかることが度々報告されていた。発見されているのは、数字の「9」のような形をしたスカファイテス類や棒状のバキュリテス類など（口絵5m，5n）、いずれも異常巻アンモナイトである。

しかし、ここで問題になるのは、これらの化石が確実に古第三紀まで生き残ったものであるかどうかである。より具体的には、その地層およびそこに含まれる化石が「再堆積」によるものではないか、ということである。一度堆積した地層のうち、まだ浅い場所にあるものは嵐や津波、海底地滑りなどによって掻き乱されることがある。その際、地層中の化石が洗い出され、新しい堆積物中に再び保存されることを再堆積という。実際に、北海道の白亜紀アンモナイトには、殻内部へ砂泥が二方向から入り込んでいるものがあり、再堆積により殻の向きが変わった可能性があることが早稲田大学の和仁良二により二〇〇一年に報告されている。白亜紀末／新生代古第三紀境界のケースでは、時代境界より下、すなわち白亜紀末の地層にもともと含まれていたアンモナイトの化石が再堆積により境界より上の地層と混ざった結果、新生代古第三紀の地層からアンモナイトの化石が出てきたように見えてしまった可能性が否定できない、ということである。

一九九〇年代まではどちらかと言うと保守的な解釈がされていて、新生代古第三紀の地層から出ているアンモナイトは再堆積によるものであり、その時代まで生き残ったものではないという意見が優勢であった。しかし二〇〇〇年代に入ってすぐ、これは見直された。決定的とも言える成果は、ポーランド科学アカデミーのマーシン・ミカルスキとロスキレ大学（デンマーク）のクラウス・ハインバーグにより二〇〇五年に発表されたものである。この研究では、デンマークの古第三紀の地層から得られたアンモナイト二種について、再堆積されたにしては破損が少なく保存状態が良すぎること、また殻内部に侵入した砂泥に含まれる微化石の種類や、殻の化学分析（安定同位体分析）の結果などから、これらが再堆積によるものではなく、白亜紀／古第三紀の境界を超えて、真に生き残ったものであると結論付けられた。その後、アメリカやオランダ、トルクメニスタンなどにおいても、古第三紀初期の地層から生き残ったアンモナイトの化石が発見された。このように、アンモナイトが隕石衝突の後もしばらくの間（数万年〜数十万年間）は生存していたことが今日では確実視されている。

したがって、アンモナイトは白亜紀末

デンマークの古第三紀の地層から発見されたスカファイテス類の化石。スケールは1 cm。Machalski（2005）より転載。

に起きた隕石衝突を発端とする大規模な環境変動により絶滅したことに変わりはないが、絶滅の時期を正確に表現するなら、新生代古第三紀暁新世初期ということになる。

か弱い赤ちゃんアンモナイト

白亜紀末の隕石衝突が起こした生態系崩壊がアンモナイトの絶滅に繋がったことは、間違いなさそうである。しかし、気掛かりなのは、この時にアンモナイト以外の頭足類（イカとタコだけなく、アンモナイトと同じく外殻性のオウムガイまでも）は絶滅を免れ、生き残ったことである。アンモナイトと現在まで生き残っている頭足類の運命を分けたものは一体何だったのだろうか？　このトピックについては様々な視点から研究がなされ、一つの要因ではなく、複合的な要因があったと考えられている。

もっとも有力視されているのが、孵化サイズの違いである。ともに似た構造の殻をもつ外殻性頭足類であり、共通点も多いアンモナイトとオウムガイであるが、その繁殖戦略は大きく異なる。アンモナイトは小卵多産型（r戦略型）と考えられており、オウムガイは大卵少産型（K戦略型）である（第三章・第四章参照）。白亜紀末に共存していた種類同士で比べても、孵化時の赤ちゃんの殻の大きさが少なくとも二〇倍以上は異なる。現生の頭足類においては、生まれてくる時点の大きさにより赤ちゃん時代の生態が如実に変わることが知られており、三ミリメートル未満の赤ちゃんは海水よりも密度が小さく自動的に水中に浮かんでしまう浮遊性で、三〜一〇ミリメートルのものは浮遊性である場合もあるが、一〇ミリメートル以上のものは浮遊性にはならない（遊泳性や底生となる）。

これをアンモナイトに適用すると、赤ちゃんの孵化サイズはすべて三ミリメートル未満であるため浮遊性となる。一方でオウムガイの孵化サイズは、中生代以降のものはほぼすべてが一〇ミリメートル以上であるため遊泳性となる（実際に現生オウムガイの赤ちゃんは孵化サイズが三〇ミリメートルで遊泳性である）。浮遊性の孵化直後の赤ちゃんアンモナイトは、自分の意思とは無関係に海表面近く

絶滅を免れて、現在も生きるオウムガイ。

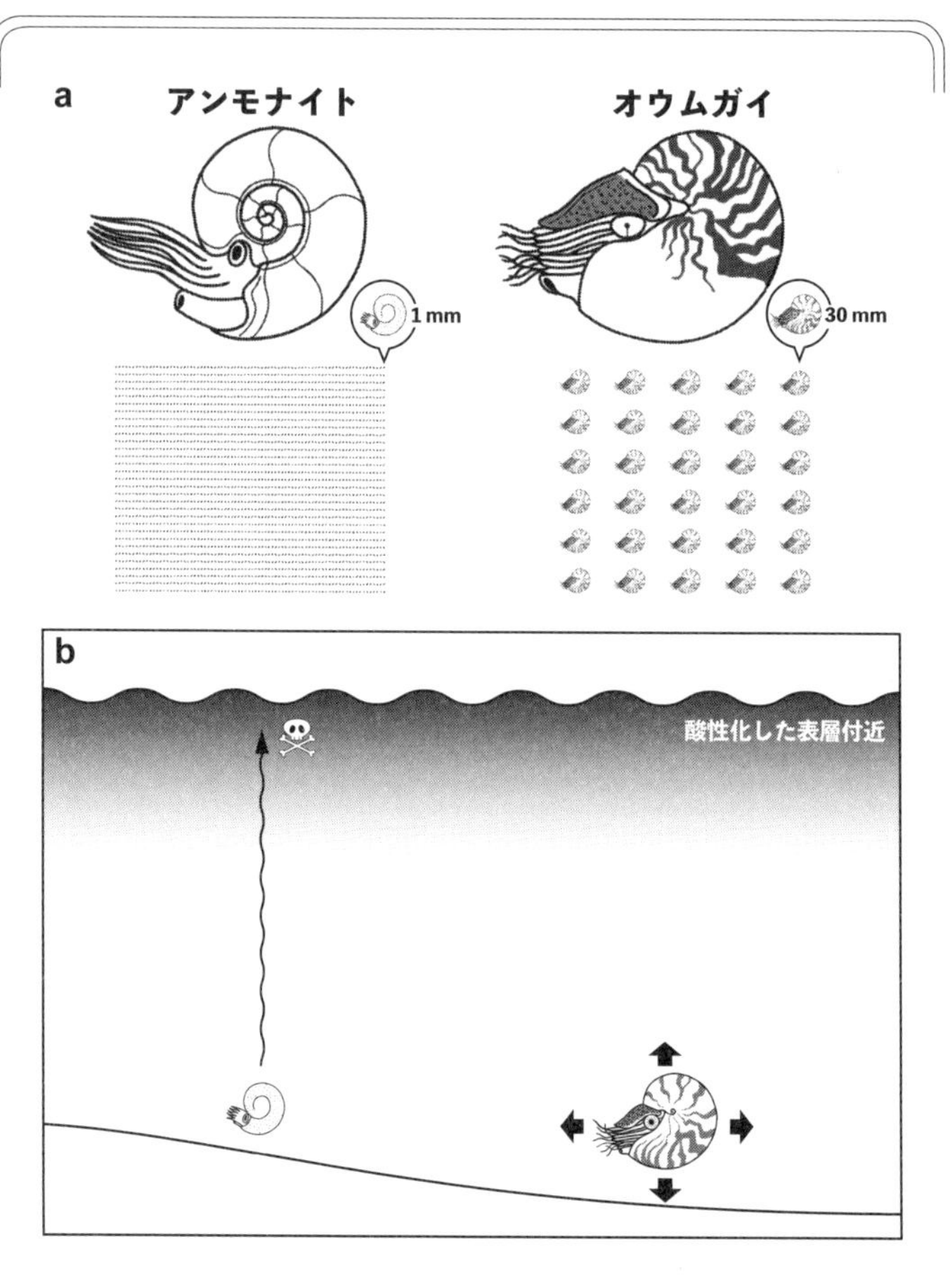

アンモナイトとオウムガイの繁殖戦略と推測されている成長初期生態の違い。a: 繁殖戦略の違い。アンモナイトは小卵多産型と考えられており、オウムガイは大卵少産型である。b: 推測される成長初期(孵化直後) 生態の違い。この図では、隕石衝突により海表面の酸性化が進んだ環境下を想定している。

まで浮かんでしまった可能性がある。隕石衝突による環境変動で酸性雨が降り注ぎ、海の中でも特に海表面付近で酸性化が進んでいたと考えられている。このような環境が、アンモナイトの赤ちゃんにとって住み心地の良いものであったはずがない。しかも、それはアンモナイトだけでなく、他のプランクトンも同じであった。一ミリメートルの赤ちゃんアンモナイトは、自分よりも小さな海洋プランクトンしか食べられなかったと考えられているが、酸性化した海表面近くにはそのような生き物も少なかった。このように、生まれてすぐにこの過酷な環境で生きることを余儀なくされたアンモナイトは、赤ちゃん時代を乗りきることができず、死亡率が極端に高くなった結果、絶滅に至ってしまったのだろう。

一方、オウムガイの赤ちゃんは自発的に泳ぐことができ、過酷な海表面での生活を避けることができた。しかも、オウムガイは腐肉食者であり、母親由来の卵黄を使い終わった後は、プランクトンに限らずに海底に落ちている餌をなんでも食べた。これも、生まれた時点から体が大きいために成し得たことである。このように、赤ちゃん時代の過ごし方や餌の違いが、アンモナイトとオウムガイの運命を分けた要因として大きかったと考えられている。ちなみに、イカとタコに関してはこの時代の化石記録が乏しく、検証はほぼ不可能であるが、現生種の孵化サイズは様々であり、自動的に浮遊性にならない大きさで孵化する種類も知られている。白亜紀末にもそのようなものが存在していた可能性はある。

基礎代謝の違いが運命を分けた？

最近、アンモナイトの絶滅に関して、興味深い説が新たに提案された。アメリカ自然史博物館の田近周らが二〇二三年に発表した研究で、白亜紀末のアンモナイトとオウムガイ類の変質していないアラゴナイト質の殻を用い、その炭素安定同位体比を測定して比較をしたものだ。炭素安定同位体比は生き物の基礎代謝の新しい指標として注目されている。分析は、まず現生の頭足類で行われ、イカ・タコに比べてオウムガイの基礎代謝は低いことが示された。この結果は実際に知られている生態から推測される代謝と一致することから（つまり、オウムガイは酸素消費量が少なく、省エネ生物であり、寿命が長い。一方で、イカとタコは酸素消費量が多く、活発で、寿命が短い）、炭素安定同位体比は頭足類の基礎代謝の違いを確かに反映しているらしいことが確認された。

次に、白亜紀のアンモナイトとオウムガイについて同様の分析が行われ、種類により数値に幅があるものの、アンモナイトがオウムガイよりも高い基礎代謝を示すことが明らかになった。田近らは、従来考えられていた二者の孵化サイズおよび赤ちゃん時代の生態と食性の違いに加えて、基礎代謝の違いが運命を分ける要因の一つとなった可能性を指摘した。つまり、生命維持に多くの餌を必要とする基礎代謝の高いアンモナイトは海表面近くで生じた急激な食糧難を乗り越えられなかったのではないか、ということである。

また、頭足類における基礎代謝の違いについて、田近らは二〇二〇年にも別の視点から検証している。それによると、オウムガイでは、殻に相当大きな怪我などがない限り成長に乱れは生じないが、トグロコウイカやアンモナイトにおいては、怪我の有無によらず細かく乱れが出る傾向があるようである。これは小さな変化にどれだけ敏感に反応しているか、つまり基礎代謝の高さに関係があるのではないかと田近らは見解を示している。

以上の研究が示すように、アンモナイトの基礎代謝は高く、危機的に悪化した環境下においては、それがディスアドバンテージとなってしまった可能性がある。

第三章

アンモナイトの成長

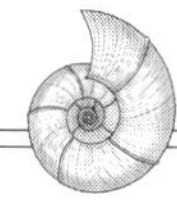

化石となり、もう決して動くことはないアンモナイトだが、化石になる前は当然、エネルギーを摂取して活動する生き物であり、その生涯で、〝赤ちゃん〟から〝おとな〟へと成長した。成体の大きさが二メートルを超える、世界最大のアンモナイトであるパラプゾシアにも、一センチメートルにも満たない〝赤ちゃん〟だった時代がある。また、アンモナイトの殻内部はすでに説明したとおり、非常に緻密で複雑なつくりをしている。これらはどのようにして形成されたのだろうか？

この章では、アンモナイトの殻形成のメカニズムや、その成長を追ってわかること、例えば何をもって〝赤ちゃん〟〝こども〟〝おとな〟などと判断するのか、さらに関連して性別や成長速度などについても解説する。アンモナイトの成長に関する諸々を明らかにする時にヒントになるのは、アンモナイトと同じ頭足類のなかまであり、しかも同じように体の外側に殻をもち、現在も生きているオウムガイである。古生物のことをよく理解するには、現在生きている近縁の生き物との比較が重要である。オウムガイで知られていることを確認しつつ、アンモナイトの成長を辿ってみよう。

継ぎ足して大きくなる殻

アンモナイトは、それまでの成長の中で作った殻を改変することなく、古い殻に新しい殻を、例えるならブロックを積み重ねるように継ぎ足しながら成長していた。「付け加えて成長する」成長方法を、その名のとおり「付加成長（ふかせいちょう）」といい、現生の巻貝や二枚貝などもこの方法で成長する。アンモナイトの〝良いところ〟は無数にあるが、その一つは、生まれてから死ぬまでの成長がすべて殻に保存されていることである。そのため、保存状態の良い殻の化石を調べれば、その一生の成長を辿ることができるのだ。

異常巻アンモナイトを除く、いわゆる普通に巻いた形のアンモナイトでは、中心から外側に向かって巻きを増やして成長していくので、殻の一番外側（巻きの端っこ）がもっとも年齢を重ねた段階で作った部分であり、逆に渦巻の中心がもっとも若い時に作った部分である。

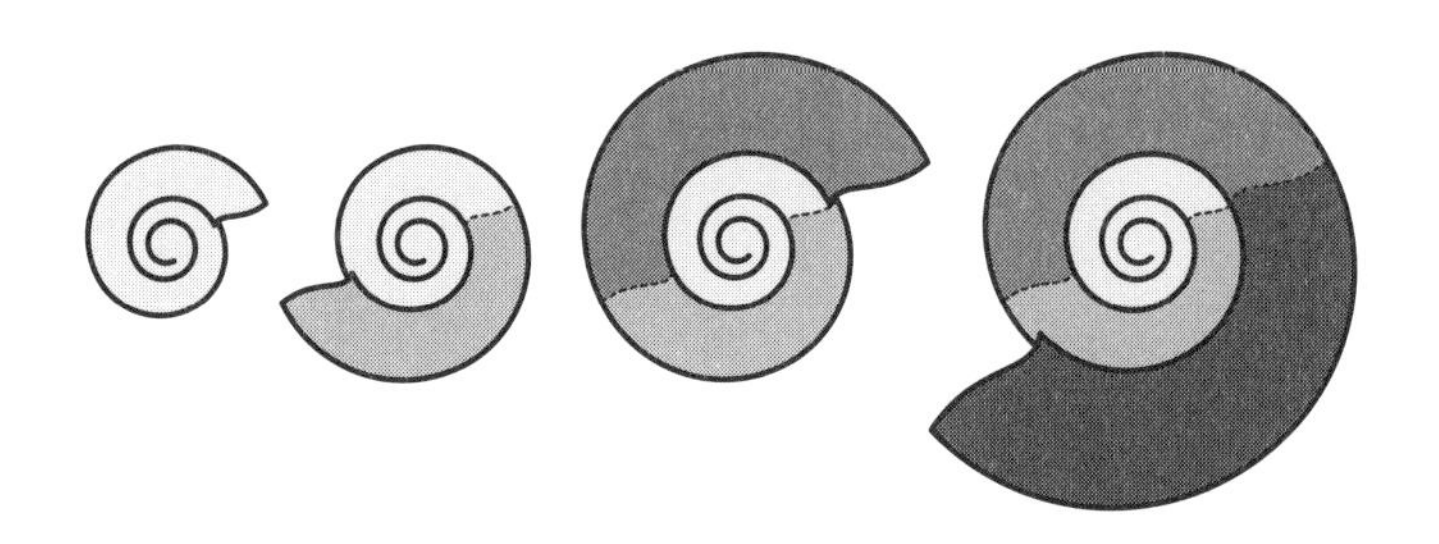

付加成長のイメージ。左から右へと半周ずつ成長している様子。新しい殻(より濃い色の部分)を巻きのもっとも外側に継ぎ足して(巻きを増やして)大きくなる。

螺環と隔壁の形成

第一章で説明したとおり、アンモナイトの殻のつくり、特に内部は少し複雑で、螺旋状の外殻の中、奥の方にはたくさんの隔壁が連なっている。アンモナイトは、①螺旋に巻いた外側の殻(螺環(らかん))と②内部にある壁(隔壁)の二つを独立に作り、成長している。それぞれ、どのように形成されるかを説明していこう。

1 外側:螺環の形成

これはそれほど複雑ではなく、殻口付近の住房内で、軟体部の「外套膜(がいとうまく)」から

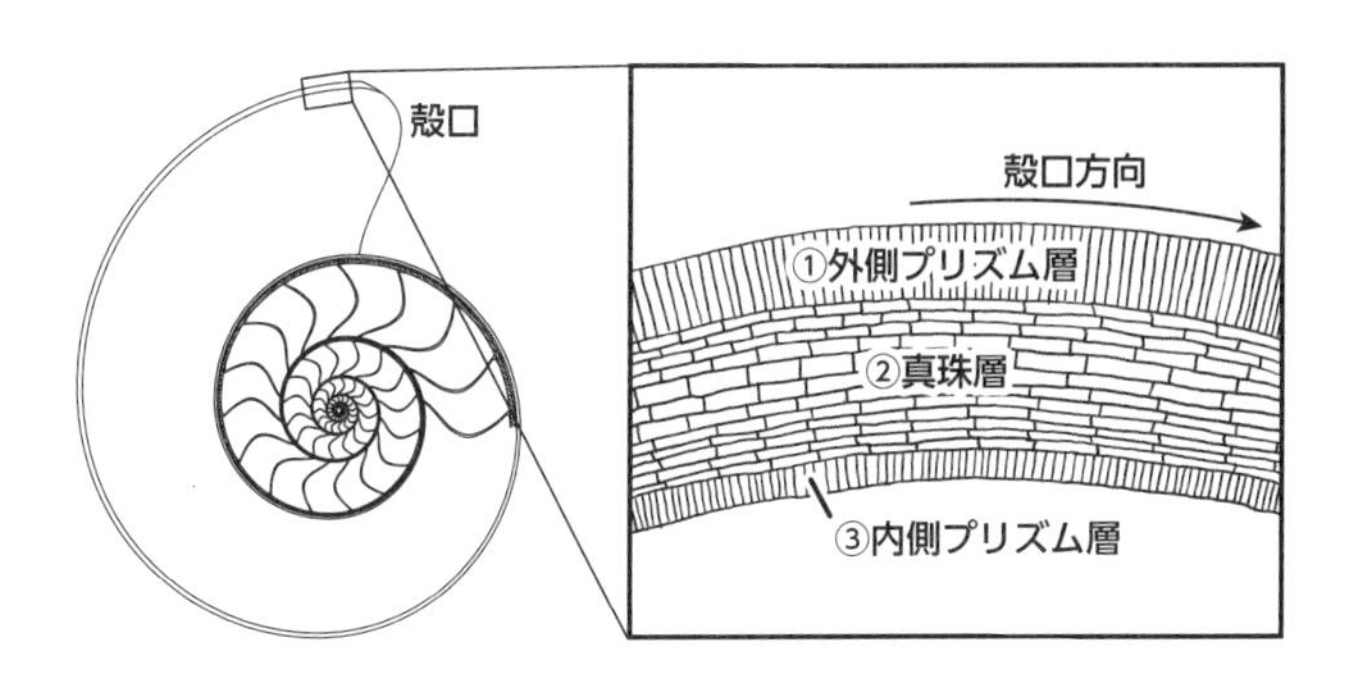

三層構造の殻。殻成分が住房の内側から①→②→③の順で分泌して形成される。

結晶構造の異なる殻成分（炭酸カルシウム）を順番に分泌して殻を形成する（最終的に殻は三層構造になる）。ちなみに、外套膜とはイカでいうところの胴体であり、イカそうめんやお寿司にのっている部分である。胴体の顔に近い部分あたりからカルシウム成分を分泌し、端っこに継ぎ足し、胴体の輪郭に沿った太さで筒状の殻を作っていく様子をイメージしてもらうと良いかもしれない。

2 内部：隔壁の形成

アンモナイトの隔壁形成を知るためには、よく似た殻構造をもつ現生オウムガイが参考になる。オウムガイの隔壁形成や成長は、一九六〇年代~八〇年代に、エリック・デントンとジョン・ギルピン－ブラウン、ピーター・ウォードとルイス・グリーンウォルドなどにより、野生個体の調査、飼育実験やレントゲン観察などの手法で詳しく調べられている。

オウムガイが新しい隔壁を作る時には、まず一つ前に作った隔壁から軟体部の一番後ろを離すところからはじまる。前の隔壁から十分な間隔を空けたら、軟体部から貝殻成分を分泌して、隔壁の形成を開始する。この時、前の隔壁と形成中の隔壁との間は「カメラル液」と呼ばれる血液に近い液体で満たされている。

余談だが、オウムガイの血液にはヘモシアニンが含まれており、青色みを帯びている。ヘモシアニンは軟体動物や節足動物の体液中にある酸素を組織に運搬する銅タンパク質で、無色に近い色だが酸素と結びつくと銅イオン由来の青色になる性質をもつ。一方で、私たち人間を含む脊椎動物の血液は赤色だが、これは酸素を運搬するタンパク質であるヘモグロビンに含まれる鉄イオンに由来している。銅でできた十円玉が少し古くなって錆びると青っぽくなり、酸性雨に晒された公園の鉄棒は赤く錆びていることを思い出してほしい。血の色には錆の色、金属イオンの色が関係しているのである。ちなみに、イカやタコの血にもヘモシアニンが含まれており、酸素を豊富に含む

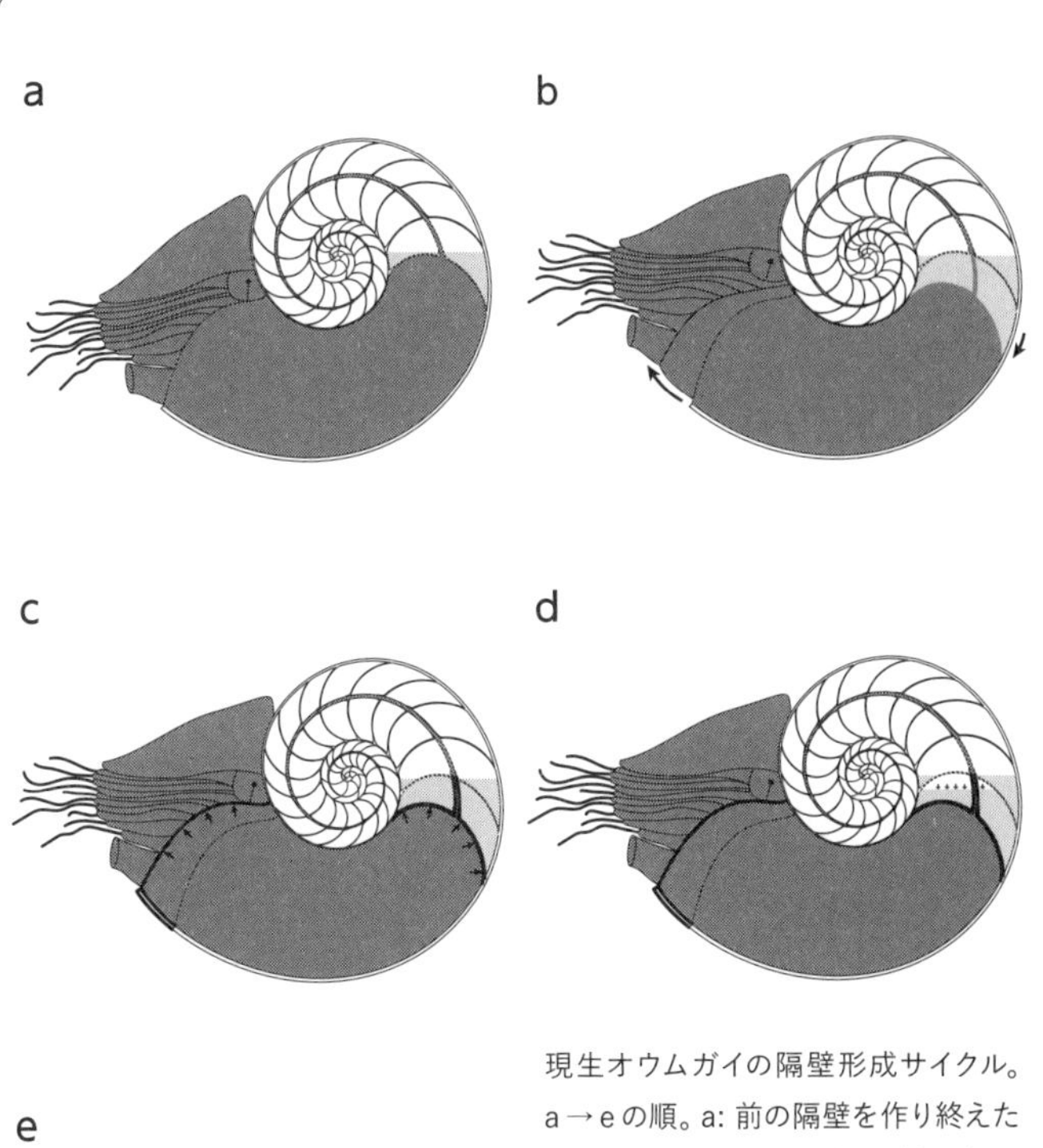

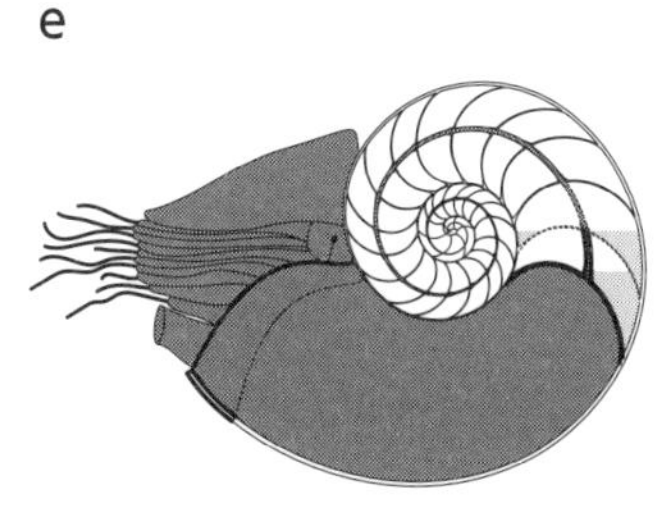

現生オウムガイの隔壁形成サイクル。a→eの順。a: 前の隔壁を作り終えた段階。b: 次に作る隔壁分、軟体部を前進。c: 新しい隔壁と殻の形成を開始。d: 隔壁が十分な厚さになったらカメラル液の排出を開始。e: カメラル液を半分ほど排水したら、次の隔壁の形成サイクルに移る。破線：前の隔壁・連室細管・殻口。太線：新しい隔壁・連室細管・殻口。Ward et al. (1981) を参考に作図。

活きの良いイカの動脈血は青色を呈する。アンモナイトの血液やカメラル液を直接観察することは不可能であるが、おそらく同様に青色みを帯びていたはずである。

さて、脱線してしまったが、隔壁形成の話に戻ろう。隔壁が十分な厚さになったら、オウムガイは気室の中のカメラル液を排水し、同時に気体で気室の中を満たし、浮力器官とするのである。では、深い海の中に暮らすオウムガイはどのような仕組みで液体を抜き、空気を作り出すのだろうか？　ここでキーワードになるのが「浸透圧」である。浸透圧とは、濃度の異なる二つの液体が、水は通し、中に溶けている塩や砂糖などの分子は通さない膜を隔てて隣り合わせになった時に、濃度の低い方から高い方へと水分だけが移動し、全体の濃度が等しくなるように調整される働きのことである。よく取り上げられる例としては、「ナメクジに塩をかけると溶ける」というものである。ナメクジに塩をかけても実際には溶けはしないが、浸透圧の作用で体の内側から外側へと水分が動く。ナメクジは脱水状態となり、干からびて縮んでしまうのである。また、もっと身近な例では、お漬物は浸透圧を利用して作られている。

オウムガイは、気室の中を通っている連室細管経由でカメラル液を排出する。連室細管は石灰質とキチン質でできた水を通す硬い管で、その中には連室細管索と呼ばれ

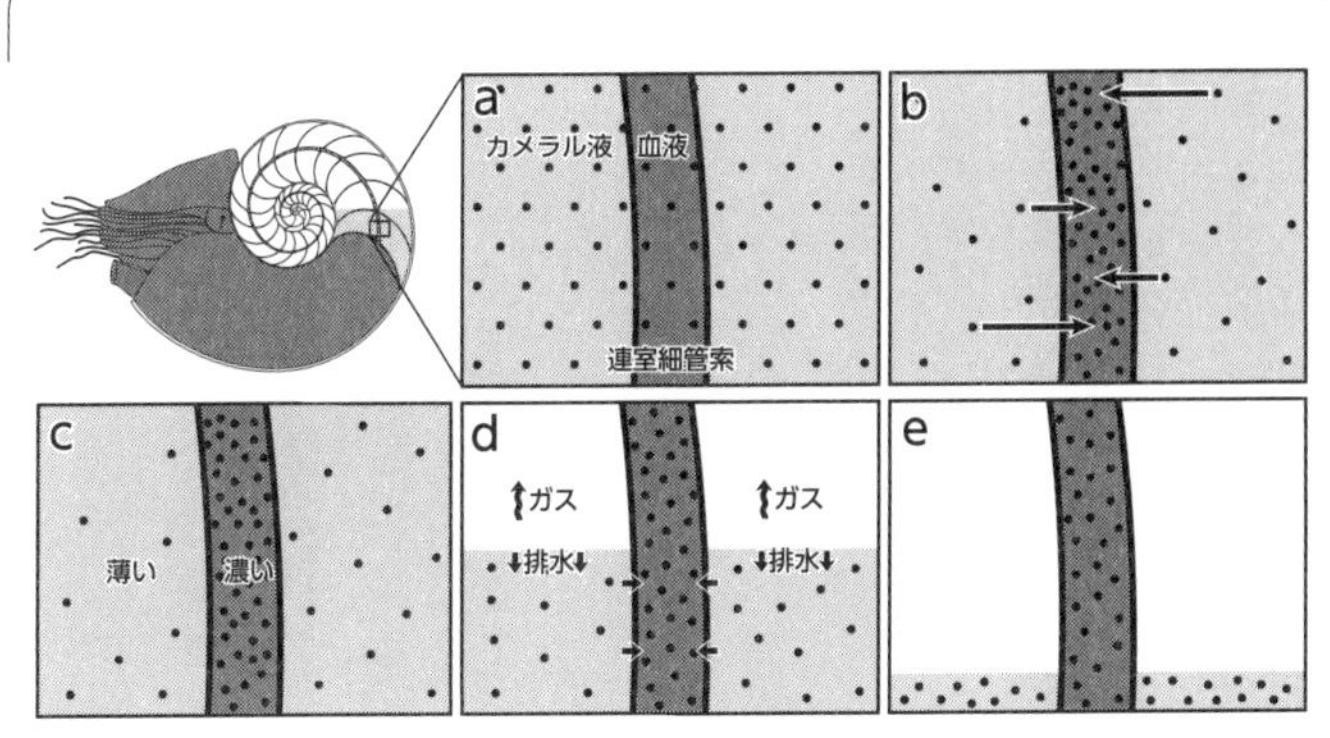

隔壁形成時の浸透圧作用によるカメラル液排出のしくみ。a: 排出前。カメラル液と血液の濃度は同一。b: 酵素の働きで分子を連室細管索内の血液に移動させる 。c: カメラル液と連室細管索内の血液との間に濃度差が生まれる 。d: 浸透圧作用によりカメラル液が排水され、ガスが生成される。e: 排水完了。

る、オウムガイの体そのものから繋がった管状の組織が通っている。連室細管索は、酵素の働きでカメラル液の中に含まれる分子を連室細管索側に移動させ、カメラル液の塩分濃度を下げる。するとカメラル液の濃度を戻そうとする浸透圧が働き、気室からカメラル液の水分が移動し、排水されるのである。連室細管索はヒョロヒョロの細長い管だが、組織の断面を見るとエネルギーを作り出すミトコンドリアがたくさん集まっていて、働き者の器官であることが窺える。

気体はどこから来たのかというと、気室からカメラル液が排水される過程で、カメラル液が気化して生じたものである。

成分は大気に似ていて、窒素が多く含まれる。このように、実は気室に入っているガスは隔壁形成時に副産物的に生じたものであり、例えば私たちが浮き輪にポンプで空気を入れるように、浮力を生み出そうとして積極的に詰められたものではなく、その気圧は大気よりも低いのである。オウムガイはその一生を海中で過ごし、大気に直接触れることはない。にもかかわらず、地上の何十倍という海中の気圧を受けながら、空気に近い気体を生み出すというのは、なんとも不思議であり思わず感心してしまう。

そして、カメラル液を半分くらい排水した頃には隔壁は十分な厚さになり、次に作る気室の空間分だけ体を前進させ、新しい隔壁を形成しはじめることが殻内部のX線観察で確かめられている。これがオウムガイの隔壁形成の一連のサイクルである。アンモナイトもオウムガイと同じ仕組みで隔壁を形成しているらしいことがわかっている。その重要な裏付けの一つは、アンモナイトの連室細管索の化石が見つかっており、その構造がオウムガイのものと類似していることである。

連室細管のミイラ化石

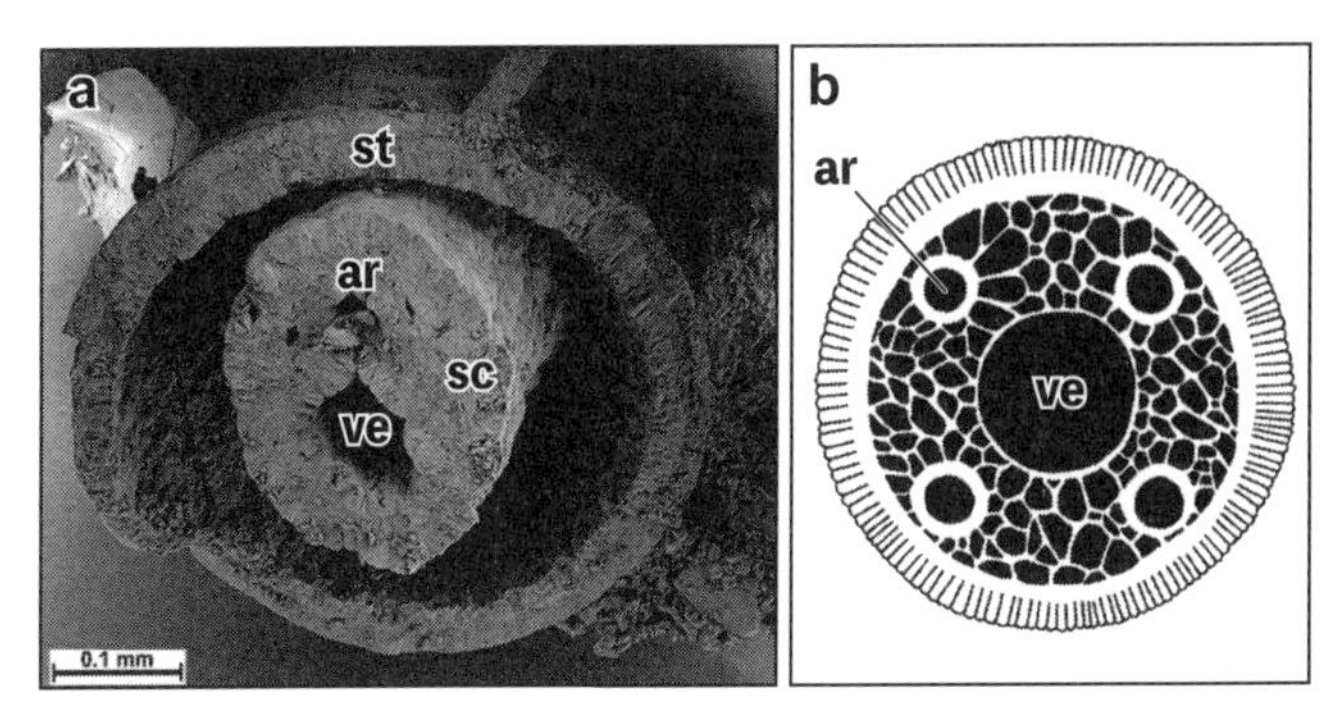

a: アンモナイトの連室細管索のミイラ化した化石(Hoffmann et al. (2021b) を改作)。
b: 現生オウムガイの連室細管索の模式図(Tanabe et al. (2015b) を参考にして作図)。
st: 連室細管、sc: 連室細管索、ar: 動脈、ve: 静脈。

東京大学の棚部一成らは二〇〇〇年に、アメリカで産出した古生代ペルム紀のアンモナイトの連室細管内でミイラ化し、リン酸鉱物に置き換わった連室細管索組織の化石を報告している。これによれば、スカスカの結合組織の中央に静脈が通り、その周りに複数の動脈が取り囲んでいること、全周外側がシート状の組織で覆っていることなど、そのつくりはオウムガイのものと極めて似ていた。似た構造をもつ組織が同じような機能をもっていたと考えるのは自然なことであり、アンモナイトもオウムガイと同じ仕組みで、浸透圧を利用して気室からカメラル液を抜いていたのだろう。また、棚部らはロシアや日本の白亜紀のアンモナイトにおいても同様の連室細管索のミイラ化石を発見し、二〇一五年に報告している。

カメラル液を再充填できたか？

現生オウムガイに関するもっとも多い誤解は、「潜水艦が浮き沈みするように、気室中の液体量を頻繁に変えて浮力を調整して浮いたり沈んだりする」というものである。しかし、実際にはオウムガイは短期的な浮沈を実現できるほど速い速度でカメラル液を排水することはできず、これは間違いであるとされている。そもそも、基本的には一度空にした気室にカメラル液を再び充填することはせず、天敵に襲われて殻が欠けて浮力が高まりすぎたなどの緊急事態下でのみ、液体を気室にゆっくりと再充填することがあるようである（ウォードとグリーンウォルドによる一九八二年の研究）。一方で、コウイカは比較的短期間で気室内の液体量を変えることができたようであるが（デントンとギルピン－ブラウンによる一九六一年と一九七三年の研究）、これはコウイカの排水システムがオウムガイとは異なり、甲に接している軟体部分の範囲がかなり広いために実現される。

アンモナイトの気室へのカメラル液の再充填能力について、ハンブルク大学（ドイツ）のビョルン・クルーガーは、オウムガイよりも大きなダメージを殻に受けて、大部分を欠損しながらも成長を続けるものがいたことから、アンモナイトはオウムガイよりも速い速度で気室にカメラル液を再充填できたのではないか、という見解を二〇〇二年に示した。また、アンモナイトがもつ複雑にうねった隔壁が効率の良い再充填を実現させた可能性があるとしている。しかしながら、すでに触れたように、アンモナイトの連室細管の基本構造はオウムガイと同様であり、オウムガイよりも劇的に高性能だったことはあまり期待できない。また、気室に液体を再充填する以外にも体全体を重くする方法は他にも考えられるため（例えば、隔壁を通常よりも多く、間隔を狭めて作り、空間あたりの重さを増やすなど）、アンモナイトがオウムガイよりも素早く気室にカメラル液を再充填できたという推測は手放しでは受け入れられない。

仮縫いと擦り跡

アンモナイトの隔壁の間には、軟体部を移動させながらわずかに分泌していたらしい隔壁の薄い「仮縫い」や、体を動かした際にできた段階的な「擦り跡」が残っている場合がある。これらについて、キングスバラ・コミュニティ大学（アメリカ）のクリスティン・ポリツォットらが、二〇一五年に詳しくまとめている。特に中生代の種類で観察されることが多いらしく、筆者もマダガスカル産の白亜紀アンモナイトで擦り跡に相当するものを見たことがある。仮縫いと擦り跡からわかる重要なこととして、隔壁形成時の前進移動は、アンモナイトはオウムガイのように気室の大きさ分をいっぺんに動かしたのではなく（p.112参照）、どうやら段階的に少しずつ体を前進させたらしいということが挙げられる。「よいしょ、よいしょ」と螺環の中をズリズリ動いていたアンモナイトを想像すると、なんだか楽しくなってしまう。また、仮縫いの薄い隔壁は、単に軟体部の前進運動の痕跡というだけでなく、機能的な利点も考えられている。例えば、気室の中をさらに小さな空間に区切ることで、その薄い仮縫い隔壁

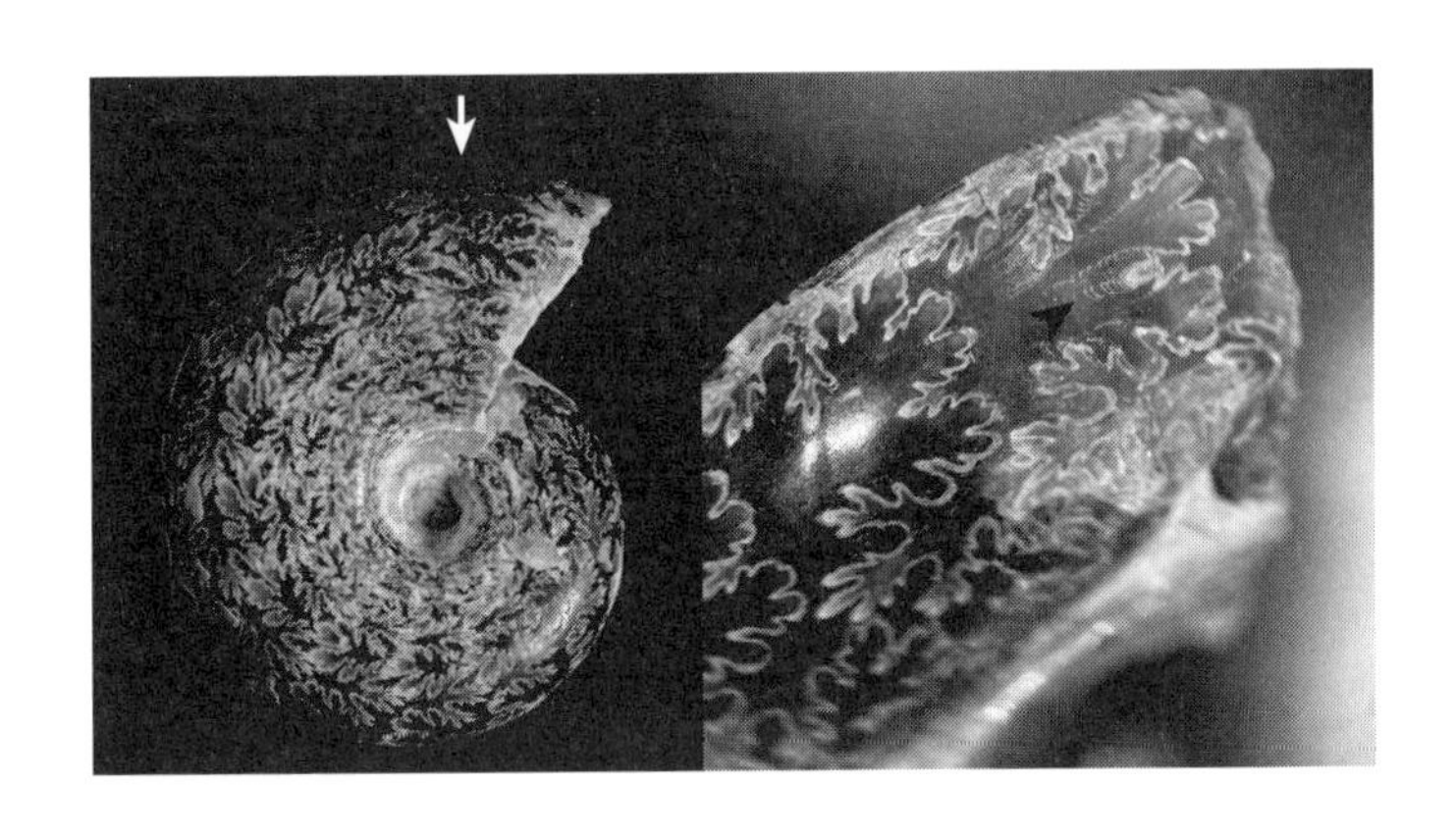

隔壁の間に残る軟体部の擦り跡。

を伝って連室細管にカメラル液が流れやすくなる可能性や、カメラル液の動きを制御することで殻全体の安定性を高めた可能性などが挙げられている。どちらもあり得そうな話ではあるが、今後さらに詳しく検討されることを期待したい。

四つの成長段階

アンモナイトの殻の形は一生を通して一定というわけではなく、成長の中で変化する。例えば、円盤のような平べったい形の殻が特徴的な白亜紀のハウエリセラス（口絵4e）でも、こどもの頃の殻を遡って見てみると、厚みがあり、横に膨れたラグビーボールのような形をしている。他にも、成長の最後で巻きの向きが大きく変わったり、急に窄（すぼ）んだり、それまでにはなかった新しい殻装飾を発達させたりする種類もいる。そんな殻の形の変化から、アンモナイトの成長は四つの段階に分けられている。オウムガイとの比較などから、各段階がどのような発達段階にあたるのかが推測され、それぞれ①胚殻期、②幼年期、③未成熟期、④成熟期とされている。

アンモナイトはオウムガイや他の頭足類と同様に卵から生まれる。「胚」という言葉は一般的にあまり馴染みがないかもしれないが、生き物の成長の中のごく初期段階を指し、①胚殻期とは要するに卵から孵化する前の段階のことである。孵化前の胚殻期に、アンモナイトはラグビーボール型の初期殻を中心として一周弱くらい螺環を作る。外見はこの時点ですでにアンモナイトらしい形がほとんどでき上がっていた。しかし、内部構造は未発達で隔壁が一つしかなく、一周ほどの殻の中を、軟体部が埋める状態であった。胚殻期に続く②幼年期は、卵から生まれた後の成長段階のことで、早い話が〝赤ちゃん期〟である。巻きの一周目には孵化時にできたコンストリクションがあり（これを特にプライマリー・コンストリクション（第一くびれ）というコンストリクション）、これ以降が赤ちゃん期とされている。③未成熟期は幼年期

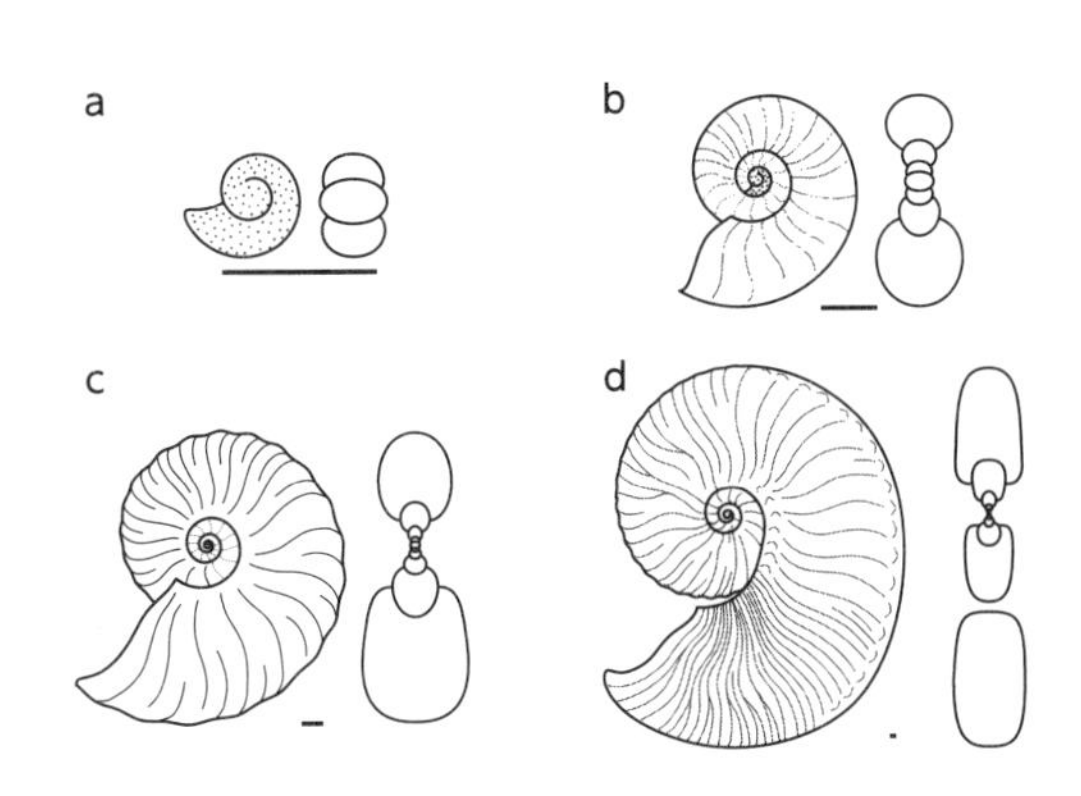

アンモナイトの成長段階。a: 胚殻期、b: 幼年期、c: 未成熟期、d: 成熟期。
スケールは1mm。Bucher et al. (1996) を参考にして作図。

以降、成熟の特徴が現れるまでの〝こども期〟である。この時期には、幼年期に比べて、多くの種類で殻がややスリムになり、肋(ろく)などの装飾が発達するものもいる。④成熟期は、殻の成長方向が変わる、隔壁と隔壁の間隔が急激に狭まる、殻の側面に耳たぶ状の突起が現れることなどで認識される〝おとな期〟であり、それまでの成長過程にはなかった様々な変化が見られることがある。

ただし、このような成長段階のうち、特に幼年期、未成熟期、成熟期は、各成長段階の移行が曖昧なケースも存在している。これは、人間と同じく成長は連続的であり、どこまでを赤ちゃんとし、どこからをこどもとするかを明確に決めるのが難しいことと同じかもしれない。

ここから、アンモナイトの成長段階をさらに掘り下げて、それぞれの段階でどのような殻の特徴があったのか、どのような生態が推測されているかを見ていこう。

胚殻期：卵の中でどのように育ったのか？

アンモナイトは、卵の中でいつアンモナイトらしい形になったのだろうか？　言い換えるならば、その殻は、内部構造も含めてどのような順番で形作られたのだろうか？　アンモナイトの発生に関する研究が盛んになった一九六〇年代、ドイツの古生物学者ハインリック・カール・エルベンらは、現生の巻貝類や二枚貝類などのように、アンモナイトも姿の異なる幼生期から変態を経て発生したという「幼生発生モデル」を提唱した。幼生発生モデルでは、アンモナイトは初期殻の段階で卵から孵化し、この時点では親とは異なる姿をしていた。その後、プライマリー・コンストリクションができたタイミングで変態し、アンモナイトらしい姿になった、と説明されていた。

しかし、このモデルが提唱されたすぐ後の一九七〇年代には、他のすべての現生頭足類と同様に、卵の中で親と同じ形の〝ミニチュア〟まで育ち、その状態で孵化したとする「直接発生モデル」が台頭した。直接発生モデルの根拠として特に重要なことの一つが、現生頭足類の中でもアンモナイトと同じ外殻性であるオウムガイが親のミニチュア状態で直接発生し、プライマリー・コンストリクション形成のタイミングで孵化することである。オウムガイの飼育・繁殖は難しく、アンモナイトの発生研究が盛んになりはじめた当時には、オウムガイの胚発生や赤ちゃん時代のことは十分にわかっていなかった。しかし、オウムガイの生態への理解が進み、水族館で飼育・繁殖ができるようになると、オウムガイの発生様式が明らかになり、赤ちゃんは卵から生まれた段階で親と同じ姿をしていること、プライマリー・コンストリクションが孵化時に形成されるということが確実となった。このように、アンモナイトもオウムガイと同様に、親とほとんど同じような見た目をした赤ちゃんとして卵から生まれた可能性が極めて高いと考えられるようになり、今日では直接発生モデルが広く支持されている。

本書でも直接発生モデルを取り入れて、改めて卵の中で作られたアンモナイトの殻

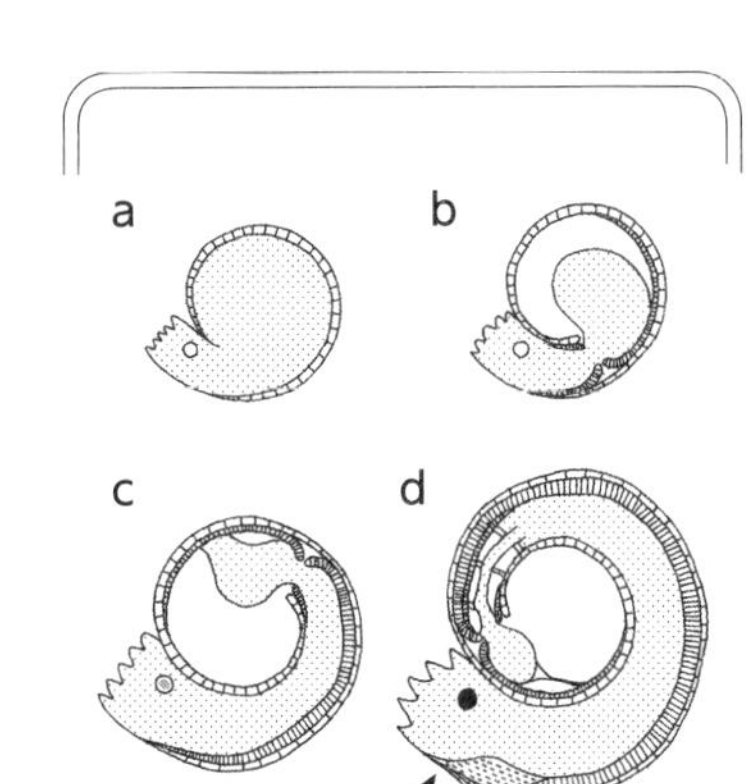

アンモナイトの胚発生の図（直接発生モデル：a→dの順）。矢印はプライマリー・コンストリクション。Kulicki (1979) を参考にして作図。

の特徴を見ていこう。先ほど述べたとおり、中心から一周弱巻いたところにあるプライマリー・コンストリクションは、卵から孵化した際に作られたものと考えられる。それよりも前の部分までを胚殻といい、「アンモニテラ」ともいう。孵化前までの殻には、多くの成体にある肋はなく、白亜紀の種類では全体にボツボツと小さくて細かい突起が見られることがある。殻を作る炭酸カルシウムの構造に着目すると、アンモニテラの殻はプリズム層の二層から成り、孵化後に真珠層が追加されて三層構造になる。

直接発生モデルを前提とし、アンモニテラの殻全体や内部構造、表面装飾がどのような順序で形成されるのかについて、これまでに三つの異なるモデルが提唱されており、現在も議論が続いている。そのうちの一つは、胚形成の後期に軟体部（卵黄塊）が殻全体を包み込むように覆った、つまり一時的に内殻性になる段階があったというものて、東京大学の棚部一成により一九八九年に提唱された。これは、中生代に生息したアンモナイトで、アンモニテラの最外層に微小な突起をもつ種類の説明モデルとして提唱されたものである。胚殻の表面にあるボツボツした小さな突起は、殻のベースを作った後に外側から付け足されたものであるという解釈だ。英語で発表された論文なので、正式な訳語はないが、訳すと「内殻型発生モデル」といったところだろうか。小さな突起がどのように形成されたのかを示すとともに、一部のアンモナイトは卵の中で一時期、殻が体の内側にあったとする面白い説だと思う。

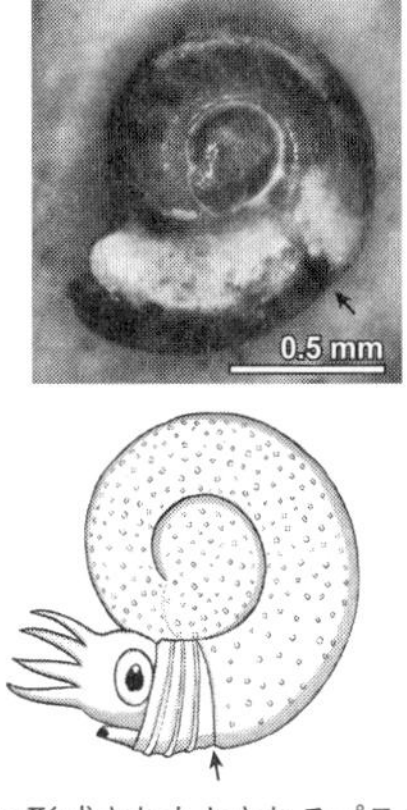

孵化時に形成されたとされるプライマリー・コンストリクション（第一くびれ）（矢印）。

胚殻期の殻形態は系統関係を知る手がかりにもなる。国立科学博物館の重田康成らは、三畳紀に繁栄したセラタイト目がプロレカニテス目から派生したこと、ジュラ紀に登場した最初のアンモナイト亜目プシロセラスがフィロセラス亜目より派生したことが胚殻期形態の類似から裏付けられることを二〇〇一年と二〇〇四年にそれぞれ示している。

幼年期：小さな赤ちゃんプランクトン

卵から孵化した後、アンモナイトはどのような赤ちゃん時代を過ごしたのだろうか？　まず、大きさの話からはじめよう。生まれたてのアンモナイトの赤ちゃんは極めて小さい。ケネス・デ・バッツェらが二〇一五年にまとめたデータによると、その大きさは、およそ殻直径一ミリメートル前後である（ただし、最初期の一グループはやや大きい。それでも二ミリメートルほどだが）。一ミリメートルとは一体どのくらいかというと、あんぱんの上に乗っている小さな粒々、ケシの実くらいである。

一ミリメートルの赤ちゃんアンモナイトの重さは、海水と同じか、わずかに軽かったと計算され、加えて、それほど小さいと海流に逆らって泳ぐことはできず、海中もしくは表層近くをぷかぷかと漂うプランクトン生活を送っていたと多くの研究者が想像している。また、この大きさでは、自ら積極的に獲物を襲って食べることは難しかったであろう。おそらく、そこかしこに漂っていた、自分より小さな動物プランクトンを吸い込んで食べ、栄養にしていたと思われる。

一方、現生オウムガイの孵化時の殻サイズはおよそ二～三センチメートルで、アンモナイトの二〇～三〇倍もの大きさがある（p.58の図を参照）。オウムガイの赤ちゃんは、生まれてすぐに泳ぎ出し、最初の栄養源である卵黄を使い終わった後は自分から餌を摂るようになる。小さくか弱かったであろう赤ちゃんアンモナイトとは対照的に、赤ちゃんオウムガイは大きく逞しい。殻の外見はよく似た二者だが、このようにまったく異なる赤ちゃん時代を過ごし、このことが絶滅と生存を分けた一つの要素であったと考えられている。

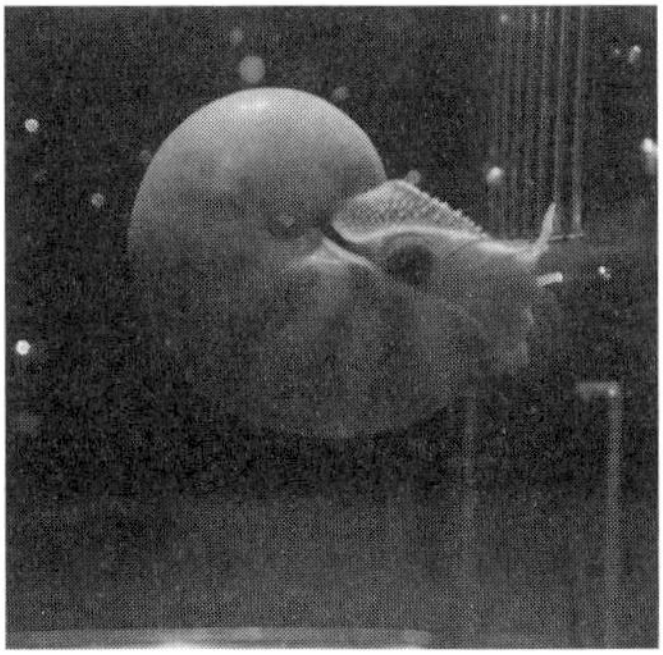

パラオオウムガイの赤ちゃん。
写真提供：鳥羽水族館

余談だが、アンモナイトの赤ちゃんが浮遊性だったという考えは、異常巻アンモナイトなど、どう考えても遊泳に不向きで長距離移動が困難であると思われるような形の殻をもつ種類でも、地理的に広く分布しているものがいたことの説明になり得る。浮遊性の幼年期のうちに海流を通じて拡散し、分布を広げたのかもしれないからだ。

未成熟期：浮遊性から遊泳性へ

赤ちゃんアンモナイトの殻にはやがて変化が現れ、形も徐々におとなのものに近づき、未成熟期つまり〝こども期〟に入る。横浜国立大学の荒井風人と和仁良二は、白亜紀の複数種において隔壁の間隔パターンを調べ、幼年期後半から未成熟期にかけて受動的なプランクトン生活から別の生活様式（例えば、遊泳性や底生遊泳性）に変化したらしいこと、そしてその時期は種類により異なっていた可能性を二〇一二年に示している。

孵化したばかりの幼年期とそれ以降で生息環境が異なっていたことは、殻そのものに現れる変化だけでなく、いくつかの種類では未成熟期と成熟期の個体が密集して見つかる化石産状中に幼年期（特に若い個体）がほとんどあるいはまったく含まれないという現象からも裏付けられている。一緒に化石が出ないということは、つまるところ、赤ちゃんとおとなは別の場所で暮らしていた可能性が高いということを意味する。

これは現生の一部のイカ・タコでも知られていることで、孵化時のサイズが小さい（三ミリメートル以下の）ものは、成体とは生息域や生活が異なり、赤ちゃんは表層近くで浮遊生活を送っていることがわかっている。殻の有無という大きな違いはあるものの、多くの種類において、赤ちゃんアンモナイトが浮遊性であり、その後の成長で生活スタイルが変化した可能性は十分にあり得そうである。

このことは、ほとんどが〝正常巻〟の種類について検討されているもので、異常巻の種類については、その形の複雑さもあり、幼年期〜未成熟期における殻の変化があまりよくわかっていないものが多い。異常巻アンモナイトの中には、遊泳に不向きと思われる殻をもったものも多く、成長した後もあまり活発には泳がず、浮遊性に近い生態を有していた可能性も考えられる。

成熟期：おとなのサイン

ある程度成長を続けた未成熟期のアンモナイトの殻には、それまでの成長では生じなかった新たな変化が現れることがある。その変化の後に成長を続けるものがいないことや、このうちの一部は現生オウムガイの成熟殻にも見られることから、アンモナイトにおいても成熟のサインと見られている。アンモナイトの殻化石に現れる成熟時の変化については、これまでに数多の研究者が詳細に研究しているが、ここではチューリッヒ大学（スイス）のクリスチャン・クルッグらにより二〇一五年に総括された内容を中心に紹介したい。

1 殻の形そのものの変化

巻きの法則が変化することで螺環拡大率が小さくなり、殻口が窄んだような形になったり、巻きがわずかに解け、臍（へそ）が大きくなったりすることがある。異常巻アンモナイトではより顕著な変化が見られることがある。例えば、それまではほぼ平面近くを巻き、よくあるアンモナイトのような形だったのが、巻きが完全に解けてフックのような形になるスカファイテスや、巻きが解けた上に捻れて上を向き、殻全体がS字形になるプラビトセラスなどが知られる。フック状に発達した部分は「レトロバーサルフック」と呼ばれる。

2　殻の装飾に現れる変化

成長途中には生じなかった、明らかに大きなリング状の肋や突起などが発達する場合がある。また、その逆の変化を示す（それまであった装飾が突然消失する）種もある。

3　殻口付近に現れる変化

もっとも新しい段階に作った殻、つまり殻口が、それまでの成長段階とは異なる形に発達する場合がある。側面の一部が耳たぶのように伸びたものは「ラペット」、腹側が伸びたものは「ロストラム」と呼ばれる。これらは、中生代ジュラ紀以降の種類に見られることが多い。他に、見た目の形はそれほど変わらないものの、殻が急激に厚くなるものなどがある。

4　隔壁に現れる変化

最後の隔壁とその一つ前に形成した隔壁の間隔が狭まる。最後の隔壁の厚みが二倍

アンモナイトに現れる成熟のサイン（j–k: 比較のためのオウムガイ）。スケールは1 cm。a, d–f, i, k: 三笠市立博物館所蔵、g–h: 国立自然史博物館(フランス) データベースより転載。

近くに増すこともある。隔壁の縁である縫合線(ほうごうせん)の刻みが減り、単純化するものもある。また、これらの変化は最終隔壁だけでなく、それよりも数個前から〝カウントダウン〟のように連続して現れる場合もある。

この他にも、住房の内側の筋肉付着痕や殻の縁の黒色層なども、殻の成長が停止してからそれなりの時間が経過しないと形成されないものであるため、成熟のサインとして有効であるとされている。オウムガイのように成熟時に殻の色模様が変化した可能性もあるが、アンモナイトについては色模様が残された化石はそもそも少ない上に、成長にしたがって色模様が変化するといった事例はこれまでに報告されていない。

これらの一部（殻の形のわずかな変化や隔壁間隔の狭まり、隔壁の肥厚化など）は、現生オウムガイの成熟殻にも現れることが知られている。このことは、アンモナイトに見られる同様の変化が成熟を示すとする根拠になっている。では、成熟時に現れるそれらの変化は、アンモナイトの生活に何か影響を与えたのだろうか？　もしくは、アンモナイト自身の何かしらの生活の変化により生じたものなのだろうか？　実のところ、成熟時の変化は、オウムガイでもあまりよくわかっておらず、アンモナイトの生態にどのように関係していたのかは謎である。いずれにせよ、変化の生態的な意義はわからなくとも、化石を見て成熟を認識できることはとても重要である。成熟が認識できて、はじめてわかることの一つが、アンモナイトの性別・雌雄差である。

アンモナイトの成熟サイズは種により概ね安定しており、多かれ少なかれ決まった大きさで成熟期を迎えるようである。しかし一部の種類では、同種であっても成熟サイズが地域や時代により異なるケースが知られている。例えば、北海道でよく見つかるテトラゴニテス・グラブルス（口絵4b）という、白亜紀後期の比較的長期間にわたり繁栄した種類では、時代により殻の大きさが二倍以上も異なる他、いくつかの種類において時代や集団により成体サイズが異なるという報告がなされている。また、現生頭足類の成長量は、環境（水温や水圧など）や栄養状態などに左右され、成熟サイズもそれに応じて変化する。例えば、現生のイカ類のある種では、エルニーニョ現象で海水温が急激に上昇した際に、成熟サイズが平時の半分程度まで小さくなったという報告がある。アンモナイトの成熟サイズも環境などの外的要因により左右されていた可能性は考えられるが、原因の特定は難しく、今後の詳細な研究が期待される。

アンモナイトにも性別がある

実を言うと、アンモナイトにも雌雄がある。もったいぶった割に、なんだそんなことかと思うかもしれないが、雌雄が個体ごとにはっきり分かれていない生き物もそれなりにいるので、雌雄が分かれている（雌雄異体）のは決して当然のことではない。軟体動物で見れば、お馴染みの陸棲腹足類カタツムリや、殻が退化した海棲腹足類アメフラシは両性の生殖器を同時にもち、二枚貝類のカキは成長の途中で性転換するなど、雌雄同体であるものは意外に多い。しかし、頭足類に絞ると、イカ・タコ・オウムガイのいずれも例外なく、個体により雄と雌が分かれている。現在生きている頭足類の場合は、生きている成熟個体を見れば、どちらの性別であるかを判別するのは多くの場合それほど難しいことではない。例えば、イカの胴体を開くと、雄には精巣が、雌には卵巣がはっきり見える。また、雄は腕の一部が生殖に特化した形になっているので、解剖しなくてもわかる場合もある。オウムガイでは腕の本数が異なり、雌は雄よりも三〇本も腕が多い（ただし根元は繋がっている）。

現生の生き物で雄と雌を見分けることはそこまで難しくなかったとしても、化石では事情が別である。雄と雌の違いが顕著に現れるのは生殖器なので、この部分がうまく化石として残らないと一気にハードルが高くなるが、たいてい生殖器は化石にならない。古生物の場合は、性別、またその体格差などを知ることは簡単なことではないのである。アンモナイトも、もし軟体部の化石が頻繁に見つかれば、雌雄を簡単に見分けることができたかもしれない。しかし、見つかるのはほとんど殻の化石だけであるので、特別な例を除いて、雌雄を知るための手がかりになるのは殻の化石のみである。実際に、アンモナイトの殻を丹念に調べると、同種内で性別による違いが認識されることがあり、他の頭足類と同じように雌雄があったらしいことがわかっている。

ここからは、アンモナイトの雌雄がどのようにして認識されるのか、雄と雌でどこがどのくらい違うのかなど、アンモナイトの性別に関する話を紹介しよう。

雌雄の発見

アンモナイトの性差について最初に言及されたのは一九世紀中頃であるが、本格的に研究されるようになったのは一九五〇年代になってからである。オックスフォード大学（イギリス）のジョン・ハンネス・カロモンは、一九五五年にジュラ紀のアンモナイトのいくつかの属で、殻の大きさや形が不連続に異なる「二型現象」が見られることを報告し、大きい方を「マクロコンク」、小さい方を「ミクロコンク」と呼ぶことを提案した。この時、カロモンは、マクロコンクとミクロコンクが雌雄のペアである可能性を考慮しながらも結論は出さなかった。一九六〇年代に入ると、ワルシャワ大学（ポーランド）のヘンリク・マコフスキが一九六二年に、先に二型現象を報告していたカロモンは一九六三年に、ジュラ紀のアンモナイトの複数種に見られる大小の組み合わせは雌雄に対応した性的二型であるという見解を示した。二人の研究者が独自に、しかもほぼ同時に、アンモナイトの二型現象の生物学的な意義について同じ結論を導き出したということが興味深い。

カロモンとマコフスキの論文がセンセーショナルだった理由の一つは、それまで別の属・種と認識されていた、まったく異なる形をしたアンモナイトが雌雄のペアとしてカップリングされたことである。カロモンが雌雄のペアとして報告した、もともとオッペリアとオエコトラウステスという名前が付いていたアンモナイトは同種であると主張するには、少々無理がありそうなくらいに殻の形や大きさが異なっている（p.97の図aとb）。これらを同じ種の雌雄であると考えた根拠は一体どこにあるのだろうか？　実は、アンモナイトの雌雄ペアの成立には明確な条件があり、以下の基準を満たしているもののみが認められるのである。

①成長の途中まではほとんど（あるいはまったく）見分けが付かないが、成長の後期に変化が現れる
②同じ祖先から進化してきた系統である
③生息地域に重なりがある
④化石が出る地層の年代がまったく一緒である

—**1**—　人間をはじめ、雌雄異体である他の生き物をイメージすると理解いただけるかもしれない。こどもの頃は雌と雄で体格差が小さく、見分けが難しいが、成長とともに体格が変化して性差が生じ、最終的には生殖器が発達したりすることで見分けられるようになる生き物は多い。アンモナイトの雌雄では、成熟した姿や大きさは異な

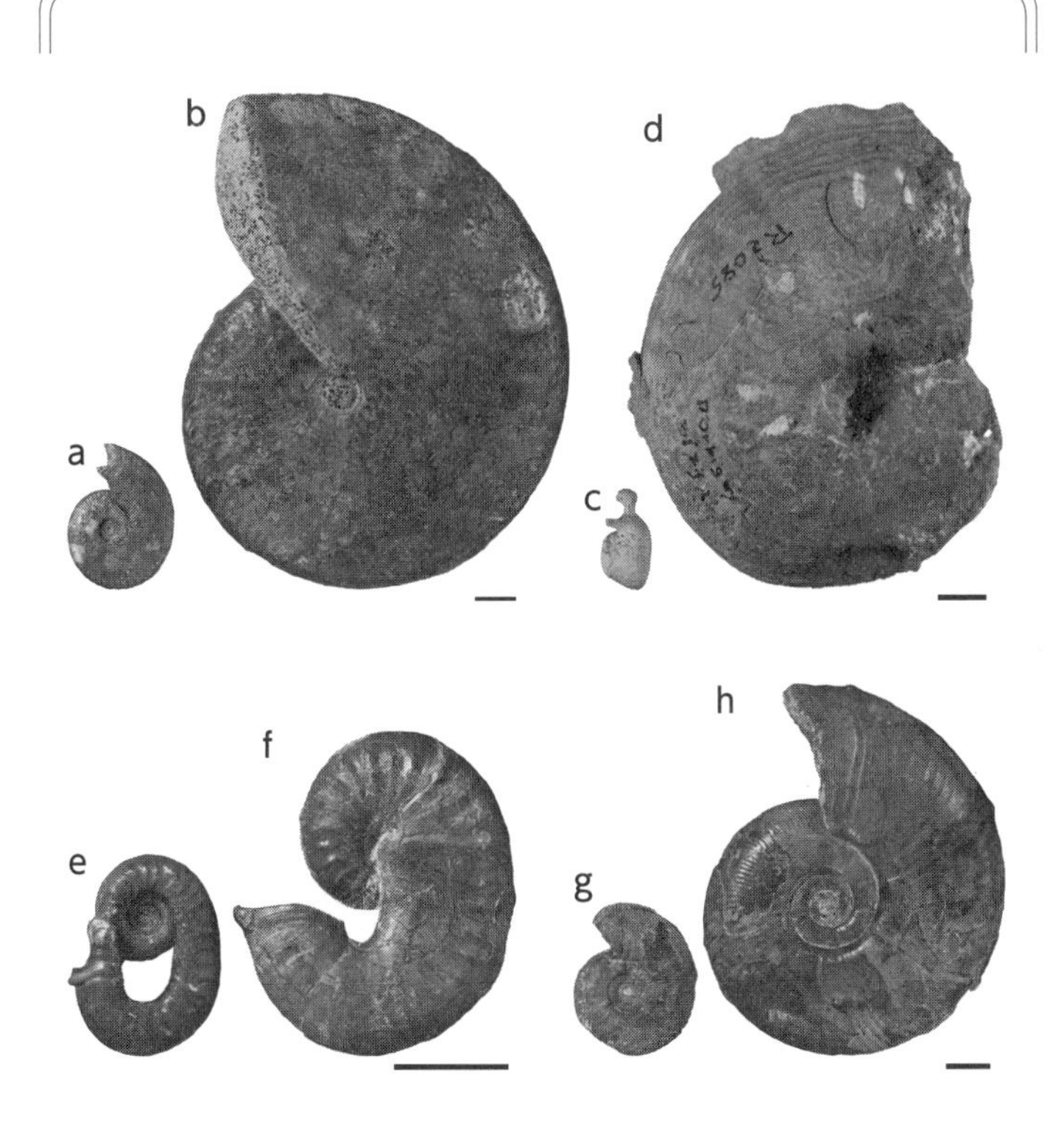

アンモナイトの性的二型のいくつかの例。a–b: オッペリア、a: ミクロコンク(＝オエコトラウステス)、b: マクロコンク(＝オッペリア)。c–d: オエコプチキウス、c: ミクロコンク(＝オエコプチキウス)、d: マクロコンク(＝フリクチセラス)、(フランス国立自然史博物館データベースより転載)。e–f: エゾイテス・プエルクルス、e:　ミクロコンク(＝オトスカファイテス・プエルクルス)、d：マクロコンク(＝スカファイテス・プラヌス)。g–h: ヨコヤマオセラス・イシカワイ、g：ミクロコンク(＝ヨコヤマオセラス・ジンボイ)、h：マクロコンク(＝ネオプゾシア・イシカワイ)。スケールは1cm。

るのに、成長の途中まではまったく見分けがつかないということがある。まさに、マコフスキは一九六二年の論文で、各ペアの雌雄の殻形態が幼年期には完全に重なり成長とともに離れていく様子を、実際の標本写真やグラフを使って詳細に示している。

—2— 別の系統から進化してきた種同士が合流して生殖を開始し、雌雄のペアとなることはまずあり得ない。アンモナイトの場合は、殻の見た目がどんなに似ていても、縫合線の模様や、模様ができる順序などが大きなグループごとに異なる。別系統であることが確実な二種の外見がよく似ており、他の条件を満たしていたとしても、雌雄であるとは考えられない。

—3— 逆に言えば、もしも生息域が地理的に離れていたら、生殖できないので雌雄のペアにはなり得ないということである。例えば、太平洋だけから見つかる種と大西洋だけから見つかる種が同種の雌雄である可能性はほとんど考えられない。ただし、理想的には生息域は同じであるはずだが、現生浮遊性タコなどでは、雌雄で異なる一生を送るものが知られており、アンモナイトも、雌雄が異なる一生を送っていたことで化石の産出地域がぴったりと同じにならないものがいる可能性は必ずしも否定できない。

―4― 以上①～③は現生生物の雌雄でも成立することだが、④は古生物ならではの条件である。雌雄のどちらかが先に登場し、どちらか一方が先に絶滅して、どちらか一方だけが生き残り、長期間系統が続くということは考えられない。生殖して種が存続するのだから、当然雌雄は同じ時代を生きていたはずである。

このように、決して適当に〝マッチング〟しているのではなく、条件を一つひとつ照らし合わせてペアを決定しているのである。いずれの条件も、地層を連続的に調べて生息時代を明らかにしたり、複数個体の化石を研磨して形を計測したりと、一種について調べるだけでもかなり大変な作業である。カロモンとマコフスキの論文が出た六〇年前は筆者はまだこの世にはいないので想像するしかないが、きっと当時のアンモナイト研究者たちは、見た目の異なる二つのアンモナイトがペアとして描かれたショッキングな図版にまず驚き、続いて本文で語られるその説得力のある論理に納得したであろう。実際に、二人の研究者により雌雄のペアと考えられた種類だけでなく、その後、他の時代のアンモナイトについても次々と性的二型が報告されている。アンモナイトの性的二型は、現在では、アンモナイトを生物学的に考える上での基本的概念の一つとなっている。

前述した四つの条件の他にも、雌雄の個体数に極端な差は出ない、時代により変化しない、という見解もある。しかし、雌雄で生態や生息域に違いがあり、それらが進化の中で変化することがないとは言えないし、脊椎動物の例だが、ウミガメの性別は卵の中での発生時の外気温により決定することが知られており、その時の環境により雌雄比が変化する可能性なども否定できない。また、サイズの違いなどにより、化石になる頻度に差が生じる可能性も十分に考えられるので、個体数比は雌雄のペアを判断するための絶対的な条件とは言えなさそうである。

どちらが雌で、どちらが雄か？

アンモナイトの性差は、種類により様々である。成熟殻の大きさが二〇倍も異なっていたり、渦巻の密度が違ったり、耳たぶのようなラペットや腹側が伸びたロストラムの有無など（これらはなぜかミクロコンクの方に現れることが多いが、理由はよくわからない）、殻の形そのものに違いが生じたりすることもある。

アンモナイトに性差があったとして、次に生じる疑問が、どちらが雌でどちらが雄か、である。一種の中に二つの形（マクロコンクとミクロコンク）があるというのが二型現象であり、それらが同じ地層・地域から見つかること、加えて現在生きている頭足類では例外なく雌雄があるということから、それが雌雄に相当するというのがアンモナイトにおける性的二型の考え方である。その上で、性別を〝絶対評価〟するには、頭足類に共通する雌だけの特徴、雄だけの特徴をアンモナイトの殻化石に認識して判断する必要がある。

一九六二年の時点でマコフスキは、マクロコンクを雌、ミクロコンクを雄とほぼ言いきっていた。根拠になっているのは、現生タコの一部の種類では、雌が雄よりも極端に大きい場合があるということで、アオイガイというタコの雄は雌に対してとても小さく、全長は雌の二〇分の一程度しかない〝ノミの夫婦〟である（長さが二〇分の一ということは、体積は単純計算で二〇の三乗分の一、つまり八〇〇〇分の一ということになる）。確かに、ジュラ紀のアンモナイト、フリクチセラスとオエコプチキウス（p.97の図cとd）のように雌雄でサイズ差が大きいものを見ると、アオイガイの関係性によく似ていて、マクロコンクを雌、ミクロコンクを雄と考えることは妥当で

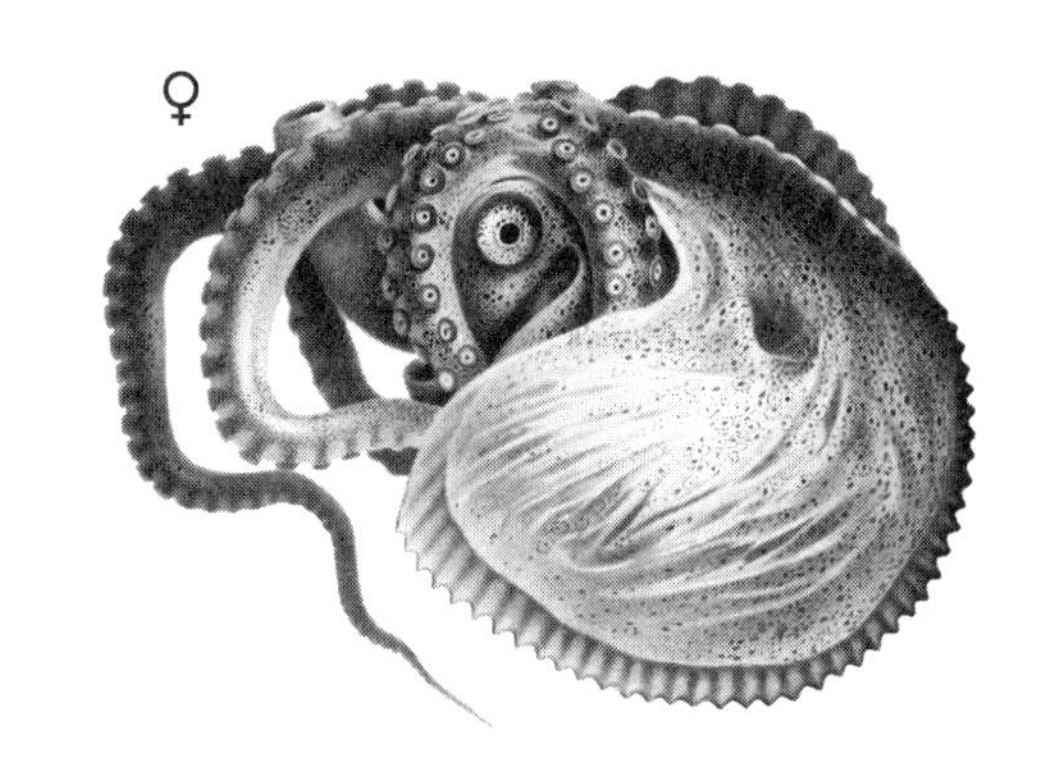

現生タコ、アオイガイの性的二型。左が雄、右が雌。

あるように思える。この考えは継承され、多くの研究者もそれに続いた。二〇二一年にチューリッヒ大学（スイス）のクリスチャン・クルッグらは、ジュラ紀のアンモナイト、サブプラニテスの軟体部を発見し、この個体がミクロコンクであり、雄の生殖器官が保存されていることを見いだし、「ミクロコンク＝雄説」に大きな一票を投じた（詳しくは第七章）。

しかし、現生頭足類はすべて雌の方が大きいかというとそうではなく、タコでは雌の方が大きいアオイガイの例がある一方で、マダコやミズダコなど雄の方が大きい種類もいるし、イカも同様である。オウムガイでは雄の方がわずかに大きい。

このように、現生頭足類で雌雄のどちらが大きいかは種類によりけりであり、どちらのケースも存在している。アンモナイトの性的二型は雌雄差が大きいものばかりではなく、その差がわずかであるものも多いので、雌雄差が時代や種類により異なっていた可能性は否定できない。

白亜紀アンモナイトの性的二型研究

サハリンから北海道にかけて分布する、中生代白亜紀に海で堆積した地層「蝦夷層群」では、保存状態の良いアンモナイト化石が多く産出することから、明治時代以降活発に研究が進められてきた。そして一九七〇年代には、性的二型の研究が本格的に取り組まれるようになった。ここでは、いくつかの研究例を紹介しよう。

九州大学の棚部一成は、成熟すると巻きが解け、全体の形が数字の「9」もしくはアルファベットの小文字の「g」のような形になるスカファイテス類について詳細に研究を行った。スカファイテス・プラヌスとオトスカファイテス・プエルクルスは一見すると殻の形が異なっているため、一九世紀末から二〇世紀初頭にかけて、それぞれ別種として命名されていた（p.97の図eとf）。棚部は一九七七年に発表した論文で、これら二種が一つの岩石中に頻繁に密集していること、殻形態の成長変化を比較し、形が異なるのは未成熟期の後半から成熟期にかけてのみであり、未成熟期の途中までは見分けがつかないこと、数の比率がほぼ一対一であること、生存期間が完全に一致していることなどを示し、雌雄のペアである可能性を指摘した。この時、棚部は分類の修正は行わなかったが、その後二〇二二年に発表した論文で改めて二種を検討し、単一種エゾイテス・プエルクルスと修正定義した。スカファイテス類においては、日本国内で見つかるものだけでなく、アメリカで見つかる他の種類でも研究が進んでおり、性的二型が知られている。

二つの科に跨って所属していた四種のアンモナイトが一つの種の雌雄ペアであることが判明した例もある。京都大学の前田晴良は、プゾシア科のネオプゾシア・イシカワイ、ネオプゾシア・ジャポニカ、ネオプゾシア・ハボロエンゼ、コスマチセラス科のヨコヤマオセラス・ジンボイの殻形態の成長変化、産出する地層などを詳しく調べ、これらが同一種で、性的二型の基準を満たしていることを示した。四種はもともとプゾシア科とコスマチセラス科に跨っていたわけだが、前者三種がプゾシア科の他のアンモナイトとよく似ているように見えたのは〝他人の空似〟で、殻表面の装飾や殻形態の成長変化の特徴は、コスマチセラス科のアンモナイトの方に近いということがわかった。このような一連のカップリングと再分類の結果、四種はコスマチセラス科の単一種、ヨコヤマオセラス・イシカワイにまとめられ、大型になるネオプゾシア・イシカワイとネオプゾシア・ジャポニカはマクロコンク、小型で成長の最後にラペットをもつネオプゾシア・ハボロエンゼとヨコヤマオセラス・ジンボイはミクロコンクと見なされた（p.97の図gとh）。

寿命を推測する

北海道の三笠市立博物館には、殻直径二・五メートルを誇る世界最大のアンモナイト、パラプゾシアの生体復元模型が展示されている。筆者が博物館で働いていた時、この模型の前で展示解説をしていてしばしば聞かれたのが「何年くらいでこの大きさまで成長したんですか？」「アンモナイトの寿命はどのくらいだったのですか？」という質問だった。「アンモナイトのことならなんでもお聞きください」という顔で自

世界最大のアンモナイト「パラプゾシア」の模型。三笠市立博物館にて撮影。

信満々に解説していた筆者だったが、これを聞かれるとギクリとしてしまう。この問いに関しては、現状「わからない」と答える他ないのである。

しかし、「わからない」状態から、わずかな情報をかき集めて、できるだけ科学的かつ論理的に、「かもしれない」を目指すのが古生物学である。この節では、先人たちの取り組みを紹介するとともに、現生頭足類の情報をまとめ、アンモナイトの成長速度と寿命について考えてみよう。

1　数える：殻構造に見られる周期性からの推測

生き物の成長速度を知るためにまず必要になるのが、時間指標となり得る基準である。時間帯や季節により成長量が変わる生き物であれば、殻や骨などに成長線が記録されることで、その数や間隔などから成長速度や個体の年齢や寿命を知ることができる可能性がある。例えば、四季のある地域に生育する木の幹を輪切りにすると「年輪」と呼ばれる縞模様が見える。これは、成長量の大きい春に形成された部分は密度が小さいために薄い色に、成長量の小さな夏から秋に形成された部分は密度が大きいために濃い色になり、その濃淡が繰り返されることで縞模様になるからである。縞の一本が一年を表すことが確かであるため、本数を数えればその個体の年齢がわかるし、反対に年輪の長さの変化を調べれば、成長量の変化を知ることができるのである。イカの頭部には、バランス感覚を保つのに必要な「平衡石」と呼ばれる数ミリメートルの炭酸カルシウムでできた小さな塊がある。イカの場合は、この平衡石に刻まれる縞模様を数えることで年齢を調べることができる。方法としては、平衡石が染色される成分を含んだ餌を飼育個体に食べさせ、これを研磨して断面に現れた縞を数える。その結果、平衡石の縞模様は一日一本できることがわかった。

アンモナイトの殻にも、一定のリズムをもって形成されるものがある。例えば、殻内部の隔壁、殻の表面にある細かい肋、コンストリクションなどである。特に、肋やコンストリクションなどの間隔は安定している場合もあり、環境に左右されず、成長プログラムにより制御されていた可能性が高い。これらの本数を数えることはできるので、その本数から年齢がわかるのではないかと思われるかもしれない。しかし、年輪の縞一つが一年を示す、イカの平衡石の縞一つが一日を示す、というように、アンモナイトの場合はそれらが一つあたりどのくらいの時間で形成されるかという肝心な情報が得られていない。そのため、アンモナイトの年齢や成長速度を知るには、「線(隔壁)一つにつき、〇〇日で作られるとする」というような仮定が前提となってしまう。

2 割り出す：酸素安定同位体比の分析による推測

殻を化学分析することで、それが生成された当時の海水温を割り出すという手法がある。酸素には質量の異なる三つの安定同位体が存在し、海水中に含まれる同位体は水温によりその比率が変化する。したがって、殻に含まれる酸素同位体比を計測することで、殻形成時の水温を算出することが可能になる。さらに、アンモナイトの殻を構成する酸素同位体比が成長の中でどのように変化するのかを調べることで、季節の変化を認識することができれば、アンモナイトが生きた年数、すなわち年齢がわかる可能性がある。しかし、この試みもあまりうまくいっていない。

致命的なのは、アンモナイトは同じ場所からまったく動かずに一生を過ごしたという保証がまったくないことである。つまり、同位体比の変動パターン（例えば、寒い／暑いの繰り返し）が認識されたとして、それは季節性の温度変化ではなく、アンモナイト自身が、水温が異なる場所を泳いで移動したかもしれないということである。実際に、現生のオウムガイやコウイカにおいては、成長を通して移動するような生態をよく反映した同位体比変動パターンが得られており、ウィーン自然史博物館（オーストリア）のアレキサンダー・ルケネダーらは、アンモナイトにおいて観測できる同位体比変動パターンも現生頭足類と同様に移動などの生態を示すものと見ている。

3 絞り込む：現生頭足類からの推測

これまでに述べたように、アンモナイトの殻そのものから成長速度や寿命の絶対値を割り出すことは成功していない。実は、生き物の寿命を知ることは現生生物でも意外と難しく、遊泳する海洋生物の場合、野生環境下で成長していく様子を継続的に観察することはほとんど不可能なのでハードルはさらに上がる。それでも、海洋生物学者たちの努力により、いくつかの方法からイカの年齢が判明している。

その一つが、「マーク・リキャプチャー（標識再捕獲法）」である。イカを一度捕まえ、印を付けて放すという方法だが、この調査の結果、再度捕まった個体で印があるのは最初に印を付けてから一年以内の個体ばかりで、一年以上生きたものはなかったらしい。また、前述した、イカの平衡石を使って寿命を調べた例では、ほとんどの種の寿命は一年であるということが明らかになっている。タコに関してもイカと同様の方法により寿命が調べられているが、イカよりもややバリエーションがあり、猛毒をもつ小型のヒョウモンダコなどは短命で一年、たこ焼きに入れる中型のマダコは二～三年ほど、大型でやわらかく刺身にすると美味しいミズダコはもしかしたらもう少し長生きする可能性があり、四～五年ほどの寿命だといわれている。

　現生オウムガイは、飼育とマーク・リキャプチャーにより寿命が調べられており、飼育個体は三年ほど、野生個体は二〇年ほどである。若い頃は二週間ほどで一つの隔壁を作り、その速度は成長するごとに長くなり、成長したおとなの個体は三～四カ月で一つの隔壁を作ることが飼育個体で確かめられている。また、一生涯で作られる隔壁は全部で三〇個ほどである。水圧や栄養状況の違いなど様々な要因が考えられるが、もしかしたら、オウムガイは野生環境下ではさらに時間をかけてゆっくり隔壁を作っているのかもしれない。多くのアンモナイトはオウムガイよりも多くの隔壁を作り、生涯で一〇〇個以上作るものもいた。また、繁殖戦略や孵化サイズなどの証拠から、オウムガイよりも寿命が短いことが推測され、隔壁一個にかける時間はもっと短かったのかもしれない。

　現生オウムガイの螺環の形成速度も、同じく飼育個体からわかっている。外殻は一気に成長するのではなく、日々少しずつ成長する。本書の出版時点で、国内で唯一オウムガイ類を飼育・展示している鳥羽水族館の森滝丈也による飼育日記（同水族館ホームページで公開）によると、オウムガイの一種パラオオウムガイの赤ちゃんは毎日〇・一〜〇・五ミリメートルほど螺環が成長するとのことである。これに対し、隔壁の形成は、先ほど説明したようにいくつかのステップがあるため、やや段階的に行われるようである。また、前の隔壁を作った後に軟体部を隔壁から離して前進するのは割と短時間（数時間〜数日）で、その時には体全体を大きく捩り動かすらしい。これは「ストレッチ行動」とも呼ばれるもので、鳥羽水族館の飼育日記や沼津港深海水族館のYouTubeチャンネルなどで写真や動画が公開されている。その様子は〝キモかわいく〟、大変ユーモラスだ。普段の姿を見ている限りでは軟体部にそこまでの柔軟性は感じられず、その予想外の姿にはただ驚くばかりである。

現生オウムガイの螺環の形成と隔壁の形成は、全体としてだいたい同じくらいの速度で行われているようである。というより、螺環の形成状況が隔壁形成にフィードバックされ、タイミングが調整されているらしい。つまり、どちらかだけが先行して、螺環の中が隔壁だらけになる状況や、逆に螺環の長さに対して隔壁が足りないような状況にはならない。アンモナイトの住房の長さは種類によりけりだが、オウムガイでは、住房がだいたい一五〇度くらいで維持されている。螺環と隔壁の形成速度の調節は浮力調整にも関わっていて、例えば、殻の部分（螺環）を作りすぎた場合は体が重くなりすぎてしまうし、隔壁、つまり気室を作りすぎると体が軽くなりすぎてしまうことになる。オウムガイはそのような事態に陥らないように、常に体全体の比重を一定に調整し、海中で中性浮力を保っているのである。

以上のように、現生頭足類全体の寿命を比べると、一年〜二〇年まで幅があり、イカがもっとも短命、タコはイカと同じ〜やや長命、オウムガイがもっとも長命ということになる。一年〜二〇年というのは結構な振れ幅であるが、果たしてアンモナイトはどうだろうか。寿命は繁殖戦略に大きく関係している。アンモナイトの卵はとても小さく（一ミリメートル程度）数が多いことが、実際の卵塊化石より推測されている（第二章・第四章参照）。アンモナイトの繁殖戦略は、現生頭足類の中ではイカとタコに近く、特にマダコなどにもっとも近い小卵多産型（r戦略型）であった可能性が高いとされている。オウムガイは三センチメートルほどもある大きな卵を少量産む大卵少産型（K戦略型）で、アンモナイトとはまったく異なっている（p.56参照）。小卵多産型の生き物の寿命は総じて短く世代交代も早く、大卵少産型の生き物の寿命は長く世代交代も遅い。このことは、現生頭足類を見ても明らかであり、そうなるとアンモナイトはイカ・タコに近い小卵多産型なのだから、おそらく寿命も同程度で一年〜

数年程度であったと考えるのが妥当なのではないか。しかし、アンモナイトの成熟サイズは一センチメートルに満たない種から二メートルを超える種まで多様であるので、成長速度や寿命も同じく多様で、バリエーションがあった可能性がある。アンモナイトの寿命を知ることは、アンモナイト研究者にとっての永遠の課題の一つである。現状では推測の域を出てはいないが、新しい視点、観察・分析技術の進歩により、いつか解明できる日が来ることを期待したい。

ところで、アンモナイトの成長速度は、個体内で必ずしも一定ではなかった可能性があり、このことは化石の産状に現れる場合がある。例えば、アメリカ自然史博物館のニール・ランドマンらの報告によると、スカファイテスは成長にしたがって殻が解けてフック状になるが、フックを形成するまでの個体と、形成し終わった完全な成熟期の個体はよく見つかるのに対し、フックを形成している途中の個体はほとんど発見されず、この時期に急成長を遂げたのではないかと考察されている。また、フックにあたる部分には、通常の個体には見られる肋などの殻装飾がほとんど発達しておらず、これも急成長に関連したものである可能性が指摘されている。複数の棒が折り畳まれたようなクリップ型の殻をもつポリプチコセラス（口絵5j）も、ターンを形成している途中の個体はほとんど見つからず、化石として見つかる個体の多くがシャフトの途中まで形成されていることから、同様に成長速度に緩急があった可能性が愛媛大学の岡本隆らにより推測されている。

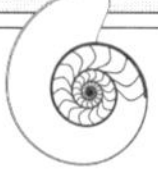

おとなの証

石材中に見られるアンモナイトをよく観察すると、その個体の成長度合いを推測できる場合がある。写真は、福島県の宿泊施設Jヴィレッジの床石材（ジュラ紀）中に含まれる殻直径10cmほどのアンモナイトである。横断面に近い斜め向きで切断されたものであり、内部構造である隔壁が見られる。隔壁をよく見ると、最後と最後から2番目の隔壁の間隔が、それ以前のものと比べて狭まっており、これはp.87で解説した成熟時に現れる「おとなのサイン」の可能性がある。このように個体としてのプロフィールが少し鮮明になると、石材中のアンモナイトが、かつて生きていたということをより実感できるのではないだろうか。

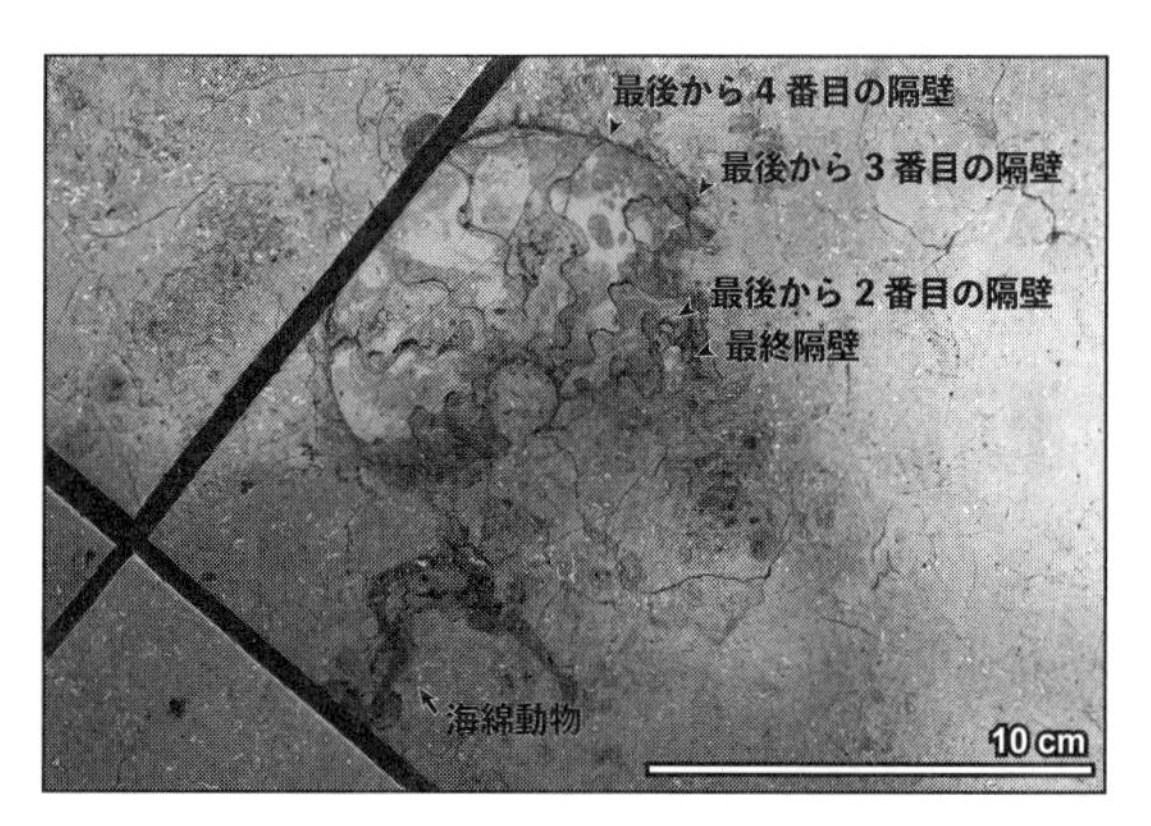

第四章

アンモナイトの生態

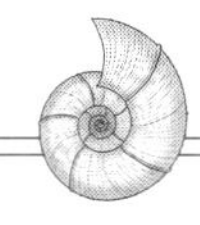

生態とは、生き物が自然の中でどのように生活しているのか、そのありさまのことをいう。古生物の場合はより専門的に「古生態」という。アンモナイトのように、すでに絶滅している古生物の場合は、実際に生きている様子を直に見ることはできない。しかし、化石として残される様々な痕跡からは時に生き生きとした姿が見えることがある。例えば、消化管にあたる場所に、ごく稀に食べたものが未消化の状態で残っており、これにより食事のメニューを知ることができる。また、コンピューターシミュレーションや模型を使った実験により、どのように海中を泳いだのかが推測できる。他にも、殻を構成する物質の化学分析により、どのような水温の中で生息していたのかを推定することができる。古生物学者たちはありとあらゆる手法を駆使して、アンモナイトの生物的な姿の解明に挑んできた。

この章では、アンモナイトは海の中のどんな環境下で暮らし、海中をどのように泳ぎ、何を食べ、また逆に何に食べられたのか、どんな卵を産んだのかなど生態に関する研究トピックを紹介する。太古の海にダイブし、謎に満ちたアンモナイトの生活を観察してみよう。

種類ごとに異なる生息域

アンモナイトにはたくさんの種があり、たいていの場合、一つの地域内に複数種が生きていた。アンモナイトの化石は、水深数メートルの沿岸近くの浅い海から、水深数十メートル〜百数十メートルの沖合の深い海まで、様々な環境で堆積した地層から見つかるが、その環境ごとに殻の形や殻装飾の傾向があることが知られている。もっとも古典的な研究は、テキサス・クリスチャン大学（アメリカ）のゲイル・スコットにより一九四〇年に行われたもので、これ以降、様々な時代や地域で調べられた。日本においては、東京大学の棚部一成（一九七九年）や、川村学園女子大学の二上政夫（一九九二年）などの研究例がある。白亜紀を例とすると、概ね以下のような傾向が共通している。

①殻表面に突起がある「装飾型」のコリンニョニセラス類やアカントセラス類（口絵4h，7a）、あるいは装飾がなく、螺環（らかん）の横幅が狭く、臍（へそ）が小さい円盤型の殻をも

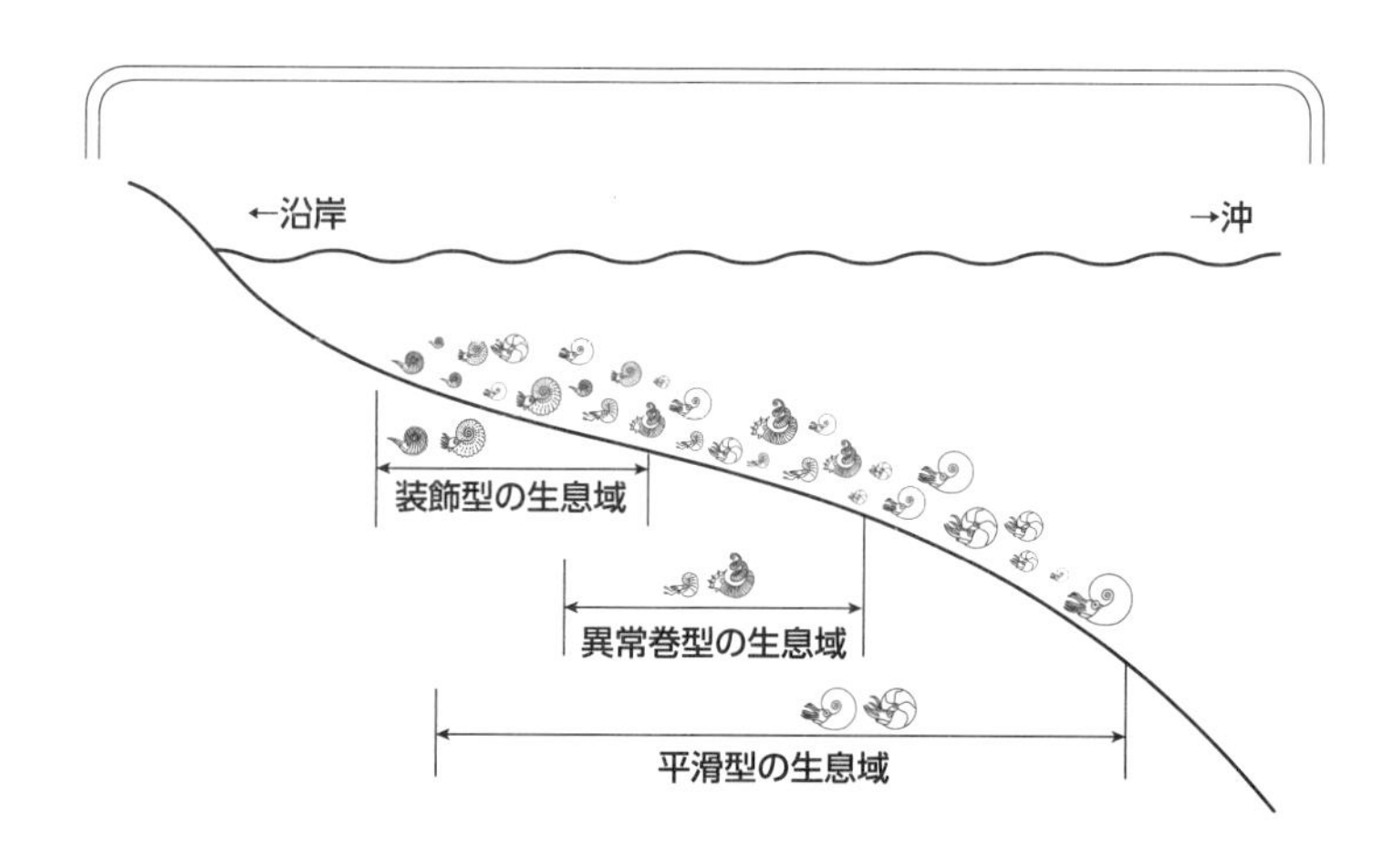

アンモナイトの形態型ごとの生息域(北海道白亜紀チューロニアン期のケース)。
Tanabe (1979) を元に作図。

つプラセンチセラス類（口絵4i）やオキシトロピドセラス類は、浅海域を主な生息域としていた。

② ノストセラス類やツリリテス類、バキュリテス類、スカファイテス類などの「異常巻型」（口絵5）は、①の環境よりもやや沖合に近い環境で多く生息していた。

③ 派手な装飾がない「平滑型」のフィロセラス類やリトセラス類、デスモセラス類など（口絵4a，4b，7d）は、①と②よりもさらに沖合の水深一五〇メートルを超えるような深い海にも生息していた。

それぞれの生息域には被りがあり、特

に平滑型の種類の生息域は広い。例えば、北海道の白亜紀チューロニアン期層からは、装飾型のサブプリオノサイクルス（コリンニョニセラス類）と異常巻型のエゾイテス（スカファイテス類：口絵5n）、ユーボストリコセラス（ノストセラス類：p.226の図c）、平滑型のテトラゴニテス（リトセラス類：口絵4b）、トラゴデスモセロイデス（デスモセラス類）が普通に共産する（棚部一成の一九七九年の報告）。また、①の生息域よりも浅く、水深数メートル程度の浅海域、潮の干満により陸化する潟や岩礁域には、アンモナイトは基本的には生息していなかったようである。さらに、種類ごとに異なる生活史を送ったことも想定され（例えば、成長の中で生息域を移動するもの、一生を通してあまり移動しないもの）、中には例外も存在することに注意したい。

実際に野外調査をすると、このような傾向を確かに実感できる。北海道北西部に分布している白亜紀サントニアン期の地層、蝦夷層群羽幌川層は、上部に向かって浅海域に堆積環境が変わっていくが、浅海になるにつれて装飾型のテキサニテス（コリンニョニセラス類：口絵7a）や、ハイファントセラス（ノストセラス類：口絵5b）などの異常巻型の出現率が明らかに高くなる。岩手県の沿岸地域には久慈層群国丹層が分布しているが、この地層は北海道の同時代の地層よりもさらに浅海性である。国丹層では、平滑型の産出がやや少なく、装飾型のテキサニテスがやや多い。

また、浅海域に装飾型が多く、沖合域に平滑型が多いという傾向は、ヨーロッパのジュラ紀の地層でも知られている。このうち、中生代のアンモナイトの中でも特に生存期間が長く、代表的な平滑型グループであるフィロセラス類とリトセラス類（口絵3a, 3c）は、白亜紀だけでなくジュラ紀においても沖合域に生息していたということが興味深い（フォン・ベルンハルト・ツィーグラーによる一九六七年の報告）。

螺環が細いと浅海域で泳ぎやすい？

アンモナイトは、どのような理由から異なる生息環境を棲み分けていたのだろうか。いくつかの要因が想定されているが、その一つが螺環の太さと泳ぎやすさの関係である。一九四〇年にはゲイル・スコットが、一九九三年には西ミシガン大学（アメリカ）のリチャード・バットが、どちらも白亜紀において薄い円盤状の殻をもつ種類が浅海域を主な生息域にしていたことを示した。早稲田大学の川辺文久は二〇〇三年に北海道のセノマニアン期のアンモナイトを調べ、広い生息分布をもつ種類であるデス

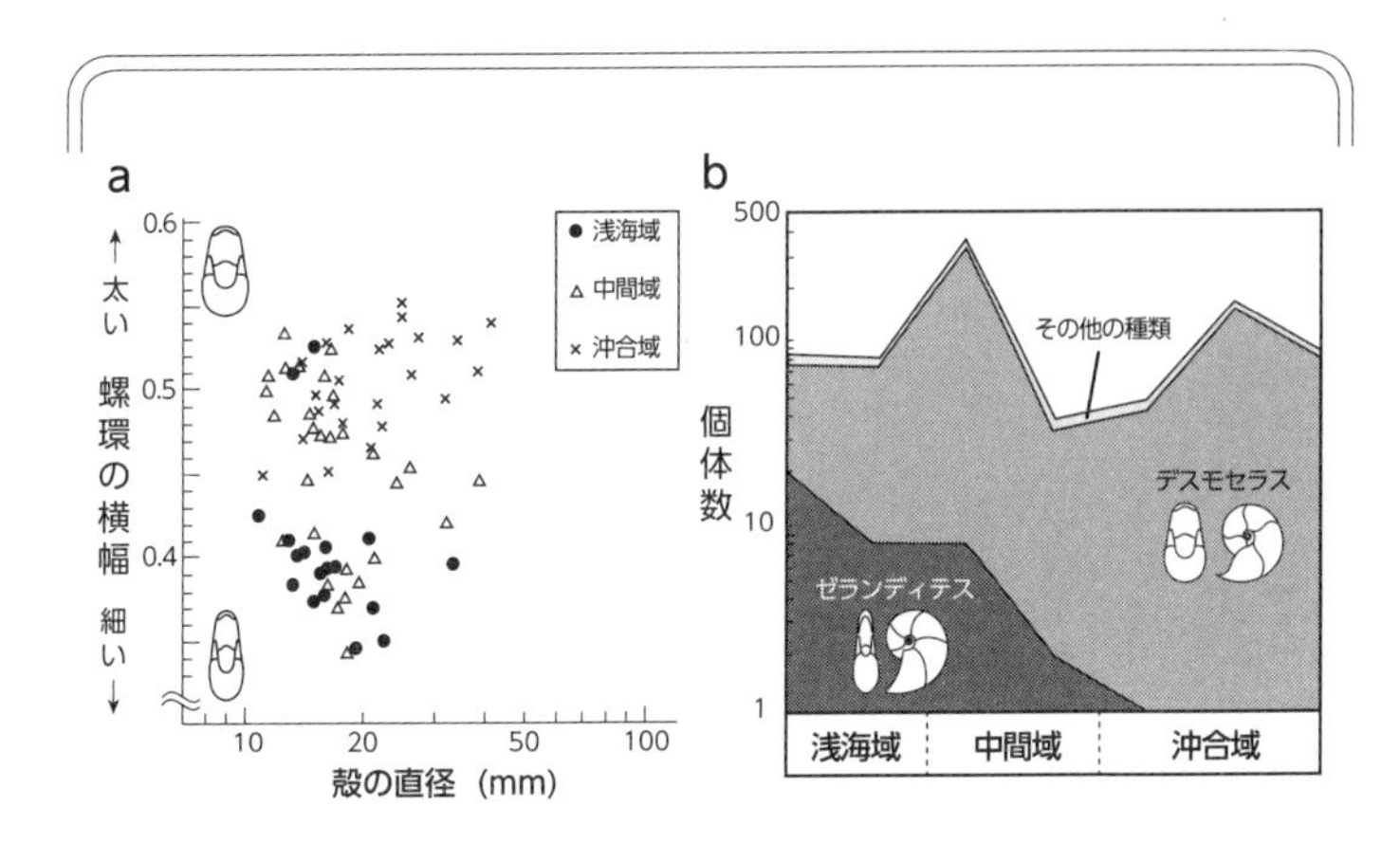

螺環の太さと生息域の関係性(北海道白亜紀セノマニアン期のケース)。a: デスモセラスの生息域ごとの螺環の横幅。b: デスモセラスとゼランディテスの生息域ごとの出現頻度。Kawabe (2003) を元に作図。

モセラスは浅海域ほど螺環が細く、沖合域ほど太い傾向を示した。また、デスモセラスと同じ平滑型のアンモナイトで、デスモより螺環が細く円盤型に近いゼランディテス(リトセラス類)は、浅海域に圧倒的に多いことを示している。

螺環の細い形が浅海域に多く、太い形が沖合域に多いという傾向は、海中の流れの強さと遊泳効率の関係により説明がなされている。一九九四年、アメリカ自然史博物館のデイヴィッド・ジェイコブズらは、アメリカのサウスダコタ州とワイオミング州で白亜紀チューロニアン期のスカファイテスの螺環の横幅と生息当時の水深を調べ、浅海域では螺環が細いものが多く、沖合域では太いものが多いという傾向を示した。さらに、それぞれの形のモデルを用いて流体力学的な抗力の測定を行い、螺環が細いとより速い速度で効率よく泳ぎ、太い形では遅い速度で効率よく泳ぐことを示した。つまり、流れの強い浅海環境では、より速く泳ぐことが求められるために抵抗が小さい薄い形のものが多くなり、逆に、より静穏な沖合環境では、エネルギーを節約できるより低速の遊泳が好まれ、螺環が膨れた、安定感のある形が多くなったものと解釈することができる。

アンモナイトは、環境の変化に比較的柔軟に対応していたのかもしれない。生息水深とは少し異なる話になるが、ジェイコブズは、普通の巻き型の幼体と、フックが形成される成体の抗力の違いについても比較し、成体の抗力は大きくなる（速く泳ぐことができなくなる）ことを示している。フックのある成体のスカファイテスの形が遊泳に適していないということは直感的にも同意できる。スカファイテスの幼体は泳ぎ、成体はあまり泳がなかったのかもしれない。

以上は殻装飾がない、もしくは弱い平滑型のアンモナイトにおいて知られる傾向であり、装飾型のアンモナイトについては別のシナリオが考えられている。

浅海域では殻装飾が強いものが多い

突起をもつ、殻装飾が比較的派手なアンモナイトが浅海域に多いという傾向は、様々な地域・時代で報告されており、その生態学的意義が考察されている。アンモナイトの殻装飾、特に突起の機能的意義として、もっとも基本的な考え方は防御に役立ったというもので、これはあまり疑われていない。他には、例えば底生生物である現生巻貝においては、突起が浅海の速い潮流の中で殻が転がらずに安定することにも役立つらしいことが知られており、アンモナイトの突起にも同様の機能が働いてたのではないかという見解もある。

白亜紀セノマニアン期のシューレンバキア・ヴァリアンスというアンモナイトは、種内変異が極めて大きく、螺環が細く装飾が弱いものから、螺環が太く装飾が強いものまで連続的な変異が知られている。ドレスデン鉱物地質学博物館（ドイツ）のマルクス・ヴィルムゼンとパヤメ・ヌール大学（イラン）のアブドルマジド・モサヴィニアの二〇一一年の報告によると、ドイツやイランで見つかるシューレンバキアは、浅

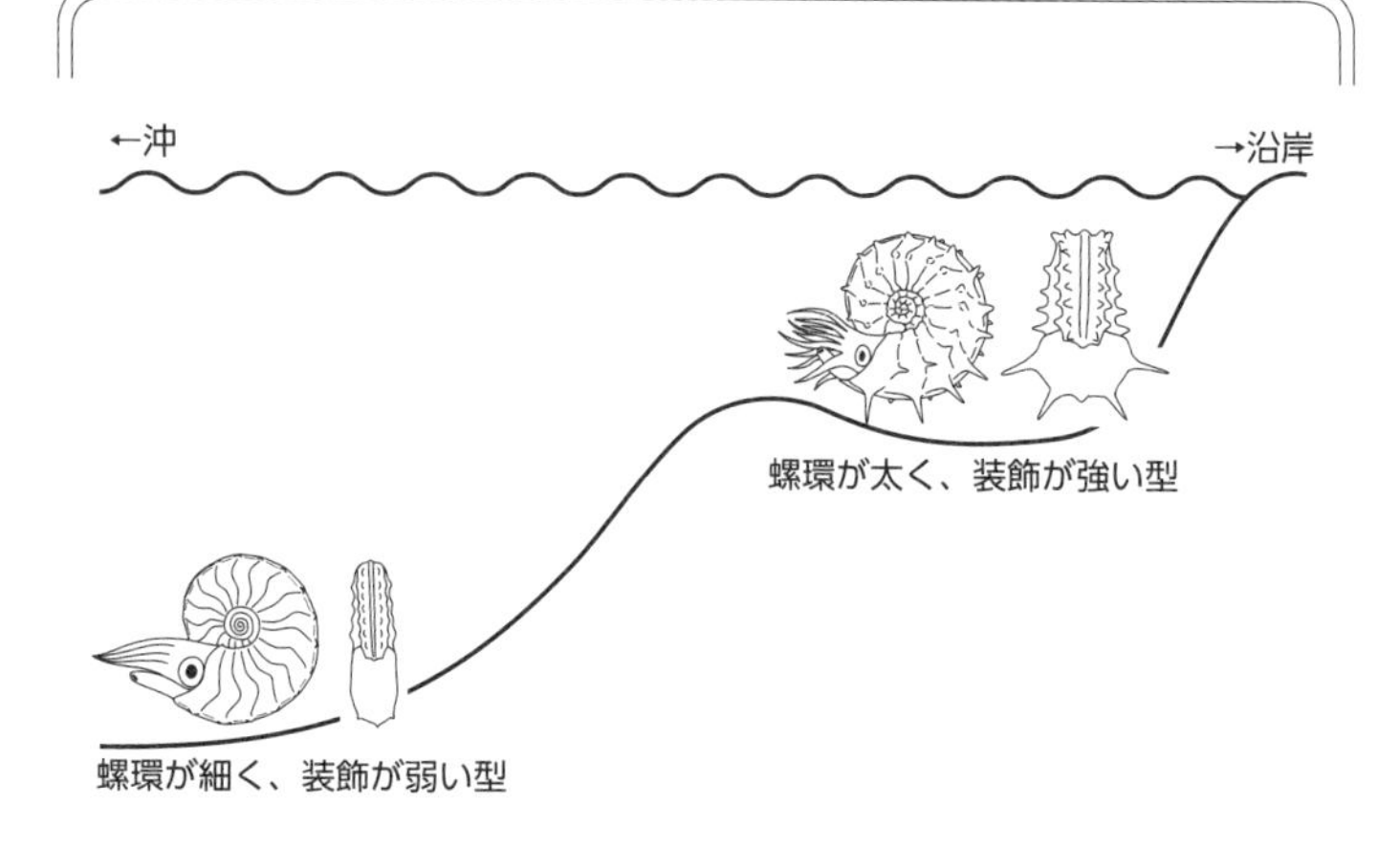

殻装飾の強さと生息域の関係性（イラン・ドイツ白亜紀セノマニアン期のケース）。
Wimsen & Mosavinia (2011) を元に作図。

海域では螺環が太く装飾が強いものが多く、沖合域では螺環が細く装飾が弱いものが多い傾向があったという。そこから、浅海域で装飾性が強まるのは捕食者への防御や強い流れの中で体の安定性を高めた適応なのではないかとヴィルムゼンらは考察している。

バックマンの第一法則

シューレンバキアのケースで螺環幅に注目すると、沖合域の方が細く、浅海域の方が太いという関係性が見られる。これは、ジェイコブズらが一九九四年に報告した、細い螺環のスカファイテスが浅海域に多いこととは真逆の傾向であるが、どのように説明すべきだろうか？　棲み分けの話からは少し脱線するが、アンモナイトの殻形態の理解の難しさを示す例として、この問題に触れておきたい。

殻の形の各要素には共変動が見られるものがあり、「螺環が太いものほど巻きが密で、殻装飾が強い」という関係性は「バックマンの第一法則」として知られている。この法則は、時代を超えて様々なグループのアンモナイトにおいてよく見られ、シューレンバキアの「装飾が強いものほど螺環が太い」という傾向も、バックマンの第一法則の例の一つと言える。バックマンの第一法則は、生息環境などの外的要因や遊泳など殻の機能的な側面ではなく、アンモナイト自身が殻を形成する上での機械的制約の観点から理解されている。オスロ大学（ノルウェー）のオイビンド・ハマーとチューリッヒ大学（スイス）のヒューゴ・ブュヒャーの二〇〇五年の研究によると、殻装飾の強弱は当然アンモナイトの軟体部が作り出しているものであり、軟体部の横方向の稼働範囲が相対的に同等であれば、横幅が太い軟体部の方で高低差が大きく、強い殻装飾が実現されることは自然なことであり、特別な説明はいらないという。逆に言えば、細い軟体部をもつものが、太いものよりも強い装飾を作ろうとした場合には、何倍も軟体部を膨張できなくては実現されないはずである。

派手な装飾を備えた種類にとっては、浅海域において殻が流線形であるかどうかよりも殻装飾の強さの方が生息環境への適応には重要で、こちらが優先された可能性がある。そして、強い殻装飾を生み出すとともに、バックマンの第一法則により、浅海域では本来不利であるはずの太い殻になったのかもしれない。このように、アンモナイトの殻形態は機能的側面や環境要因だけでは必ずしも説明できず、殻形成の制約の観点からも考察する必要がある。殻の形の決定は一元的なものでなく、複数の制限要素が複雑に作用していること、どの要素が優先され、逆にどれが犠牲になるのかはケース・バイ・ケースであることを示している。

生まれてから死ぬまで

アンモナイトの幼年期〜未成熟期前期の生活史に関しては、第三章でも解説しているとおり、孵化直後から浮遊生活を送り、その後、多くの種類は遊泳性もしくは底生遊泳性になった可能性がある。ある程度成長したアンモナイトは、成熟を迎えるまでにどのような生活を送っていたのだろうか？

まずは現生頭足類の生態に目を向けてみよう。生体捕獲や送信機やセンサーによる追跡などの「バイオロギング」、同位体分析などにより、現生頭足類の移動や生活史について多くのことがわかっている。例えばイカ類では、アオリイカなど多くの種類で周期的に回遊していることが知られており、水深の深いところから浅いところまで日周運動するものもいる。また、社会性のある群れを作って海中移動するものも多い。体の内部に隔壁で仕切られた渦巻状の殻をもつトグロコウイカは、深い海で孵化した後にやや浅海まで浮上し、その後成熟とともに再び沈んでいく。気体を含む炭酸カルシウムの甲をもつコウイカは、暖かくて浅い海で孵化した後、成長とともに深い海に移動する。タコ類では、同じ場所で一生を過ごすものや、海底を這ってそれなりに長距離を移動するものもいることがわかっている。また、単独行動するものが多いとされているが、群れのようなものを形成することもあるようである。現生オウムガイは、成長とともに深い環境に移動するが、浅い場所と深い場所の間を日周運動することも知られている。同じ生息域で複数個体が生息するが、いわゆる群れを形成しての大規模な集団行動はしないようである。

アンモナイトの回遊行動に関しては、出現する化石のサイズ分布から推測した例がある。アンモナイトの殻サイズ分布には以下のようなパターンが知られている。

1　幼年期、未成熟期、成熟期が一箇所から出現する

この場合は、生まれてから成熟するまで、基本的には大規模に移動することなく、同じ場所で成長したものと考えられる。

2　幼年期後期～成熟期の個体が出現し、孵化直後（幼年期前期）の個体が稀か欠落している

孵化したばかりの個体は、幼体や成体とは異なる環境で生活していたと考えられる。このような産状は、古生代から中生代にかけて様々な種類で知られている。アンモナイトの産状としてもっとも一般的と言えるかもしれない。

3　未成熟期後期～成熟期のみが出現する

成熟が近づくとともに移住したと考えられる。北海道で見つかる白亜紀アンモナイトでは、アナゴードリセラス（p.90の図e，f）やテトラゴニテス（口絵4b）などが

このような生態を有していた可能性がある。アメリカ・白亜紀のスカファイテスなどもこのケースに該当するようである。

4　雌雄が判明している種類で、どちらか片方の成熟期個体のみが出現する

このような産状は、雌雄が交尾の際に出会い、産卵の際には分離した（〝ホームグラウンド〟に戻って産卵し、死亡した）ことを示している可能性がある。

孵化直後から成熟期まですべての成長段階が揃うパターン①は、実際には極めて稀である。一九七六年に発表されたオックスフォード大学（イギリス）のウィリアム・ケネディとアメリカ地質調査所のウィリアム・コバーンの報告によれば、ほとんどのアンモナイトにおいて、成長段階や雌雄で生息域の分離が見られ、少なからず成長の中で移動したようである。

絶滅してしまったアンモナイトの、ある個体が生まれてから死ぬまでのすべての行動を完全に追跡することは不可能であり、化石産状や殻サイズ分布の情報は、アンモナイトの生活史を推測する手がかりの一つにすぎない。また、殻サイズ分布は、それ

が厳密に同時期に生息していた群集が集団で死んだものであるか、ある期間のうちにその場所で死んだ個体が蓄積したものかにより、意味合いが変わってくるという難しさもある。アンモナイトの生活史については依然として謎が多く、今後の研究の進展が期待される。

安定同位体分析

同位体とは、同じ元素であるものの、中性子の数が異なるため質量が異なる原子のことをいう。酸素の同位体は^{16}O、^{17}O、^{18}Oの三種類が存在し、これらを「安定同位体」という。詳しい原理に関してはここでは省略したいが、これらの安定同位体の海水中の比率は、気候・水温により変動する。単純化して結論のみを述べると、水温が低いほど^{18}Oが増加し、水温が高いほど^{18}Oが減少する。海に棲む生き物がもつ炭酸カルシウムの殻は、元を辿れば海水から作られているため、殻に含まれる酸素の^{18}Oの割合を調べることで、その殻が作られた当時の海水温を割り出すことができるのである。このように、酸素の同位体の比率が水温の指標となることを利用して、炭酸カルシウムの殻を作る微小な単細胞生物である有孔虫の酸素同位体比が調べられ、人間が直接観測できない大昔の気候、その変動が理解されてきた。

安定同位体比の分析は、殻を作る海洋生き物の生態を推測する上でも有効である。実際、アンモナイトが生息していた海中の水温を明らかにし、さらに当時の海洋の温度勾配や海表面から海底までの温度構造と比較することで、アンモナイトが水柱（海中における鉛直方向の分布）のどこに生息していたのかを推定したり、成長を追ってその変化を調べることで、海中をどのように移動していたのかを推測した例がある。

ここまで聞くと、化石の殻サイズ分布などから生活史を推定したりするよりも確実性が高い夢の分析のように思え、もはやすべてのアンモナイトでその分析をすれば良いのでは？　と思われるかもしれない。しかし、そう簡単なことではなく、様々な条件が揃わなければこの分析はできない。まず、殻を構成する炭酸カルシウムは変質しやすい。アンモナイトが生きていた当時は真珠光沢をもつ「アラゴナイト（アラレ石）」であったものの、アラゴナイトは不安定であるために、化石になる過程で多くは「カルサイト（方解石）」に変質してしまう。アラゴナイトからカルサイトに変質してしまうと、元素の成分比も変わってしまうため、当時の海水温の情報が歪められてしまうのである。そのため、炭酸カルシウムが変質していない殻を使う必要があるが、一億年近くもの間、構造がまったく変質していない殻というのは、それなりに珍しいのである。それでも、条件を満たした化石において同位体分析が行われた例はいくつかあり、それらは、アンモナイトの生態を理解する上で大きなヒントを提供している。

表層性か、底生か？

北海道では、世界的に見ても非常に保存状態の良い白亜紀のアンモナイト化石がたくさん産出する。特に、道北の羽幌町や中川町などでは、まるでアワビの殻の裏側のような真珠光沢のある化石が見つかることがあり（口絵7d）、これらの殻の結晶構造を調べると、変質していないアラゴナイトであることがある。東京大学の守屋和佳らは、北海道羽幌町産のアンモナイト化石の酸素安定同位体比を分析し、生態を推測した論文を二〇〇三年に発表している。この分析では、アンモナイトだけでなく海底に生息していた二枚貝と巻貝、底生有孔虫、海表面で生息していた浮遊性有孔虫の酸素安定同位体比を分析し、これらを比較している。その結果、アンモナイトの同位体比が示す海水温の値は、浮遊性有孔虫の値からは大きくかけ離れており、底生の二枚貝・巻貝・有孔虫の値と同じ範囲を示すことが明らかになった。

このことから、この時代のアンモナイトは、水柱の表層や中層ではなく、魚で例えるならヒラメやカレイのように、海底近くで生息していた可能性が高いことが推定された。さらに、一部範囲における同位体比の成長変化も調べ、分析された範囲では大きな値の上下がないこと、つまり鉛直方向にはあまり移動していなかった可能性を示している。それまでの研究では、海中の中層以上を遊泳もしくは浮遊しているアンモナイトの姿が漠然と受け入れられてきたが、海底近くに生きていた生態がはじめて示された。確かに、海底で生きていたことと、様々な種類が陸に近い浅海から沖合まで水平方向に棲み分けていた（p.119参照）という解釈は、相性が良い。もしも多くのアンモナイトが表層～中層で自由に生きていたとしたら、そこまで明確に堆積環境（堆積水深）ごとに異なる傾向は出ずに、もっと平均化されたものになるように思える。また、多くの化石がほとんど無傷であるような保存状態も、彼らの多くが海底付近に生息していたために、死後、海表面に浮上せずに生息域近くで化石になったためかもしれない（詳しくは第五章）。

一方、アメリカ・ミシシッピー州では、白亜紀マーストリヒチアン期のアンモナイトの酸素同位体分析が、アメリカ自然史博物館のジェセリン・アン・セッサらにより二〇一五年に行われている。当時のアメリカ大陸の中央からやや西側に、東西を二つに分断するようにして南北方向に細長い浅い内海（西部内陸海路）が存在しており、ここに生息していたアンモナイトについて調べられた。これによると、スカファイテス類やバキュリテス類は守屋らが調べた北海道のアンモナイトと同様に海底の水温値を示したが、同時代の北海道にはいなかったスフェノディスカスは明らかに海表面の水温値を示していた。このことから、スフェノディスカスは、スカファイテス類やバキュリテス類と異なり、浅海の浅い環境に生息したと推測された。スフェノディスカスの薄い円盤状の殻形態は浅海域で速く泳ぐことに適していたと考えられており、実際に浅海域の地層から特徴的に見つかる。

ルール大学（ドイツ）のケヴィン・スティーブンズらは二〇一五年に、ドイツの前期白亜紀のシンビルスカイテスについて酸素安定同位体分析を行い、ベレムナイト類と表層生息の古細菌を用いて復元された水温データと比較した。その結果、未成熟期

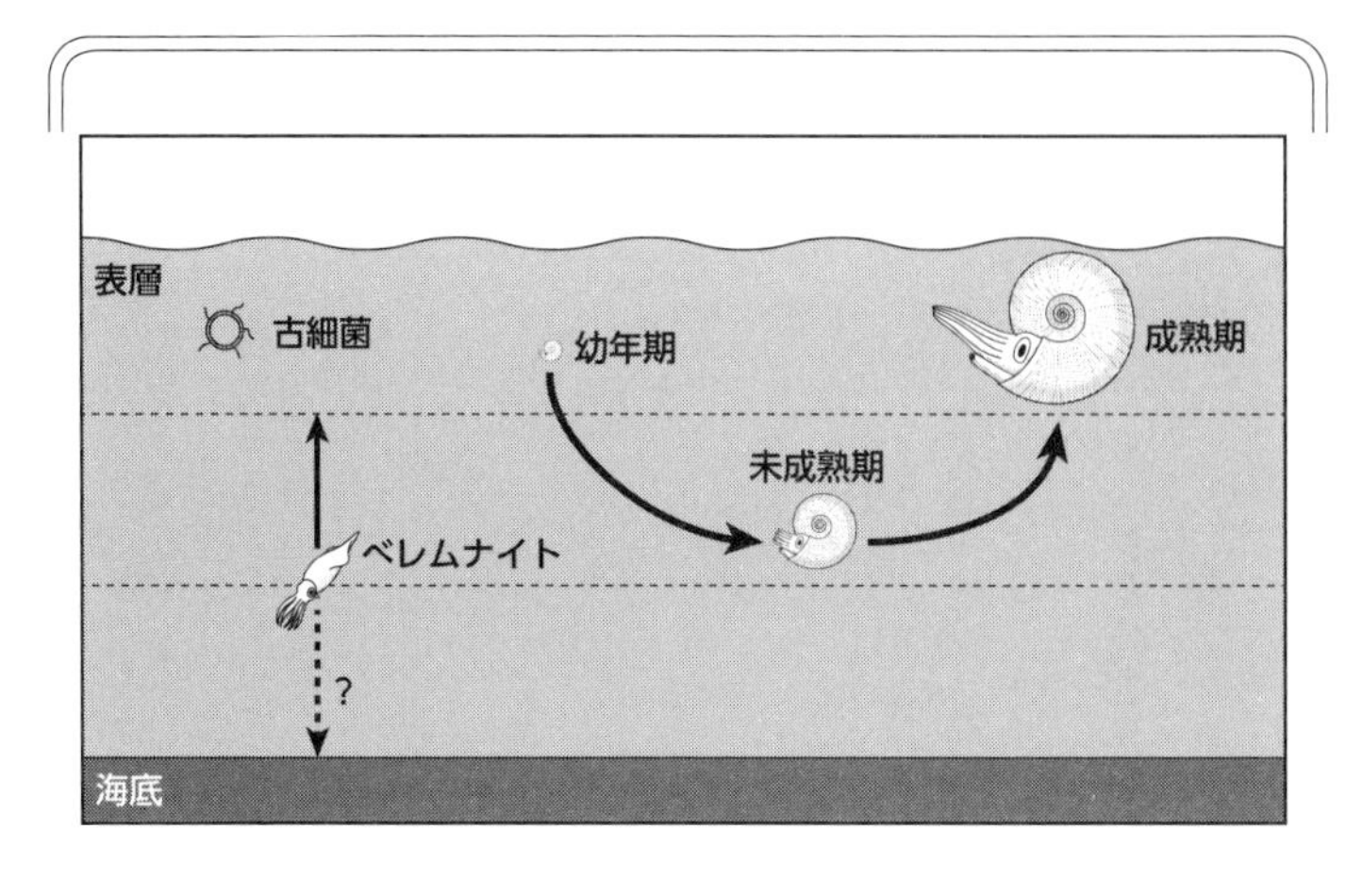

安定同位体分析により推測された白亜紀オーテリビアン期のアンモナイト、シンビルカイテスの生活史。Stevens et al.(2015) を元に作図。

の個体はベレムナイトなどとともに中層に生息し、成熟個体は表層付近に生息していたことが示された。このアンモナイトは、未成熟期から成熟期にかけて表層へと生息域を移したのかもしれない。

この他、ジュラ紀のコスモセラスの同位体分析の結果は、表層生活をする生き物と同等の水温を示すことがイリノイ大学（アメリカ）のアンダーソンらにより一九九四年に報告されている。守屋の二〇一五年のレビューによれば、底生生物・表層の遊泳生物の同位体分析による海水の温度構造と併せてアンモナイトの同位体分析から生活様式を明らかにした例は、現段階ではアンダーソンら、守屋ら、セッサら、スティーブンズらによる研究と他数例のみとまだ少ない。しかし、それらの知見を集約すると、アンモナイトはジュラ紀から白亜紀にかけて、遊泳生活もしくは浮遊生活から、底生生活へと新たな生活スタイルに変化した可能性があるとされている。

生息姿勢と遊泳能力

アンモナイトは泳ぎが上手だったのか、それともあまり上手ではなかったのか。これは複合的で奥の深い、アンモナイトの生態に関する古くて新しい研究課題である。ここでは、海中における生息姿勢の推定にはじまり、様々な殻の形は水中を泳ぐ際にどのように影響したのかという解析などから、アンモナイトの遊泳能力を解き明かしていこう。

アンモナイトがどのように泳いでいたのかを考えるにあたり、まずは彼らの体が海中においてどのような向きで安定していたのかが前提となるが、その独特な殻の内部構造により生息姿勢は力学的にほとんど自動的に決まっていたと考えられている。それがなぜかということを、現生オウムガイを例に説明していきたい。なお、アンモナイトの殻はオウムガイと同様に浮力器官として働き、アンモナイトは海底を這う完全な底生生物ではなく、海底から少なからず離れて海中に浮かんでいた、ということを前提としている（ほとんどすべてのアンモナイトが完全な底生生物だったという意見もなくはないが、理論的な根拠にやや欠けている。また、一部の異常巻アンモナイトについては海底に着底して生きていた可能性がシミュレーションから推測されているが、ここでは一旦話から除外する）。

現生オウムガイは、殻を含めた体全体のうち、気体が詰まった気房の密度は小さく、軟体部が収まっている住房の密度は大きいため、浮力と重力の場所に距離ができ、海中ではそれらが縦に一直線上に並ぶようになる。これは、釣りの時に使用されるウキが、いつも同じ向きで水面に浮かぶことと同じ仕組みである。オウムガイの場合は、静止状態では一周のうち約一五〇度の長さがある住房が下側になり、殻口は斜め上約四〇度を向く生息姿勢となる。オウムガイは住房の奥から頭に繋がった「頭部牽引筋」と呼ばれる筋肉を収縮して体全体を殻の中に引き込み、その反動で外套腔の中の海水を漏斗から押し出して推進力を生む。この時、噴射の反動で殻が前後に揺れるが、まるで〝起き上がり小法師〟のように振動は次第に収束し、決してひっくり返ることはない。リズミカルに体を揺らしながらも、水中を意外と器用に泳ぐオウムガイの姿はどこか愛らしさがある。

アンモナイトの殻の形はオウムガイよりもはるかに多様であるが、オウムガイの生息姿勢から様々な形のアンモナイトの生息姿勢が推測できる。アンモナイトの生息姿勢を最初に詳しく計算したのはグラスゴー大学（イギリス）のトゥルーマン（一九四〇年）であった。その後現在までに、様々な研究者がさらなる計算やシミュレーションなどを行い、殻の形と生息姿勢の法則性や、異常巻アンモナイトのように一見推測が困難と思われるものについても検討され、様々な形のアンモナイトの生息姿勢と〝起き上がり小法師性能〟がかなりよくわかってきている。螺環の広がり（螺環拡大率）が大きく、住房の長さが短いものは重心と浮心の距離が長く、〝起き上がり小法師性能〟が高くなり、安定性が増す。一方で、螺環がぐるぐる巻いたゆる巻きのアンモナイトは住房も蛇のように長く、一周近く、もしくはそれ以上の長さがあることがある。このようなアンモナイトは、密度が小さく浮力のある気房が、密度の大きな住房で取り囲まれる形になるために、浮心と重心の距離が近くなり、〝起き上が

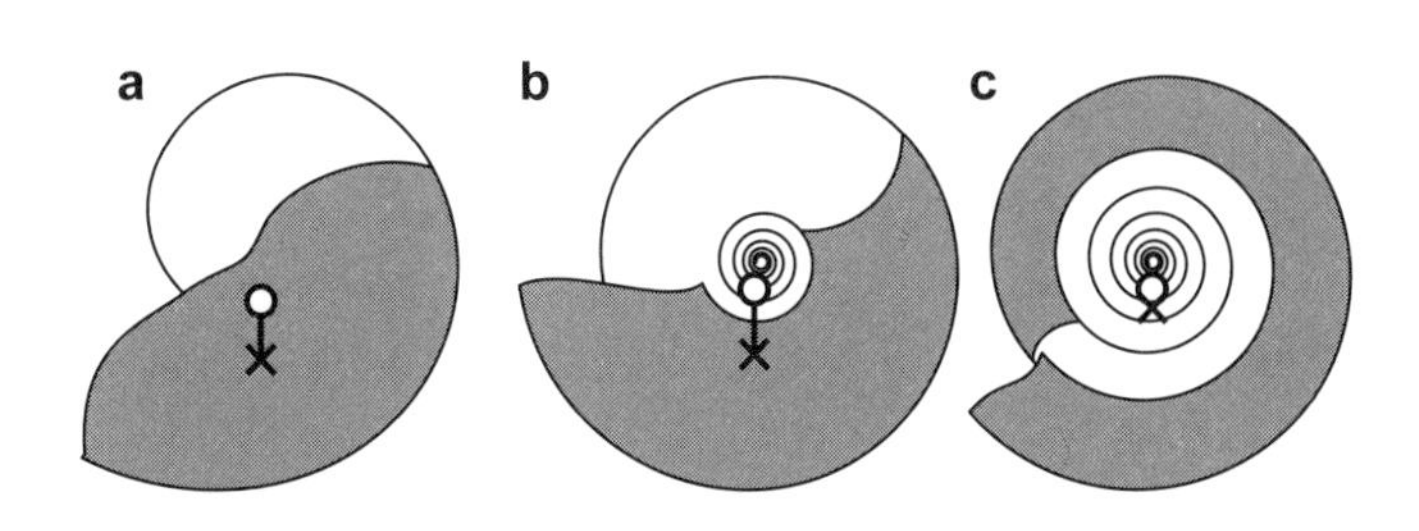

アンモナイトの軟体部の密度がオウムガイと同じであると仮定すると、様々な形のアンモナイトの浮心・重心・生息姿勢を計算により求めることができる。a: オウムガイ、b: きつ巻きのアンモナイト、c: ゆる巻きのアンモナイト、○：浮心、×：重心。Trueman (1940) を参考に作図。

り小法師性能〞が低く、安定性が弱まることがわかった。また、殻口の向きは殻の形にもよるものの、斜め上約四〇度〜九〇度の間にほとんど収まることがわかった。

アンモナイトが遊泳する際の推進力は、おそらくオウムガイと同様に、軟体部の腹側にあった漏斗から海水を噴射することにより生み出されていたと推測されている。推進力源の位置は安定性に大きく関係する。推進力源が重心と浮心の中間（「体幹」とも言えるだろうか）にあると、水を噴射した際の体全体の揺れが最低限になり、推進力がもっとも効率よく移動エネルギーとなる。一方で、重心と近い下側に推進力源があった場合、重心と浮心が縦向きのシーソーのようになって体全体が揺れ、推進力の一部は分散されてしまい、移動エネルギーとしてうまく伝わらない。したがって、殻口が九〇度に近づくほど漏斗の位置が高く、推進力源が重心と浮心の中間に近づき、遊泳効率が高まると見られている。

チューリッヒ大学（スイス）のクリスチャン・クルッグとフンボルト大学（ドイツ）のディッター・コーンにより二〇〇四年に発表された「アンモナイト類の運動の起源」（筆者による和訳）と題された論文では、アンモナイトの初期進化における生息姿勢の変化が詳細にシミュレーションされている。それによると、棒状の螺環が徐々に巻いていく過程で、殻口の向きが下から上に変化し（アンモナイト自身の顔は下向きからほぼ横を向いたことになる）、体全体の重心の高さに近づき、これに伴って遊泳能力が向上したことが示されている。詳しくは第二章でも解説しているが、この遊泳能力の向上こそが、殻を巻いたアンモナイトが誕生したきっかけとなる重要な変化であったと考えられている。

ヴェスターマンの形態空間

マックスター大学（カナダ）のゲルド・ヴェスターマンは一九九六年に発表したアンモナイトの生態に関する総説において、ラウプモデル（詳しくはp.221）を応用して、アンモナイトの殻形態を三角形のダイアグラムとして表現した。三角形の各頂点に位置しているのは、①サーペンティコーン（蛇がトグロを巻いたようなゆる巻きの殻）、②スフェロコーン（螺環拡大率が小さく、殻が横に膨れた球状の殻）、③オキシコーン（螺環拡大率が大きく、臍が狭く、螺環が圧縮された円盤状の殻）である（○○コーンとはそれぞれの殻の形を指す名称で、「サーペンティ」は蛇を意味するサーペント、「スフェロ」は球を意味するスフィアが変形したもの、「オキシ」は尖ったということを意味する）。

そして、ヴェスターマンは各形に対応した生活スタイルを仮定した。オキシコーンは高速で泳ぐ遊泳性、スフェロコーンは浮遊性、サーペンティコーンは縦移動に適した浮遊性、などである。この仮説は、例えば、円盤状のオキシコーンは、海の流れが

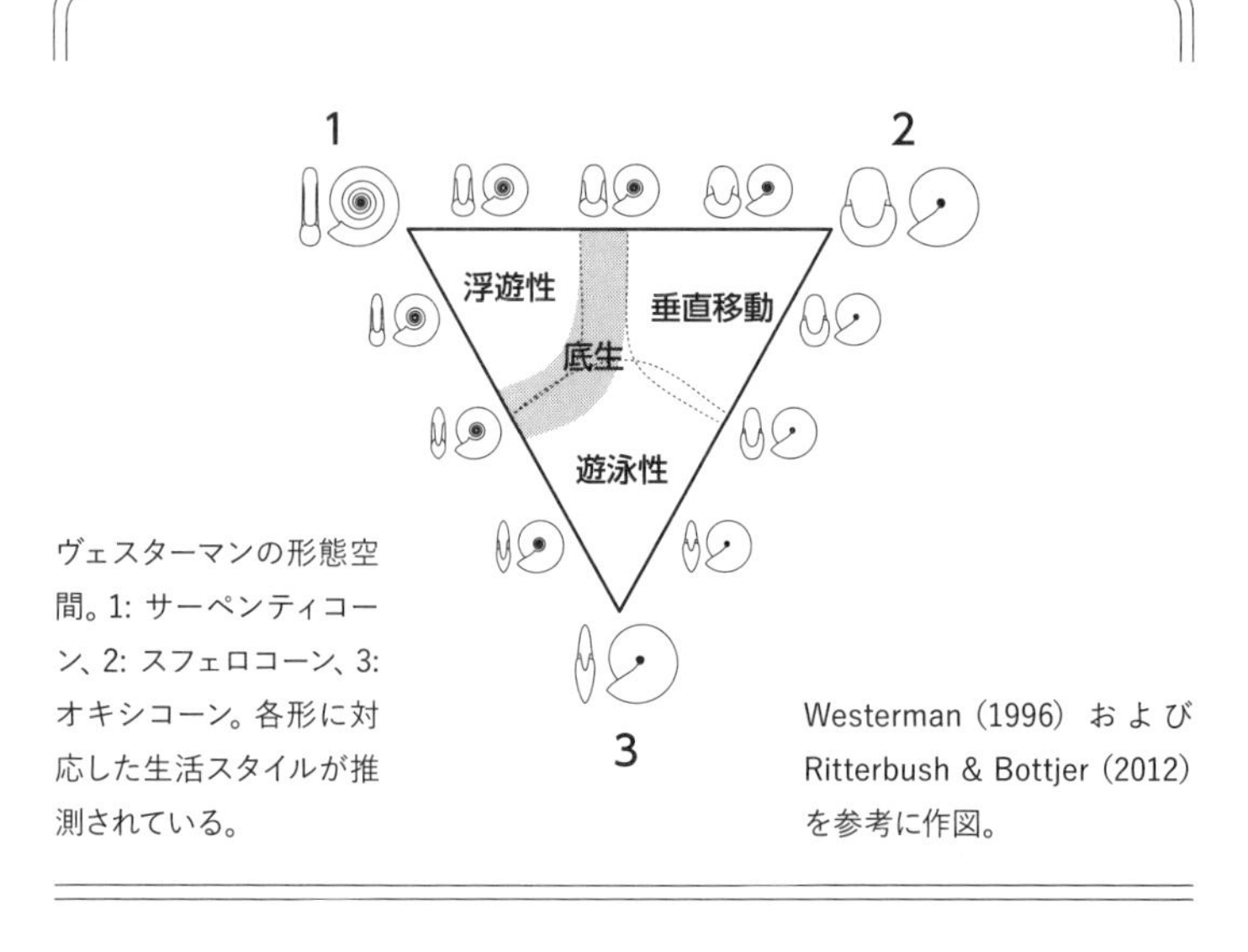

ヴェスターマンの形態空間。1: サーペンティコーン、2: スフェロコーン、3: オキシコーン。各形に対応した生活スタイルが推測されている。

Westerman (1996) および Ritterbush & Bottjer (2012) を参考に作図。

速い浅海域の地層から見つかる傾向があることが知られており（p.122参照）、模型による実験などから遊泳能力の高さが推測されているため、ある程度、経験的なデータに沿ったものである。一方で、スフェロコーンとサーペンティコーンについては、実質的にほとんど遊泳しないと仮定しているわけであるが、「速い速度では泳がないと推測される形＝まったく泳がずに浮遊していた」と一意的に定めてしまうことは、なかなか受け入れられないものである。〝泳ぎが得意でない〟とされる形の殻をもつアンモナイトが実際に泳がなかったかどうかは、他の何かしらの方法により検証されるべきであるが、絶滅したアンモナイトについてこれを明らかにすることは容易ではない。このように、検証を必要とする仮説ではあるものの、そのようなダイアグラムでアンモナイトの殻の形と生活スタイルの関係性を説明しようとしたものは、ほとんどこれがはじめてであり、その後の研究者にインスピレーションを与えたことは重要である。

「遊泳能力が高い」とは？‥アンモナイト・ロボが明らかにしたこと

アンモナイトの生息姿勢と遊泳能力は、計算や実験、シミュレーションなどから推測された。それらには合理的な推測も多かったが、それでも泳いでいるアンモナイトを実際に観察できない以上、どこか決め手に欠けるようなところがあった。これに一石を投じたのは、ユタ大学（アメリカ）のデイヴィッド・ピーターマンと共同研究者たちによるロボットを用いた一連の実験である。ここでは、彼らの研究の中でも、二〇二二年にキャスリン・リターブッシュと共に発表した二つの論文の内容を取り上げる。

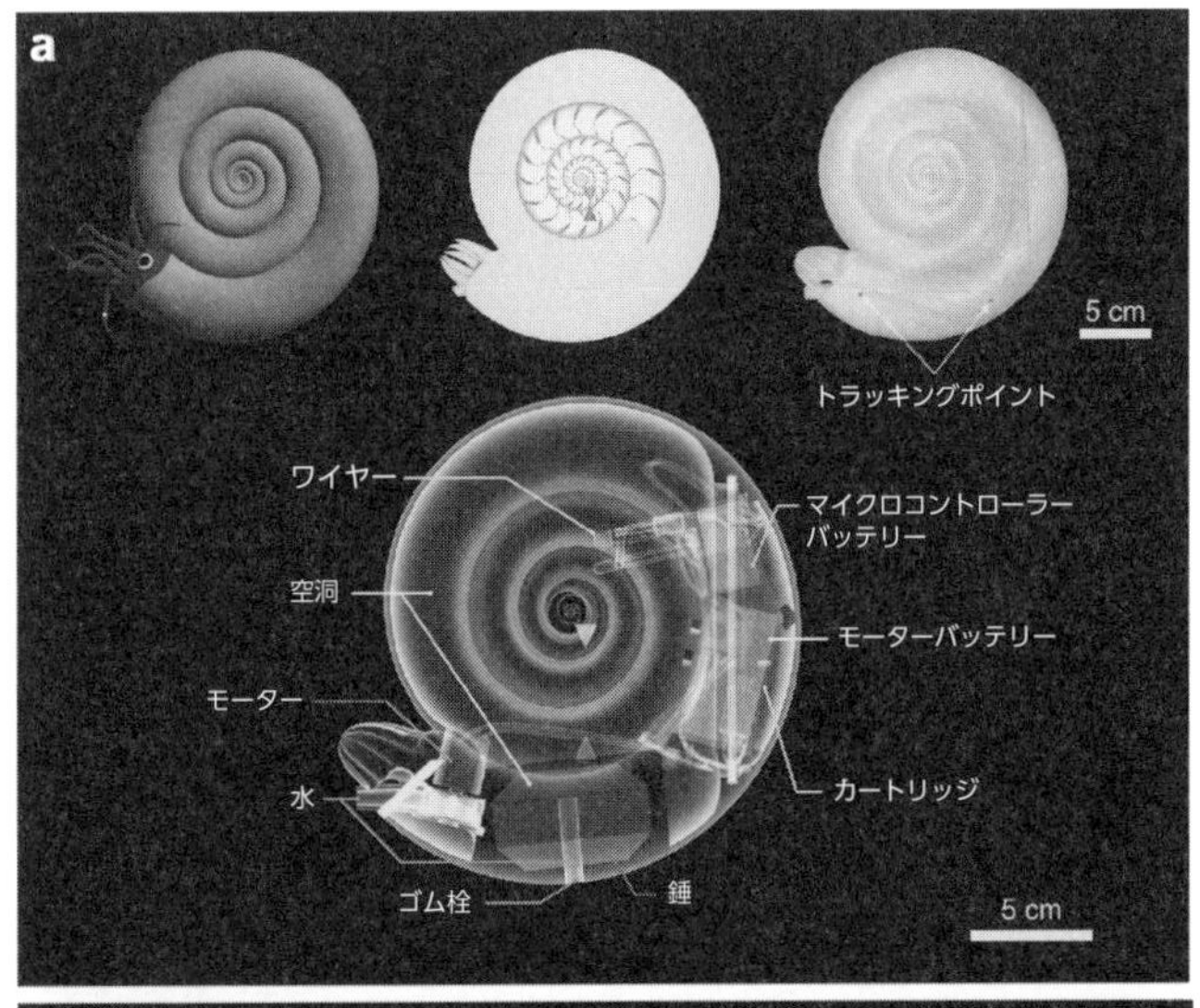

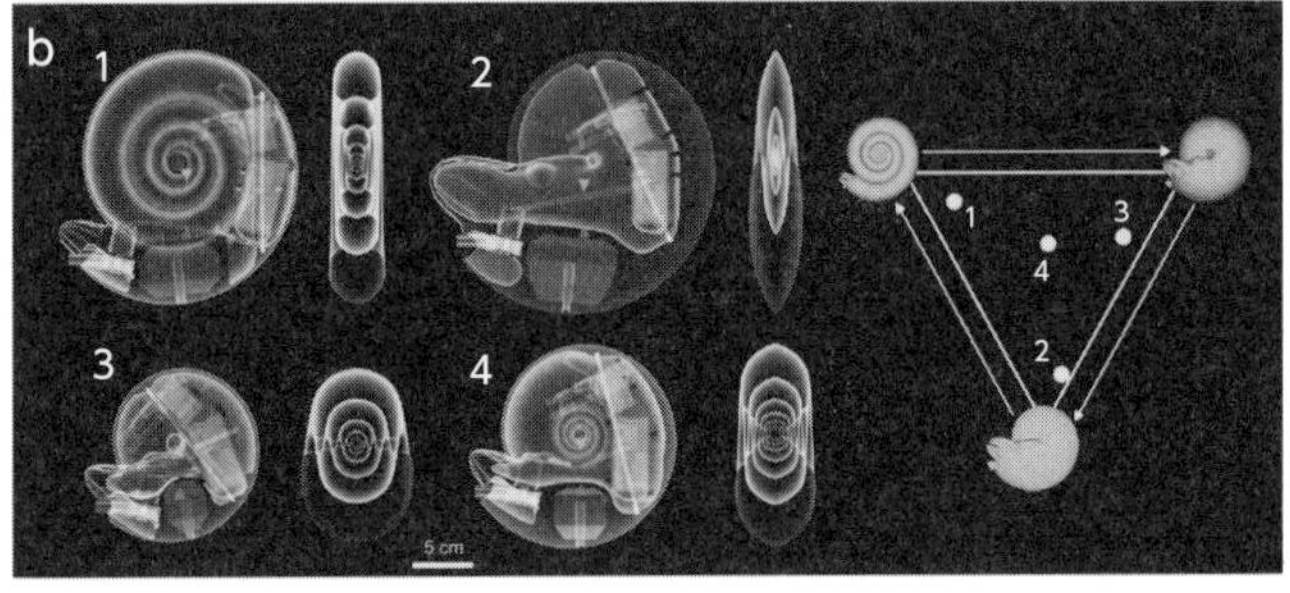

2022年に発表された、ピーターマンとリターブッシュの1つめの実験。a: 制作されたアンモナイト・ロボット。水を噴射して後方に推進する。b: 制作された4タイプの形態。1: サーペンティコーン、2: オキシコーン、3: スフェロコーン、4: 平均的な形態。Peterman & Ritterbush (2022a) を改作。

ピーターマンの研究手法は、３Ｄプリンターでアンモナイトの精巧な模型を作り、漏斗があったであろう場所に推進力を生み出す動力源をつけてロボットにし、それを実際に泳がせてセンサーによりその動きをデータ化し、遊泳挙動の特性を解析するというものである。彼らは、ヴェスターマンの形態空間において、三角形の頂点に位置する三種類の極端な形（巻きがゆるいサーペンティコーン、球状のスフェロコーン、円盤状のオキシコーン）、これらに加えて三角形の中央に位置するような〝平均的な〟形のロボットと、オウムガイのロボットの合計五種類を作り、それぞれを泳がせて、その遊泳特性を調べた。実質的に、ヴェスターマン仮説の検証実験である。現生オウムガイの実際の泳ぎ方を再現したロボットも作り、アンモナイトに応用している点がこれらの実験の信頼性を高めている。

まず、それぞれの形における最高速度と、停止するまでの時間が調べられた。その結果、もっとも速い速度で泳ぐと考えられていた円盤状のオキシコーンは、一回の噴射の後、なかなか減速せずにもっとも長い時間を泳いだ。また、二回、三回と続けて噴射をした場合は順調に速度を上げていくことがわかり、これはこれまでに推測されていたとおりの結果であった。円盤状の殻は流体力学的にもっとも抵抗が少なく、水の中を切るようにして高速で泳ぐわけである。蛇がトグロを巻いたようなサーペンティコーンは、噴射後にオキシコーンとほとんど同じ程度の最高速度に達した後、オキシコーンよりも比較的速やかに減速し、最終的には遅い速度ながらもオキシコーンに次いで長い時間泳いだ。二回、三回と続けて噴射をした場合は、ある一定以上のスピードは出さず、比較的安定した速度を保った。球状のスフェロコーンは、サーペンティコーンとオキシコーンに比べて最高速度は遅く、また遊泳も長続きしなかった。平均的な形の殻は、最高速度も遊泳持続時間も平均的なものであった。

続いて、殻を上から見た時に反時計回りになるように、噴射口を右向きに変えて噴射させ、殻の回転挙動、つまり方向転換性能が調べられた。その結果わかったのは、円盤状のオキシコーンとトグロ状のサーペンティコーンと比較して、球状のスフェロコーンの方がよく回転するということであった。オキシコーンとサーペンティコーンはほとんど回転ができなかった。また、平均的な形をしたものは、回転挙動も平均的な結果を示した。

さらに、巻きがゆるいサーペンティコーン、球状のスフェロコーン、円盤状のオキシコーンとオウムガイの四種類のロボットについて、噴射した際に生じる殻の振動の程度が計測された。その結果、オウムガイがもっとも安定した特性を示すことが明らかになった。魚やイカなど、より高速の、より優れた遊泳生物と比べてしまうと、殻を揺らしながら泳ぐオウムガイの姿はどうしても効率が悪いように思えてしまうが、体の外に殻をもつ外殻性の頭足類としては、これでも理にかなっているということになる。ちなみに、オウムガイに次いで安定感を示したのは円盤状のオキシコーンで、トグロ状のサーペンティコーンの揺れがもっとも激しかった。サーペンティコーンの住房はもっとも長く、一周前後であるために殻の重心と浮心の距離が近くなり、〝起き上がり小法師性能〟は弱いため、前後の安定感が低いのは納得の結果である。

これらの実験結果は、従来の考えの大部分を覆すものであった。「遊泳能力が高い」と評価されていた円盤状のオキシコーンは、確かに最高速度と持続力が高く、推測どおり活動的な遊泳者であることは間違いなさそうである。しかし、一方で、オキシコーンが左右に回転して方向転換をしようとした場合は、円盤状の形がむしろ大きな抵抗になってしまい、〝舵きり〟がうまくできないという欠点があることが浮き彫りになった。ヴェスターマンにより、遊泳能力がなく浮遊生活を送っていたと推測されていたトグロ状のサーペンティコーンは、速度が上がりすぎることなく、安定した速

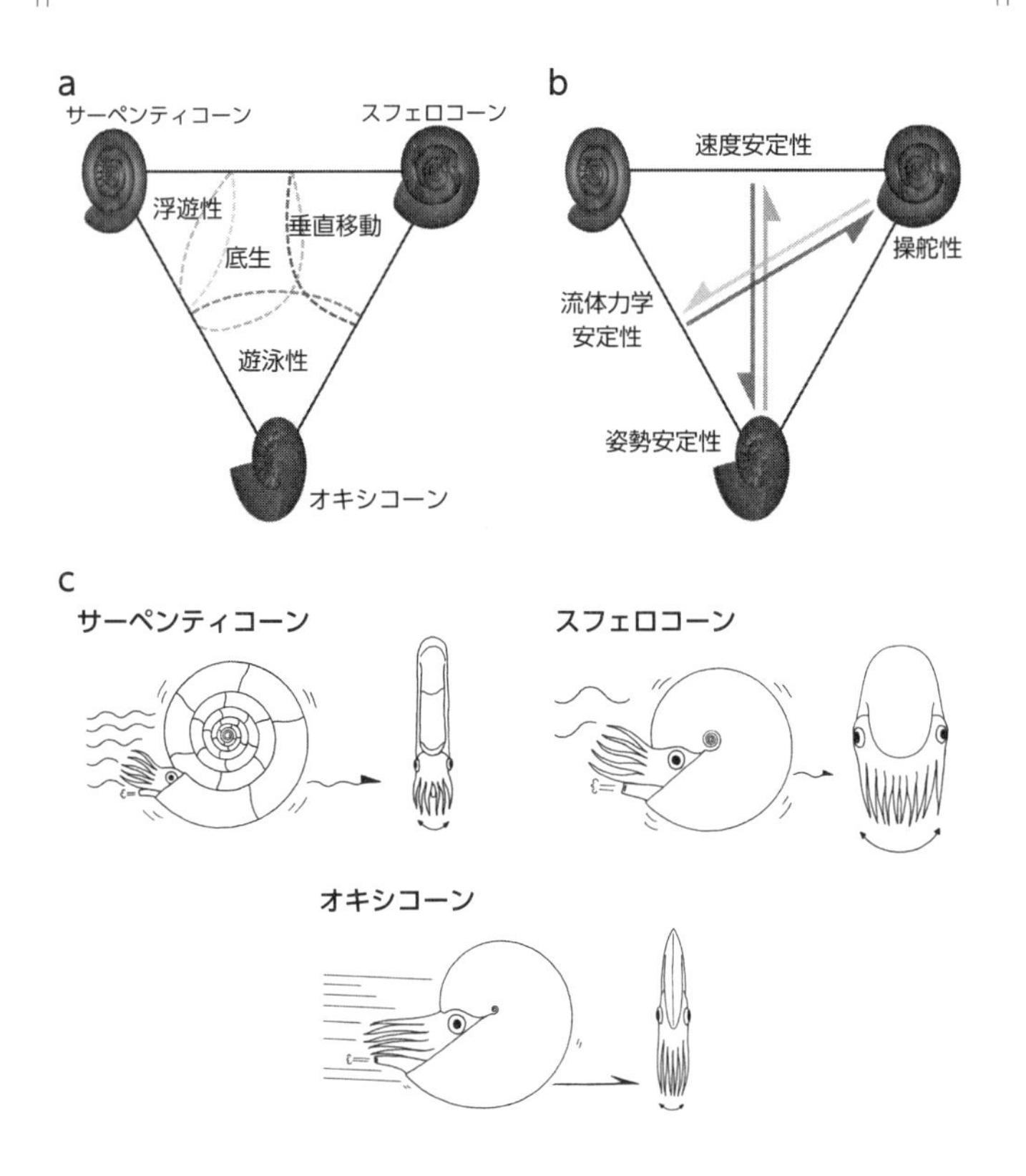

ピーターマンとリターブッシュによる2022年に発表された2つの実験の結果、再評価されたアンモナイトの殻形態と遊泳性能の関係性。a：ヴェスターマンによる歴史的な解釈。b：ピーターマンとリターブッシュによる新しい解釈。c：形態型ごとの遊泳のイメージ図。

度が持続するという特性があることがわかった。サーペンティコーンは、噴射反動による揺れが他の形に比べて大きい。このことは、動きに無駄があると評価することも可能であり、短所であるように思えてしまう。しかしながら、この体全体の揺れが良い働きをしていることがわかった。揺れが速度を打ち消すことで過剰に加速することを防ぎ、そこそこの速度を維持することに繋がっているようであった。やってみないとわからないものである。さらに、サーペンティコーンと同様に能力が低く、浮遊生活が推定されていた球状のスフェロコーンは、確かに水中での抵抗が大きいため、速度は出ず、持続力も小さいことがわかったが、〝舵きり性能〟という意外な長所があることが明らかになった。一方向へのスピードは出ないが、漏斗の向きを変えることで、三六〇度自由な方向に泳ぐことができるのである。また、平均的な形の殻は安定性と操縦性の両方で能力をもつ〝ジェネラリスト〟と言えるかもしれない。

この実験結果は、スピードはアンモナイトの遊泳パフォーマンスを測る唯一の指標ではなく、これ以外にも、速度の安定性や舵きり性能などの評価軸があることを示している。そして、泳ぎが苦手とされていたトグロ状のサーペンティコーンや球状のスフェロコーンが、これまでに評価されていなかった長所をもつことが明らかになり、これらの形が浮遊生活に限定するとは必ずしも言えないことがわかった。

　このことは、アンモナイトの進化史を通して、各時代に様々なタイプの形がほとんど常に存在していることをうまく説明している。つまり、もしもアンモナイトの〝成功〟に速く泳ぐことだけが重要なのだとしたら、高速で泳げるオキシコーン以外の形は淘汰され、どの系統でも最終的にオキシコーンばかりになるというようなことが生じてもおかしくない。しかし、実際にはそうではない。いつの時代でも、常に様々な形のアンモナイトが存在していたのは、速く泳ぐことに特化した形（オキシコーン）、様々な方向に自由に泳げる形（スフェロコーン）、そこそこの速さで安定して泳ぐことができる形（サーペンティコーン）それぞれに適応的な利点があったからと解釈できる。このように、ピーターマンとリターブッシュによるアンモナイト・ロボットの実験的研究は、遊泳能力という側面から、アンモナイトの形の多様性に理解をもたらした。

古生物の食性を知る方法

古生物図鑑の多くでは、ある古生物の生息時代や体長と並んで「食性」がなかば当たり前のように書かれているが、絶滅した古生物が食べていたものを知ることはそれほど簡単ではない。古生物の食性は、主に二つの側面から推測されている。

一つ目は歯や顎の形である。歯の形は常食していたものを食べるのに適した形をしていることが多いので、例えばナイフのように尖った歯をたくさんもつティラノサウルスは肉食、スプーン状の歯をもつディプロドクスは樹木の葉をむしり取って食べていたと推測されるわけだ。最近では、歯に付いた細かい傷や摩耗などからも分析されることもある。

二つ目は胃や腸などの消化管の内容物や糞などの排泄物である。カナダで見つかったティラノサウルスの糞（状況的にティラノサウルスのものと見てほぼ間違いないとされている）には、骨片が含まれており、このことからもティラノサウルスは他の脊椎動物を食べていた肉食性であったこと、しかも骨ごとバキバキと随分ワイルドに食べていたらしいことが裏付けられた。胃の内容物の化石に関しては、海棲爬虫類のモササウルスの肋骨の間、ちょうど胃にあたる場所に潜水鳥類のヘスペロルニスの骨化石や魚類の骨化石などが保存されているものが見つかり、モササウルスがこれらの生き物を食べていたことが判明した。消化管の内容物や糞は、その主が明らかであれば確実な証拠となるが、糞の場合は誰が出したものかを特定することは簡単ではないという問題があり、消化管の内容物にしてもそれが確実に胃の内容物であるか、死骸がたまたま一緒に化石になったものか、という慎重な検証が必要になる。植物食と思われていたハドロサウルス類の糞化石に甲殻類の殻が含まれていたことから、植物だけでなく甲殻類も食べていたことが判明した例もあるので、食性を知るには複合的な視点で眺める必要がありそうだ。

アンモナイトも、他の古生物と同じく、摂餌器官や消化管の内容物、糞などから、食べていたものが推定されている。

カラストンビからの推測

頭足類の口には、先端が鋭く尖った鳥のクチバシのような形をしたものがある。これはエビやカニの甲羅のように硬くて柔軟性のある素材でできており、「顎器(がくき)」と呼ばれる。また、その形から「カラストンビ」という愛称がある。顎器の奥には、大根おろしのように、細かい棘(とげ)状のものが並んだ舌のような形をした器官がある。これは「歯舌(しぜつ)」と呼ばれる器官で（p.26の図）、顎器で細かくしたものをさらに細かくすりおろすのに使われる。歯舌の化石は、アンモナイトでも見つかっている。ちなみに、現生頭足類の食道は輪っか状の脳の中心を通っているため、食道の太さには大きな制約があり、食べたものをかなり細かくしないと食道を通過させることができないのだ。

現生のイカやタコの多くは肉食であり、魚や甲殻類を食べる。以前、イカを解剖した時、外側から触ってもジャリジャリとした感触がわかるほどの、無数の細かくて硬いもので胃が満たされた個体があり、その胃をメスで開いてみると、それが細かく念入りに刻まれた甲殻類(おそらくエビ)の殻であることがわかった。コウモリダコやタコのなかまの一部は立派な顎器をもちながら、何かを噛み切ることにはほとんど使わず、小さなプランクトンを食べるようである。現生オウムガイは腐肉食者で、生きているものを襲って食べることはあまりなく、落ちていて食べられそうなものならなんでも食べるそうだ。オウムガイが餌を食べているところを、学生時代に三笠市立博物館で見たことがある。小魚を大事そうに抱えて、ムシャムシャとかなり長い時間をかけて食べていた。早食いの筆者は「オウムガイを見習わないとな」と反省した。

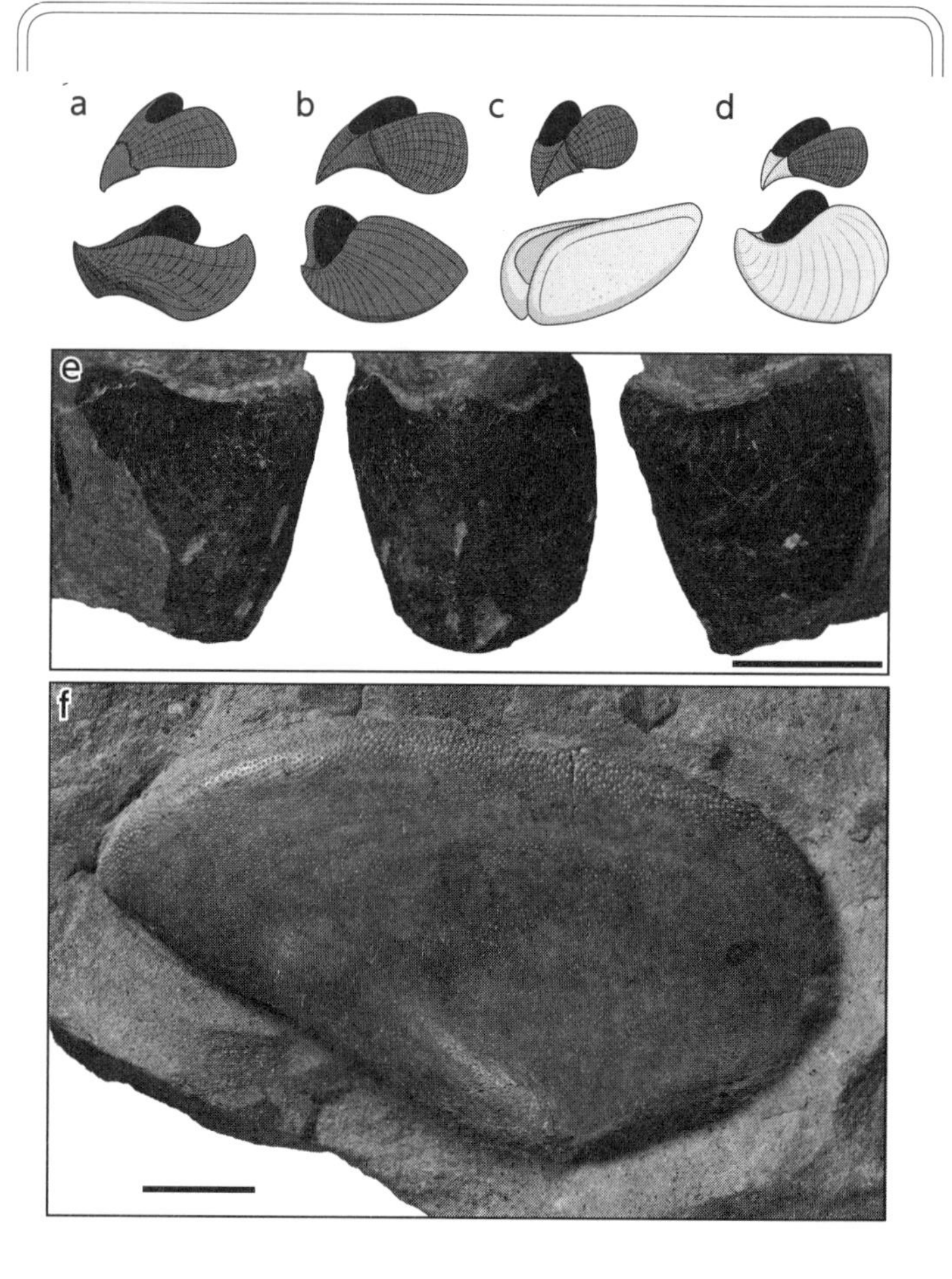

アンモナイトの顎器。a: ノーマルタイプ、b: アナプチクスタイプ、c: アプチクスタイプ、d: リンクアプチクスタイプ。Tanabe et al. (2015a) を参考に作図。e: ノーマルタイプの下顎化石。f: アプチクスタイプの下顎化石。スケールは1 cm。

アンモナイトも顎器をもっていて、基本的にはイカやタコ、オウムガイと非常によく似た形をしている。しかも、オウムガイと同様に外側が硬い石灰質（殻と同じ素材）で覆われており、かなりしっかりとしたつくりをしている種類もある。アンモナイトがこれらとよく似た形の顎器をもつという事実から単純に考えるなら、イカやタコのように何かしらの獲物を食べる肉食、もしくはオウムガイのような腐肉食者であると推測される。

しかし、アンモナイトの顎器のバリエーションは、イカ・タコ・オウムガイよりも豊富（p.26とp.156の図）で、中にはどう考えても何かを切り刻むのに適していないように見える顎器をもつものもいる。ジュラ紀のヒルドセラス科やハプロセラス科などがもっていた下の顎は、一緒に見つかる殻の大きさから考えると不釣り合いなほど大きい。丈夫な石灰質でできていて、まるで二枚貝のような形をしており、鋭利な先端がない。例えるなら、シャベルのような形である。白亜紀に繁栄した異常巻アンモナイトの一部も、これと少し似た平べったい下顎をもっている。このようなアプチクスタイプの顎器をもつアンモナイト類は、獲物を積極的に噛んだのではなく、海水中の微生物を吸い込んで食べる「濾過（ろか）食者」か、海底の泥をすくい、その中にある微小生物を食べていた「懸濁物食者（けんだくぶつしょくしゃ）」であると推測された。ちなみに、アプチクスタイプの顎器をもつアンモナイトについては、消化管の内容物の化石や糞化石も調べられており、それらもこの見解を裏付けている。

内臓に残されていたもの

アンモナイトの食性に関しては、ベルリン自由大学（ドイツ）のヘルムート・ケウプが網羅的に図示したものがある。また、特に消化管内容物の化石について、ルール大学（ドイツ）のルネ・ホフマンらが二〇二一年に詳しくまとめている。ここでは、彼らの報告を中心に紹介しようと思う。

アンモナイトの消化管内容物の化石は、ドイツのジュラ紀の地層から発見例が多く、貝形虫、有孔虫、浮遊性のウミユリ（サッココーマ）、切り刻まれたアンモナイトの顎器などが消化管があったと思われる場所から見つかっている。この産地は、ほとんど海水の流れがない静かなラグーンで地層ができたと考えられており、また彼ら自身の顎器が住房の外側に近い部分に残りながら、その奥に、バラバラになった顎器の破片が揃って保存されていたことから、これらが偶然流されてきたものではなく、消化管内に残っていた未消化の食べ物が一緒に化石になったものと考えられる。ここに微小な貝形虫や有孔虫、浮遊性ウミユリなどが含まれていたことは、捕食者であるアンモナイトの顎器の形から推定された「濾過食者もしくは懸濁物食者である」という見解と矛盾していない。レバノンで産出された蚊取り線香のような形をした白亜紀の異常巻アンモナイト、アロクリオセラスからも、同様に浮遊性のウミユリや貝形虫などが胃の内容物として発見されている。また、アンモナイトがアンモナイトを食べていたケースでは、食べた側と食べられた側が同種のものもある。時に共食いをしていたというのは少し驚きだが、イカなどでも共食いをすることが知られているので、そう考えればそれほど不思議なことではないかもしれない。しかし、切り刻むことに適していない顎器をもちながら、切り刻まれた小さなアンモナイトの顎器が消化管内容物として見つかることはやはり不思議である。シャベル状の顎器でも多少は獲物を切り刻む能力があったのか、別の方法で獲物を細かくしていたのか、それはよくわからない。

アメリカの白亜紀の地層から見つかる棒状の異常巻アンモナイト、バキュリテスに

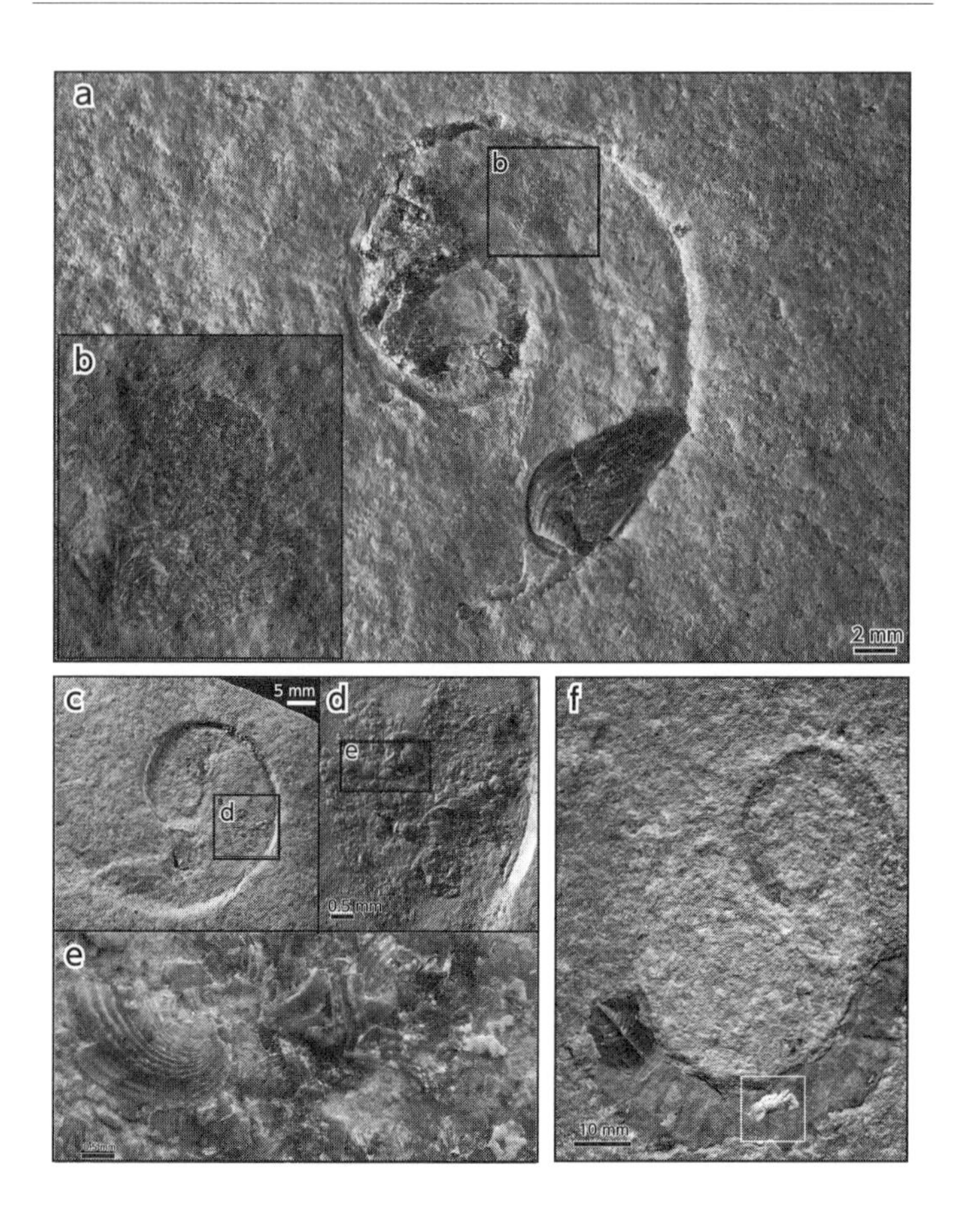

アンモナイトの消化管内容物の化石。a–b: 浮遊性ウミユリ(サッココーマ)の破片(ドイツ産;ジュラ紀)。c–e: アンモナイトの顎器の破片(ドイツ産;ジュラ紀)。f: 貝形虫?の破片(レバノン産;白亜紀)。 Hoffmann et al. (2021c) より転載。

ついては、国立自然史博物館（フランス）のイザベラ・クルタらが、高性能のＣＴで顎器の奥（早い話が口の中）を調べ、歯舌とともに保存された小型の甲殻類や浮遊性の微小巻貝などを発見している。バキュリテスも、切り刻むことにはあまり適していないシャベル状に近い形の顎器をもっており、この結果と整合的である。このように、シャベル状の顎器をもつ一部のアンモナイト類が微小なプランクトンを食べるような食性であったことは、アンモナイトの消化管内容物からほとんど確実視されている。

一方で、イカ・タコ・オウムガイのような鋭く尖った顎器をもつ、肉食性もしくは腐肉食性が推測されている種類については、なぜかまだ消化管内容物の報告がない。このようなタイプの顎器をもつアンモナイトが何を食べていたのかは謎に包まれている。

アンモナイトの糞化石？

ドイツのジュラ紀の地層からは、細い紐状のものが塊のようにまとまった「ランブリカリア」と呼ばれる糞化石が古くから知られている。これの正体については長年様々な意見があったが、一九七〇年代以降は「アンモナイトの糞」と見なす見解が主

アンモナイトの糞の可能性がある生痕化石
ランブリカリア。スケールは1cm。

流である。もっとも最近検討された、エクイナー社（ノルウェー）のディルク・クナウストとホフマンによる二〇二一年の論文には、鳥羽水族館で飼育されているオウムガイの糞の写真が掲載されており、これがランブリカリアの形状と非常によく似ていることが説明されている。その地層からは、オウムガイの化石はほとんど見つからず、代わりにアンモナイトの化石が豊富に見つかる。さらに、ランブリカリアには、アンモナイトの消化管の内容物としても保存される浮遊性のウミユリ、サッココーマが多く含まれている。

このように、糞化石からも、アンモナイトが浮遊性ウミユリ、サッココーマを食べていたことが裏付けられている。科学に「諸説あり」は付きものだが、こうした状況証拠からは、ランブリカリアをアンモナイトの糞化石と見ることは妥当のように思える。

頭足類の産卵様式

アンモナイトの卵や産卵様式に関する直接的な証拠は少ない。アンモナイトのことを考える前に、まずは現生の頭足類がどのような卵を産むのかを確認しておきたい。

イカ類では、スルメイカのような沖合棲の種類は、数万〜数十万個もの卵を含む直径五〇センチメートルを超す巨大なゼリー状の卵塊を海中に産む。一方、沿岸部に生息するアオリイカなどは、数百〜数千個の卵を含むサヤエンドウのような形をした卵塊を浅海の藻類などに産みつける。こうしたイカ類は、卵を産んだ後すぐに死んでしまうため、卵の世話をすることはない。タコ類のマダコは、一度に約十万個もの卵を含む卵塊を岩などに産みつけ、孵化するまで、その卵を守ることが知られている。〝ゆりかご〟となる殻を作るタコ類のアオイガイの雌は、その殻の中に卵を産み、孵化するまで育てながら海中を漂う。オウムガイは、三〜五センチメートルほどの大きくて硬い卵を岩などの基質に産みつける。卵を産むのは一つずつで、一生に産む数も多くて数十個程度である。オウムガイの卵は産みつけられてから孵化するまで数カ月もかかるが、親は子の世話をしない。

このように、現生頭足類の卵や産卵様式は実に様々である。アンモナイトの卵の確実な化石は見つかっていないが、以下で例に挙げるように、卵の可能性がある化石や、そのものではなくとも、卵の特徴や産卵様式を推測できる化石が見つかっている。

卵の化石？

イギリス・ドーセット海岸のジュラ紀上部の地層から、アンモナイトの卵塊と思われる化石が複数発見されており、イギリスの化石コレクター・プレパレーターのスティーブ・エッチェスらにより二〇〇九年に報告されている。卵は球形に近いものや、やや細長いものなどがあり、粒の大きさは一〜三・五ミリメートルほどで、現在までに考えられているアンモナイトの孵化サイズと同じかやや大きい。卵の表面には細かいブツブツのテクスチャーがある。

ただし、卵と思われる化石の内部には、残念ながら孵化前のアンモナイトの殻（胚殻）の痕跡は残っていなかった。そのため、これらがアンモナイトの卵であると言いきることはできない。中に胚が保存されていないことについて著者らは、これらの卵が発生の超初期段階のものだったか、一部の卵は不定形であることや断面が現れていることから、すでに孵化した後の抜け殻である可能性があるとしている。また、アンモナイトの住房の中や横で保存されていたものもあり、可能性の一つとして、海底に転がっているアンモナイトの殻に他のアンモナイトが卵を産みつけたことなども想定している。実際に、現在生きているタコには、巻貝の中に卵を産みつける場合があることが知られている。著者らは、これらの卵塊がアンモナイトのものだとしたら、水中に浮いていたのではなく、沿岸性のイカの卵のように、藻類などの基質に付着していた可能性を示している。

胚殻・幼殻の密集化石

一方で、オハイオ大学（アメリカ）のロイヤル・メイプスとミュンヘン古生物博物館（ドイツ）のアレキサンダー・ニュッツェルは、アメリカ・アーカンソー州の古生代石炭紀の地層中に保存される、孵化前・孵化直後の微小なアンモナイトや棒状の殻をもつバクトリテス類の化石を二〇〇九年に報告し、これらの頭足類が浮遊性の卵塊を水中に産んだ可能性を指摘している。この地層は、三葉虫や腕足類などが出現しないことや、化石が黄鉄鉱化・リン酸塩化していること、地層に生物擾乱が見られないことなどから、底生生物の存在しない、沖合の酸素欠乏環境下でできた地層であると考えられる。底生生物がまったく含まれない一方で、浮遊性と考えられている微小巻貝の幼生に混ざって、微小な孵化前・孵化直後のアンモナイトやバクトリテス類が含まれていることは確かに不自然であり、これらが底生生活を送っていたとは考えにくい。しかも、アンモナイトには顎器が保存されたものも含まれ、死後に長距離を移動した可能性も低い。これらのことを踏まえると、この地層で見つかる孵化前・孵化直後のアンモナイト（とバクトリテス類）の幼殻が微小巻貝とともに海中で浮遊していたという著者らの推測には一定の説得力がある。

　卵から孵化する前のアンモナイトの胚殻が密集した化石がアメリカ・カンザス州の古生代石炭紀の地層から発見され、棚部一成らにより一九九三年に報告されている。コンクリーション内に夥しい数のゴニアタイト類アンモナイトの殻が層状に保存され、わずかに二枚貝類、巻貝類、腕足類などを伴っている。アンモナイトの殻は孵化前の

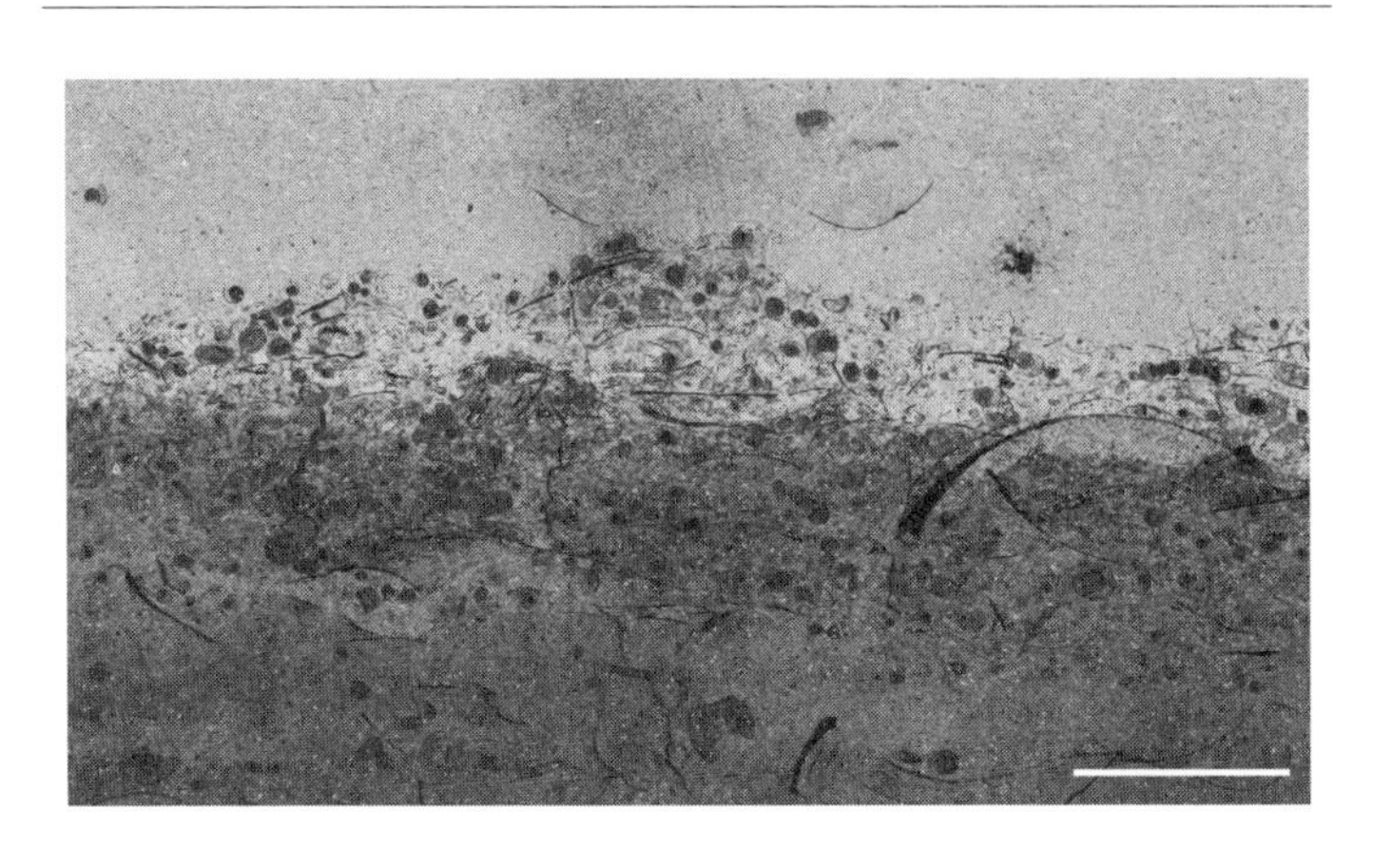

アンモナイトの胚殻の密集産状。スケールは1 cm。
Tanabe et al. (1993) で報告された標本。東京大学総合研究博物館所蔵。

個体がほとんどで、孵化後のものは少ない。孵化前のアンモナイトが密集したこの化石産状は、現生オウムガイよりもむしろイカやタコのものとよく似ており、アンモナイトも、イカやタコのように小さな卵を大量に含む卵塊を産んでいた可能性を示すものであると考えられた。アンモナイトの繁殖戦略を示す数少ない証拠の一つである。

ロシアのジュラ紀の地層からは、おとなのアンモナイトの住房付近を中心として同種の孵化前の個体が多数密集したものが二〇一六年に報告されている。この化石の興味深いところは、孵化前の殻と顎器が揃って保存されていることである。

孵化前に顎器も形成されていたということや、これらの化石が流れてきたものではなさそうであるということがわかる。論文の著者であるロシア科学アカデミーのアレキサンダー・ミロネンコとミハエル・ロゴブは、この化石を、親が孵化前の卵を抱卵し、体内で育てていたものであると解釈している。同様の生態は一部の現生タコなどでも知られている。しかし、この産状は、アンモナイトが海底に横たわった死んだアンモナイトの殻に卵を産みつけたものである可能性も否定できず、生きた親が卵を抱えていた生態を示すものと断言するには、やや状況証拠が不十分のようにも思える。

アンモナイトは誰に食べられた?

他の生き物の胃の内容物を調べることで、アンモナイトが誰に食べられたのかを知ることができる場合がある。ルネ・ホフマンらは、胃の内容物として頭足類の化石が発見されたこれまでの事例を二〇二〇年にまとめている。これによると、アンモナイトを確実に食べたのは、コウモリダコ類、ベレムナイト類、アンモナイト、魚類である。海棲爬虫類においてもいくつかの報告があるが、いずれも疑わしい点があるということでリストからは除外されている。

アンモナイトの化石には、殻が壊れているものがある。殻が壊れた理由は様々考えられ、第五章でも詳しく解説するが、アンモナイトが死んでから地層に埋まる前に海表面を漂流したり、海底流により砂泥とともに流されて様々な障害物に衝突したり、地層に埋まった後に地層の圧力を受けて殻が壊れたりした可能性が挙げられる。しかし、中には殻の大部分は無傷で、殻口の縁も欠けずによく保存されているにもかかわらず、住房の一部分の腹側のみが不自然な欠け方をしている化石が見つかる場合がある。ユトレヒト大学（オランダ）のアディエル・クロンプメーカーらは、このような破損がある世界各地のアンモナイト化石を二〇〇九年に詳しく研究し、これらは化石化過程で生じた無機的な原因によるものではなく、アンモナイトが生きているうちに、より機動力の高い、イカに似た頭足類（おそらくコウモリダコ

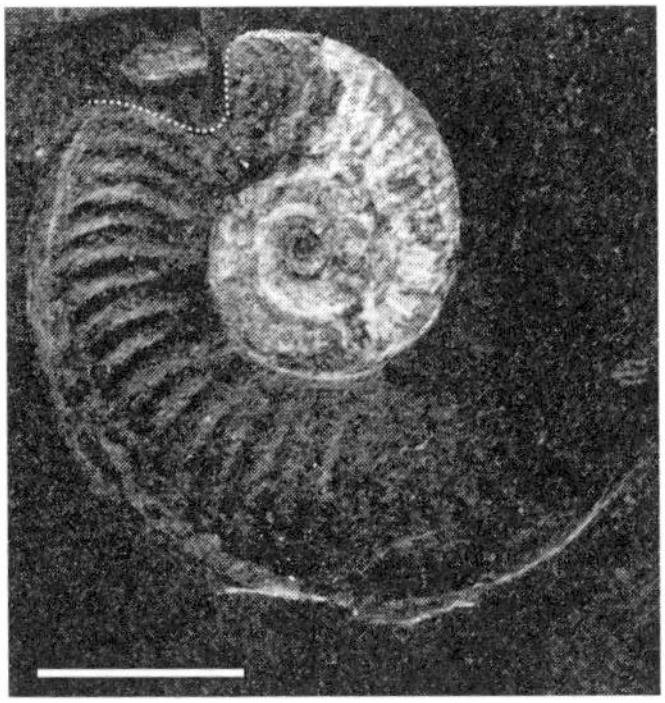

殻に捕食痕と思われる欠損のあるアンモナイト。スケールは1cm。

類）が背後から攻撃し、捕食した痕跡であると解釈した。

死角になる背後から狙われた──いやいやそんな都合の良い解釈を……と思われるかもしれないが、現生のイカは実際にそういう器用なことをするのである。北海道大学の櫻井泰憲による『イカの不思議　季節の旅人・スルメイカ』（北海道新聞社、二〇一五年）には、スルメイカが食べたイワシの写真が掲載されているが、そのイワシは後頭部が綺麗に三角形に切り取られている。頭足類は、海洋無脊椎生物の中でもっとも賢いといわれており、そのくらいの知能はあるのである。

モササウルス冤罪説

筆者が以前勤めていた三笠市立博物館の建物の屋上には、アンモナイトを咥えた巨大な海棲爬虫類モササウルスのオブジェがある。このオブジェに雪が積もると、雪の重みでオブジェが傷んでしまうので、オブジェから定期的に雪を下ろして、〝絶滅しないように〟ケアしてあげるのが、冬季の担当業務のようになっていた。それはそれとして、このオブジェは、実際に発見されたある化石が根拠となっている。アメリカやカナダで見つかる大型の白亜紀アンモナイト類プラセンチセラスの化石には、殻に複数の穴が空けられていることがあり、中には穴がV字に並び、モササウルスの歯並びを思わせるようなものもある。スミソニアン博物館（アメリカ）のアール・カウフマンとミシガン大学（アメリカ）のロバート・ケスリングは、これをモササウルスが噛んだ痕跡であると考え、一九六〇年に報告した。

しかしながら、一九九四年に国立科学博物館の加瀬友喜らにより、北海道とロシアから産出した大型の白亜紀アンモナイト類パキディスカスとプゾシアの殻に見られる同様の穴や凹みの特徴が詳しく調べられると、穴の縁には独特な段差があり、現生種も知られている巻貝類の一種カサガイ類の付着痕によく似ていること、一部の穴はアンモナイト自身によって裏側から補修されていることが確認され、この穴はカサガイ類により空けられたものであると結論づけられた。さらに、

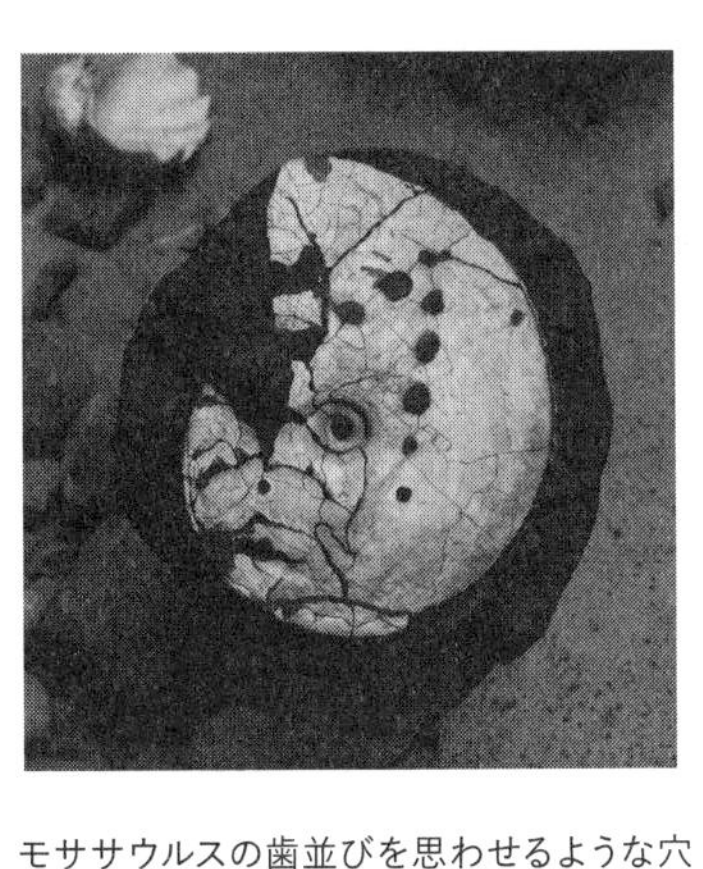

モササウルスの歯並びを思わせるような穴が空いたアンモナイト（複製）。アータール恐竜博物館（スイス）所蔵。スケールは1cm。

一九九八年には、加瀬らはカウフマンとケスリングがモササウルスの噛み跡であると主張した化石と同じ産地のプランセンチセラスについても穴の特徴を観察し、段差状の構造に加えて、現生のカサガイ類が付着する際に残す微細な傷も確認した。さらに、モササウルス・ロボットで現生オウムガイの殻を噛ませる実験を行い、プランセンチセラスの殻に見られるような綺麗な円形の破損にはならないことを示した。

このような経緯で、大型のアンモナイトに空けられた穴はモササウルスによるものではなくカサガイ類の仕業であると再解釈されるようになったのである。しかし、この論争は多くの研究者の興味を惹くようで、その後も検討が続けられ、モササウルス説、カサガイ説、両方の主張を支持するような見解が報告されている。

第五章

アンモナイトのタフォノミー

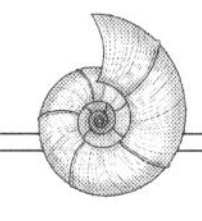

化石とは、大昔の生き物の体そのものや行動の痕跡が地層の中に残り、現代まで保存されたものと定義されている。ここまでは、絶滅生物ながら生き生きとした姿を探るべくアンモナイトを眺めてきたが、忘れてはいけないのは、アンモナイトの化石は少なくとも六六〇〇万年以上も前のある日に死に、それから長い時間を経て私たち人間に発見されたものであるということである。

アンモナイトの生息域やその生態について考察した研究のうち、シミュレーションなどではなく実際に化石の見つかった場所などを解析したものでは、彼らが果たして化石の見つかったその場所で生き、そして死んだのか、ということがほぼ必ず検討されている。死んだ瞬間は実際に見ていなくとも、化石の状態、特にアンモナイトの場合は殻の壊れ具合などを調べ、そして時にそれをオウムガイと比較することから、死んでから化石になるまでの過程を推測する試みがある。このように、化石生物の死後を考える学問を「タフォノミー」という。タフォノミーは、アンモナイトがどのように生きていたのかを明らかにするための第一歩である。

タフォノミー：死んでから化石になるまで

一億年前の地層を掘っていたら、アンモナイトの化石が一つ見つかった。なるほど、このアンモナイトは、一億年前にそこに棲んでいたのですね……ちょっと待ってほしい。果たして、それは本当だろうか？　もともとその場所で生きていて、死んで化石として発見されることはもちろんある。しかし、場合によっては、そこに棲んでいなかったのに化石として見つかる、ということもあり得る。例えば、もともと別の場所に棲んでいたアンモナイトが死んだ後、殻が海流に乗り、生息域から程遠い海底に沈み、化石になったかもしれないのだ。現在生きているオウムガイでは、実際にそれが起きることが知られている。フィリピンのあたりに棲んでいたオウムガイの殻が「ドンブラコ、ドンブラコ」と海を漂流して、日本の海岸に流れ着くことがごく稀にある。現生オウムガイの場合は野生個体の生息域がおおよそわかっているので、生息域から遠く離れた海岸でボロボロになった殻だけが見つかった場合、死んだ後に流れてきたものであると推測できる。しかし、アンモナイトの場合は別で、彼らが海中を泳いでいた姿も、死んだ瞬間も私たちは実際に見たわけではないので、アンモナイトの化石が見つかったとして、その個体がそこでもともと生きていたとは断言できない。

筆者は研究をはじめるまで、アンモナイトの死後から化石として発見されるその過程のことなど考えたことはなかったし、ましてやそんな研究分野があることすら知らなかった。タフォノミーはまさに「化石とは何か」に迫る学問であり、化石から生きた姿を復元しようとする古生物学の醍醐味である。ここからは、北海道で見つかる白亜紀のアンモナイトたちは死後にどのような運命を辿って化石になったのか、というトピックを中心として、アンモナイトのタフォノミー研究事例を紹介していこう。

蝦夷層群の化石産状

北海道には蝦夷層群と呼ばれる、中生代白亜紀の海底で作られた地層が分布していて、その地層からは様々な種類のアンモナイト化石が見つかっている。蝦夷層群におけるアンモナイト化石の産状は様々で、地層に化石が直接埋まっている場合や、地層の中に「コンクリーション」と呼ばれる硬い岩石の塊があり、その中に化石が入って

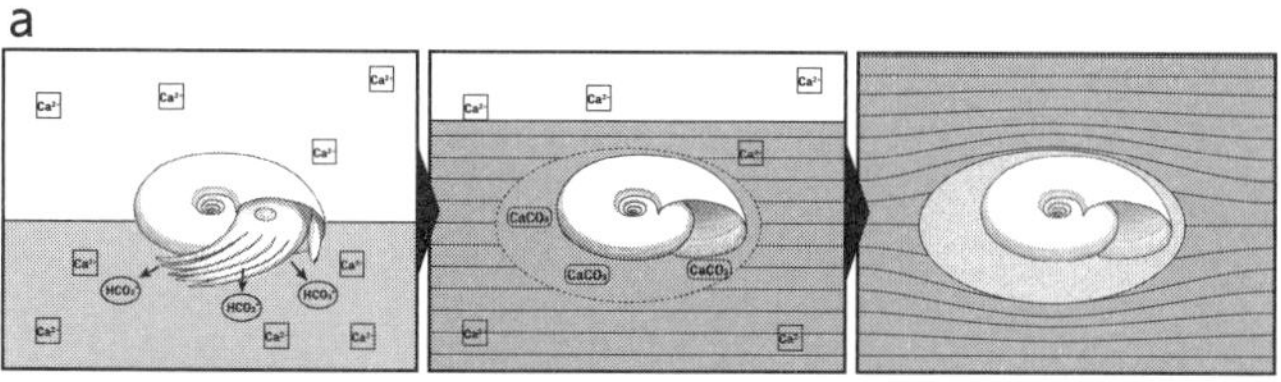

コンクリーションができるメカニズムとコンクリーション中に保存されたアンモナイトの例。a: アンモナイトを核としてコンクリーションができる仕組み。三笠市立博物館展示パネルなどを参考に作図。b: コンクリーション中に三次元的に保存された蝦夷層群のアンモナイト化石。スケールは5cm。村宮悠介氏提供。

いる場合もある。コンクリーションはまさにコンクリートのようにカチカチの岩石で、団塊を意味する「ノジュール」と呼ばれることもある。地層中に直接含まれている化石は、それほど保存状態が良くなく、殻が潰れていたり、成長初期段階の殻が残っていなかったり、小さな個体はあまり見つからなかったりすることが多い。しかし、コンクリーション中の化石の保存状態は極めて良く、殻が潰れることなく三次元的な形を保ち、炭酸カルシウムの殻は生きていた当時のまま、美しい真珠光沢を示すものもある。また、殻の中央部分には、孵化前に作った厚さ〇・一ミリメートルにも満たない薄い殻までが完全に残っているものもある。コンクリーションの大きさよりも少し小さい個体が一つだけ入っている場合や、様々な種類が密集して入っている場合などがある。

コンクリーションができるメカニズムは、名古屋大学の吉田英一らの研究によりわかってきている。化学的な話をすると少し難しくなってしまうので簡単に説明すると、死んだ生き物が腐っていく過程で、死骸から広がる炭素由来の成分と地層に含まれる海水中のカルシウム成分が化学反応を起こし、死骸を中心に周りの泥粒（もしくは砂粒）を固めてしまうのである。周囲を硬い岩石が覆うことになるので、死骸が地層の圧などに負けて潰れたりせずに立体的な形を保ったまま保存され、化石になる。北海道で野外調査を行うと、このコンクリーションが度々見つかる。ハンマーを当てて割ってみると、中から一億年前のものとは思えないほど綺麗なアンモナイトが顔を出す。それはまるでタイムカプセルを開いたような感覚だ。北海道のアンモナイト化石の保存状態は、世界的に見ても極めて良い部類である。

死んだアンモナイトは浮くか、沈むか？

海の中に棲んでいた絶滅生物の生息域を化石から復元しようと思った時、海底で生活していた底生の生き物（巻貝、二枚貝、ウニ、ヒトデ、多くの甲殻類など）と、海中を泳いだり漂ったりしていた遊泳性・浮遊性の生き物（魚類や爬虫類、哺乳類などの脊椎動物、頭足類、クラゲなど）では、その難易度がまったく異なる。例えば、底生の二枚貝なら左右の殻が合わさった状態で化石になっているか、どのような向きで地層の中に化石が保存されているかなどをきちんと観察すれば、その個体が以前からそこに棲んでいたのかどうかを判断することができる。もともと生きていた場所から死骸がまったく動かされずに化石化したものを「原地性の化石」という。一方で、遊泳性・浮遊性の場合は話が別である。化石として発見されるこれらの生き物は、水中で死んでからその死骸が海底に沈み、完全に分解される前に地層に埋もれて保存されたものである。したがって、生きていた場所から〝まったく動かずに〟化石になることはあり得ない。もともと生きていた場所から死骸が動かされた後に化石化したものを「異地性の化石」という。

　これを前提として、遊泳性・浮遊性の生き物の生息域を明らかにしようとした時に重要になってくるのは、死んでから海底に埋まるまでがどれだけ短期間だったのか

（正確には、時間の問題よりも化石になるまでに経たプロセスの数がどれだけ少ないか）ということである。例えば、「A 死殻が、その直下の海底にすぐに沈んだのか」、「B 死殻が、一度海面まで浮かんで、それから海を漂った後、海底に沈んだのか」の二パターンのどちらだったのかにより、生息域を復元できるかどうかが異なる。パターンAであれば、底生生物のように厳密な意味で生きていたその場で、とまでは言えなくても、おおよそ化石が見つかった場所の付近で生きていたと考えて良さそうである。しかし、パターンBの場合は生息域を辿るのはほとんど絶望的である。

アンモナイトの場合は特に厄介で、パターンBが容易に想定できてしまう。アンモナイトの殻には気体が詰まっていて、浮力器官の役割があり、軟体部の重さとうまくバランスを取って海中に浮かんでいたと考えられる。そんなアンモナイトが死に、軟体部が腐って殻だけになった時、海水よりも軽い殻がぷかーっと海面まで浮かんでしまったことは想像に難しくないはずだ。実際に、現生オウムガイの殻がフィリピンの浜に大量に打ち上げられていることが確認されているが、これらは死殻が海面に浮かび、漂流して陸地に流れ着いたものである。このうちの一つを拾い、この個体がもともと生きていた場所を座標レベルで厳密に言い当てろというのは無茶な話である。

では、アンモナイトの化石は、もれなく一度海面まで浮かび、その後沈んで化石になったものなのだろうか。この問いについて検討された京都大学の前田晴良とイェール大学（アメリカ）のアドルフ・ザイラッハーによる一九九六年の報告と、前田晴良による一九九九年の報告を解説していきたい。蝦夷層群のコンクリーションに含まれるアンモナイトの保存状態は、種類により様々である。例えば、ゴードリセラスは、欠けている部分があまりなく、住房も綺麗に残っているものが多い。殻化石を研磨して断面を調べると、気室に泥が侵入しておらず、もともと空洞だった部分を二次的な鉱物（カルサイトという結晶）が埋めていて、全体的に保存状態がとても良い。一方で、ネオフィロセラスという種類では住房の大部分を失っているものが多く、よく見ると殻表面には小さな穴が空き、断面から観察すると気室部分に泥が侵入して、空洞だった空間を埋めている。このように、同じ岩石の中に異なる保存状態の化石が混在していることがある。アンモナイトの種類ごとの形の違いによる壊れやすさなどが多少あったとしても、同じ場所に棲んでいて、それらが同じ環境下で化石になったなら、ここまで保存状態に差が出るのは不自然な話である。

前田によると、これらは死後異なるプロセス（つまり、先ほどのパターンAとパ

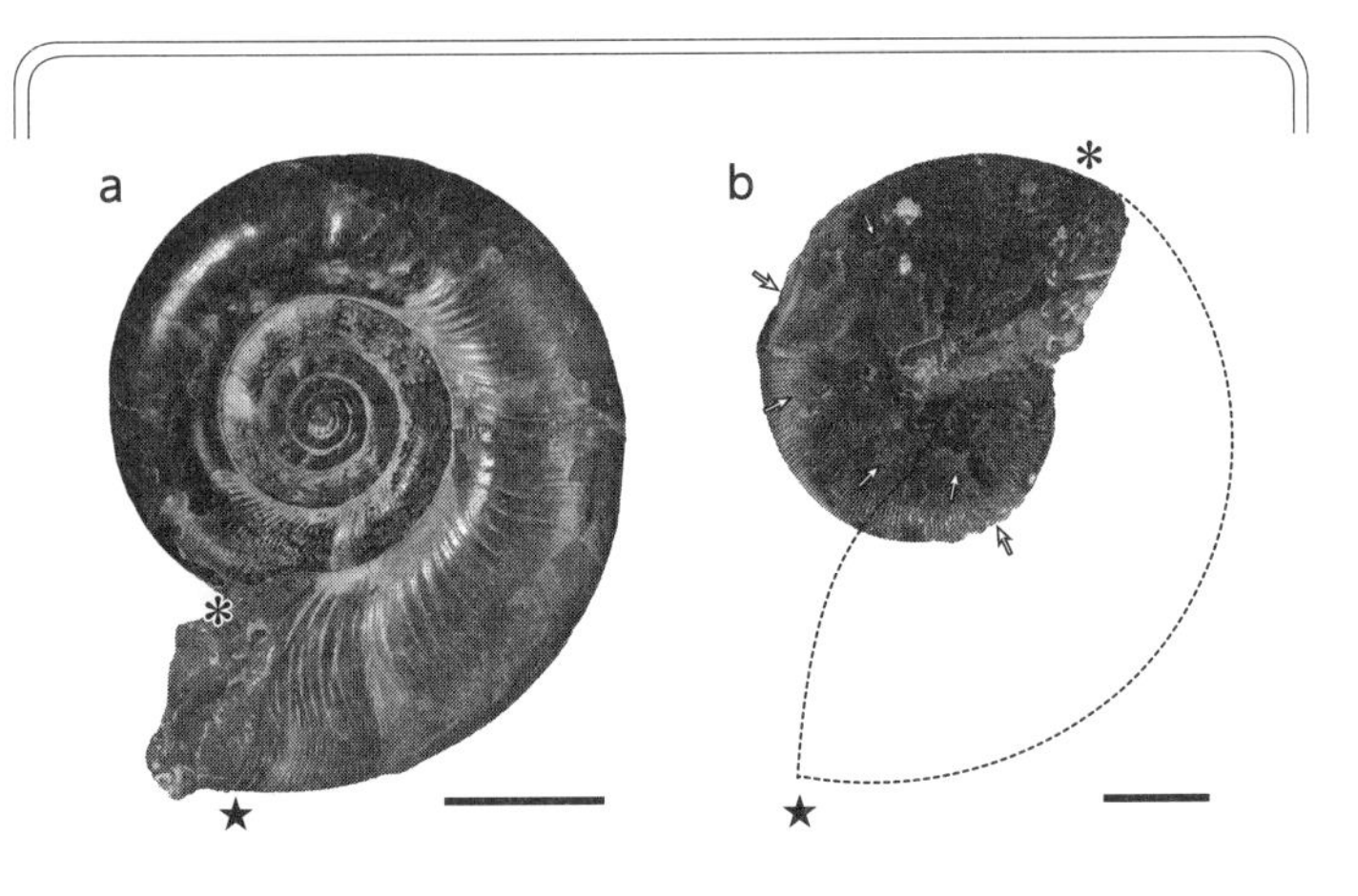

ゴードリセラス(a)とネオフィロセラス(b)の保存状態の違い。点線部分は生息当時の住房(長さは推定)、↑：破損、＊：最終隔壁、★：殻口。スケールは1cm。

ターンB）を経て化石になったことが想定できるという。つまり、ゴードリセラスは死後速やかに沈み、ネオフィロセラスは死後一度海面に浮上してから沈んで化石になったというのだ。基本的には同じ殻の構造をもつこれらのアンモナイトは、なぜ異なる運命を辿ることになったのだろうか？　これを考える上で重要になるのが、「浮上限界深度」である。

アンモナイトの殻内部の気室は、完全な密室ではない。もしも密室だとしたら、水圧でパンクしない限り浸水せず、気体が詰まった殻は海面に浮上してしまうだろう。しかし、隔壁には連室細管が通る穴が空いている。殻全体から見ればごく小さな穴だが、この一点が致命傷となり、ここから海水が侵入してくるのである。死んだアンモナイトの殻では、浸水が先か、それとも浮上が先かの〝浸水か浮上か対決〟が起き、その勝ち負けにより運命が決まることになる。もしも浸水が勝てば、殻は重くなって無傷のまま海底に沈み、浮力が勝てば、殻は浸水する前に海面に浮かぶことになる。ちなみに、前田とザイラッハーの計算によると、たった一四パーセント浸水するだけで、殻全体の密度は海水の密度を上回り、沈むという。また、海水が染み込む圧力は水深により変わり、深ければ深いほど勢いよく海水が侵入してくることになる。一方で、深度が増すほど気圧が高まり気室内の気体は圧縮されるため、浮力は小さくなっていく。つまり、深ければ深いほど海水は浸水しやすく、そもそもの浮力は小さくなるわけで、浮上にとっては不利な状況になり、浸水の方に形勢が傾く。どこかの水深に浸水が勝つ浮上限界深度があり、その深度を境にして深い場所にあれば、一四パーセントの浸水は速やかに達成されて死殻は沈み、浅い場所にあれば死殻は浮上することになるのである。

ゴードリセラスとネオフィロセラスの場合に戻って、改めてそれぞれの産状に注目すると、殻そのものの保存状態以外にも違いがあることがわかる。ゴードリセラスの方はノジュール中に複数個体が密集していることが多く、このような保存状態と産状の組み合わせは、蝦夷層群から見つかる他の種類でも見られる。例えば、テトラゴニテス（口絵4b）は保存状態の良い化石が特定の地層から密集して産出し、エゾイテス（口絵5n）やリーサイダイテスなども同様の特徴を示す。さらに、軟体部内にあった顎器（がくき）の化石が一緒に保存されていたり、住房の奥に泥が侵入せずに空洞のまま化石化していたりすることもある。この点からも、これらの死殻が浮上したとは考えられず、場合によっては死後ほとんど時間が経過せず、軟体部が完全に腐る前に埋没した可能性がある。

一方、ネオフィロセラスは一つのノジュールから多数の個体が出てくることは稀で、他のアンモナイトに混ざって、様々な場所から少しずつ産出するというような傾向を示す。浮上限界深度のことを考えると、ネオフィロセラスがそれよりも浅いところに生息していた可能性を考えたくなるが、これに関しては確実なことは言えない。ネオフィロセラスの連室細管にある穴の構造が少し特殊で、海水が侵入しにくかった可能性も指摘されている。この後に詳しく紹介するが、海面を漂流した現生オウムガイは住房から順に破損しているし、ビーチに漂着して化石になったアンモナイトの住房が

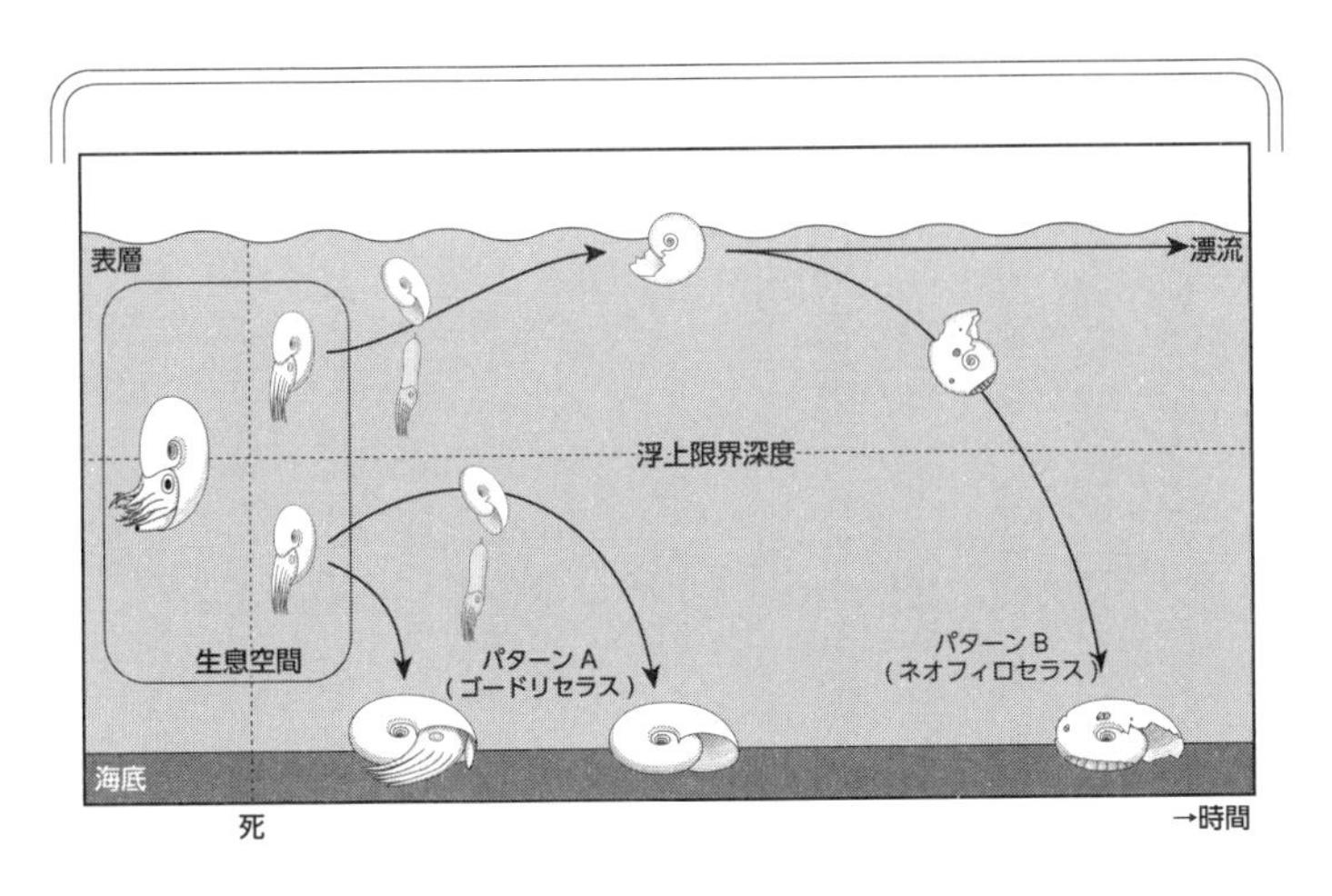

アンモナイトが死んでから殻が海底に沈むまで。
Maeda & Seilacher (1996) を参考にして作図。

失われていることが確かめられており、ネオフィロセラスの保存状態はこれに似た部分がある。いずれにせよ、死後に一度浮上したという可能性はその保存状態や産状から十分に考えられる。

ネオフィロセラスの個体数は他のアンモナイトと比べて特に多いわけではなく、また蝦夷層群のアンモナイトには、ネオフィロセラスと同様の保存状態・産状のものはそれほど多くない。前田によると、これは、必ずしも似たような生態のものがもともと少なかった／いなかったことを示すのではなく、一度浮かんでしまうとその後化石になるチャンスがぐんと下がってしまうのではないかとのことである。

「死んだアンモナイトは浮くか、沈むか?」という問いへの答えとしては、浮く場合も沈む場合も考えられ、それは浮上限界深度よりも浅い場所で生きていたか、深い場所で生きていたかによる、ということになるだろう。そしてさらに言うなら、化石として見つかっているアンモナイトの多くは、おそらく浮上せずに海底に沈んで化石化したものである可能性が高いということである。

保存状態の悪い大型アンモナイト

蝦夷層群からは殻直径五〇センチメートル以上、時には一メートルを超すような大型のアンモナイト類化石がしばしば見つかるが、これらは共通した特徴的な保存状態をしている。まず、たいてい単独で地層中に横たわるようにして埋まっている。そして、殻の上半分だけが消失していたり、殻自体は残っていても変形が著しく、ほとんど潰れてしまっていたりすることがある。殻の中には泥がしっかりと詰まっていて、二次的な鉱物が空洞部分を埋めていることは少ない。そして、中心部分にはなぜか殻が残っておらず、化石全体が中抜けのドーナツ型をしている（しかも、上述のように半分は潰れたり殻がなくなったりしているので、〝オールドファッション〟がイメージに近い）。同じ地層から見つかる、より小さなアンモナイトはそのようになっておらず、保存状態が悪いのは決まって大型アンモナイトである。これは一体なぜなのだろうか。

大型アンモナイトが特殊な保存状態になる理由は、前田晴良が一九八七年に出版した論文で詳しく説明されている。つまり、これは殻が大きいことに問題がある。殻が大きいがゆえに、地層の中に完全に埋もれるまでに時間がかかるというのだ。地層になかなか埋まらず、海底で海水に晒されている時間が長くなると、まず殻がもっとも薄い部分から壊れはじめる。一番殻が薄いのは、生まれる前〜こどもの頃に作った部分であるので、中心部分から無くなっていく。これがドーナツ型になるカラクリである。ちなみに、殻の腹側が残り、背中側（つまり巻きの中心に近い側）が失われて見た目がタイヤのようになるこの保存状態は前田により「腹タイヤ」と表現されている。続いて、殻の上半分が無くなったり、ぐちゃぐちゃになったりしているのは、下半分の殻内部に泥が侵入し、上半分の一部に泥が完全に入らずに地層に埋まった場合であ

大型アンモナイト
特有のタフォノミー

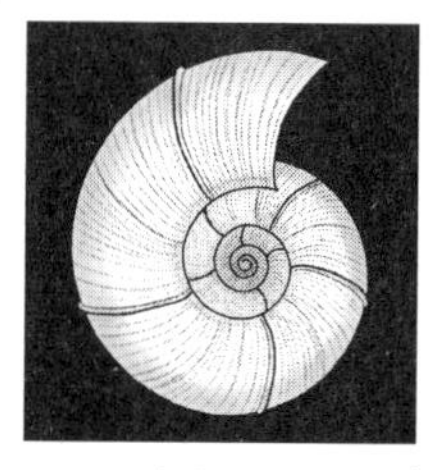
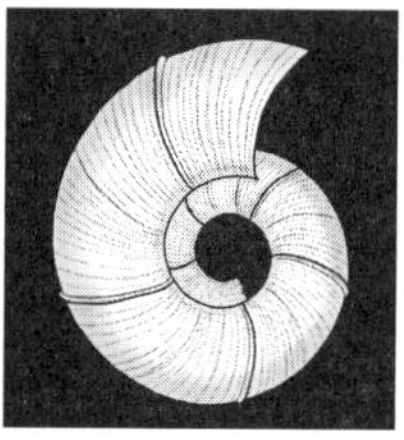
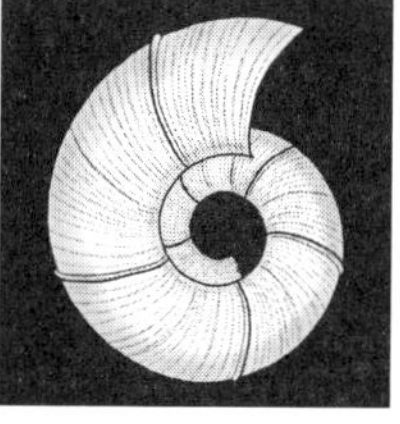

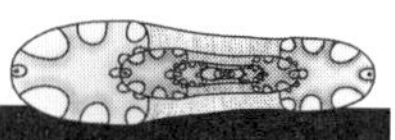

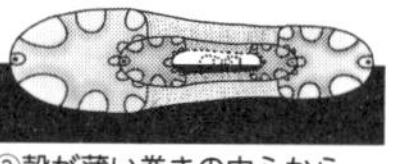

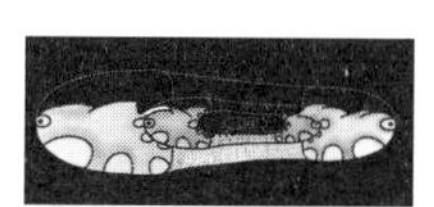

大型アンモナイトに特有の保存状態の形成過程。Maeda(1987) を参考に作図。

ると説明されている。これも、先に埋まった下半分は地層の中で保存され、海水に晒された上半分の殻がなかなか埋まらないために起きる。泥が詰まっている下半分は上からの圧を受けても潰れないが、泥が入りきってないことに加えて、海水に晒されて脆くなった上半分に堆積物の圧がかかると、グシャッと潰れてしまうというのである。まるで、雪の積もったビニールハウスが重みに耐えきれず潰れてしまうように。このような保存状態は「ハーフ・アンモナイト」と表現されている。

そして、もう一つ興味深い観察事項を報告している。それは、横たわった大型アンモナイトの周囲や下側中央の凹みの隙間部分に、小さなアンモナイト化石や植物化石が集まって一緒に化石になっているということである。これはなぜ起きるのかというと、海底に横たわった大型のアンモナイトが、海底付近を流れるわずかな底流によりスイーっと運ばれてきた小さなアンモナイト死殻や植物片の障害物（トラップ）となり、その場所に留めてしまうためと考えられる。そして、さらに面白いのが、特に下側中央の凹みの隙間部分では、ブンブクウニ（昔話で狸が化けた「文福茶釜」の形によく似たウニのなかま）も一緒に化石になっているということである。このブンブクウニは、大型アンモナイトにトラップされて溜まった小さな生き物由来の栄養を求めてやってきたのだという。論文に掲載された図には、海底に横たわる大きなアンモナイトの死殻の下の凹みに、海底からウニがススとやってきて、その後、大きなアンモナイト、小さなアンモナイト、植物片などとともに地層に埋もれ、化石になる様子が三コマ漫画で描かれており、その絵にはどことなく愛らしさが漂っている。

筆者自身も、調査中に何度か大きなアンモナイトの化石を見つけたことがある。丸一日硬い岩石にタガネを打ち込んでなんとか掘り起こした後に、殻の中心が残っていないことに気がつくと、とても惜しい気持ちになったものである。その場に置いていったり、持ち帰ったものに渦巻を彫り込んで〝復元〟したりしたこともあった。しかし、この論文を読み、保存状態が悪い化石には悪いなりの理由があることを知ってからは、見方が少し変わった。中心が保存されなかったのなら、それこそが自然環境下に置かれた、そのアンモナイト化石にとっての〝死後のストーリー〟を示す証拠であると思えるようになり、ありのままのアンモナイト化石を愛せるようになった。生きていた当時の完全な姿だけでなく、死んだ後にボロボロになった姿を受け入れてこそ、〝真のアンモナイトマニアへの道〟は拓けるのかもしれない。

シェルター保存

次は、地層の中に埋まったアンモナイト化石の大きさに注目してみよう。例えば、ある地層から、大きなアンモナイトばかり見つかり（ちなみにそれらには、死後浮上して漂流したような痕跡がなかったとする）、小さなアンモナイトが見つからないとしたら、当時のどんな海中風景を想像するだろうか。おそらく、その場所には大きなアンモナイトだけが生息していて、小さなアンモナイトは生息していなかったと考えるのが自然なのではないかと思う。もちろん、その解釈が正しい場合もあるだろう。しかし、必ずしもそうとは限らない。あるカラクリがあり、事実が歪められていて、それを見ている可能性がある、ということを示す報告例を紹介したい。「シェルター保存」という、前田晴良により一九九一年に報告された少し特殊な化石産状の話である。

蝦夷層群の中でも比較的古い年代である、アルビアン期~セノマニアン期（約一億年前）の地層の多くでは、その他の時代と比較して、見つかるアンモナイト化石の数がやや少ない。そして、地層の中に見つかるものはそれなりに大きな（二〇~三〇センチメートルほどの）化石が多く、小さな（数センチメートル）の化石は少ない。特に一センチメートルよりも小さなものは稀である。最初に示した例え話は、まさにこの状況のことだったのだが、実は、ある変わった探し方をすると、地層の中では見られなかった小さなアンモナイトを見つけることができるという。二〇~三〇センチメートルの中型アンモナイト、キャライコセラスは、殻を取り囲むように突起が発達した、ゴツゴツした見た目のアンモナイトである。少しもったいないようにも思えるが、このキャライコセラスの住房部分にハンマーをぶつけて壊してみると、デスモセラスという別のアンモナイトがいくつか集まってそこに保存されていた。なぜ周りの地層にはいなかった小さなアンモナイトが、大きなアンモナイトの中に集まっていたのだろうか？　新たなミステリーのはじまりである。

これは生まれる前のアンモナイトか？　アンモナイトの孵化サイズは一ミリメートル前後であり、保存されているのはそれよりも大きな化石なので、この可能性は真っ先に却下。では、小さなアンモナイトが大きなアンモナイトの死殻を住処にしていたのだろうか？　小さな化石の保存状態に注目すると、住房が壊れているものが多く、さらに、もしもそこに棲んでいてその場で死んだのなら、そこにあるはずの顎器が見つからないのだという。ということは、小さなアンモナイトは、もともとそこにあったのではなく、海底を流されてきたものである可能性が高い。つまり、これはp.189で説明したのと同じように、海底に横たわったアンモナイトが、流れてきた小型アンモナイトをトラップした状況と考えられるのである。

小さなアンモナイトが大きなアンモナイトの中に保存されていたワケはわかった。では、周りの地層に小さなアンモナイトが見られないのはなぜか？　確かに、大きな殻と比べて小さな殻は、地層の中で化石になる確率は相対的に低い。これは、大型アンモナイトの中心部分が先に溶けてしまうのと同じで、小さい個体ほど殻も薄いので、海底で海水に晒されている時だけでなく、地層の中に埋まった後でも消失してしまうことがある。しかし、大型アンモナイトの住房に入った状態だと事情は少し異なる。大きなアンモナイトが、まるでシェルターのような働きをして、小さなアンモナイトの溶解を防ぐのだという。大きなアンモナイトの中に保存された小さなアンモナイトの殻の保存状態を調べた結果、周りの地層から見つかる化石ではまず残らないような中心部分にある初期殻も溶解せずに残っていたことがわかった。このように、大きなアンモナイトがシェルター（防空壕）の役割を果たし、〝避難者〟である小さなアンモナイトが匿（かくま）われているような化石産状を、前田は「シェルター保存」と呼んだ。

　こうして、一億年前のその場所には小さなアンモナイトがいなかったのではなく、化石として残りにくいだけで、ちゃんと存在していたことがわかった。シェルター保存という概念が見いだされていなかったら、幼体の化石が見つからないという観察から、成長する中で移動したのではないか？　などという、この場合には適切ではない生態を考察してしまっていたかもしれない。ちなみに、シェルター保存は他の時代からも知られ、蝦夷層群でも異なる種類のアンモナイトの組み合わせでシェルター保存

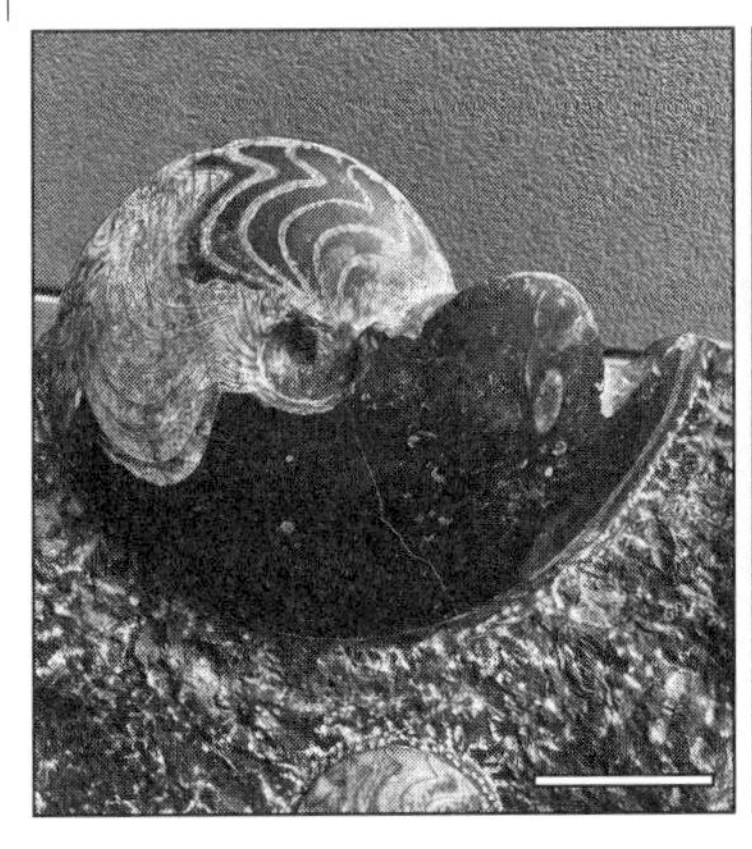
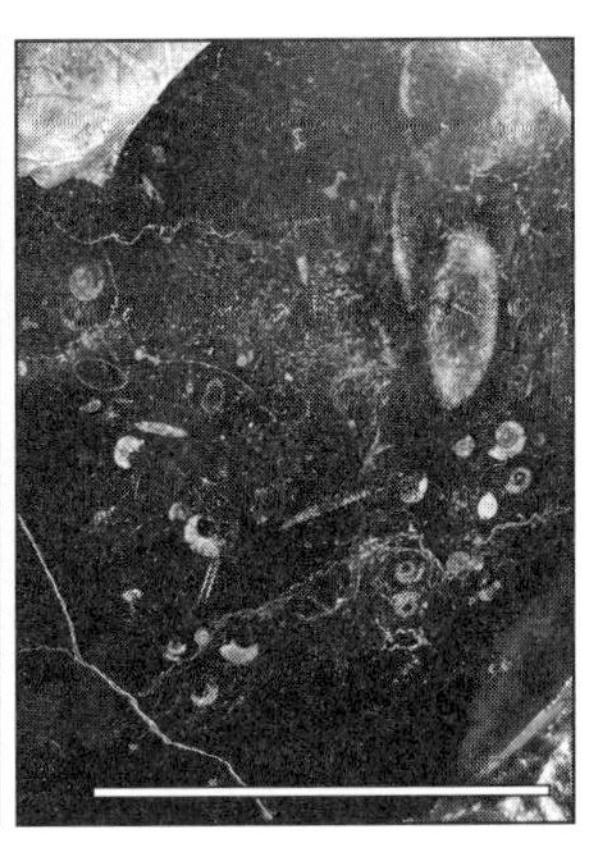

シェルター保存の例。スケールは5 cm。深田地質研究所所蔵。

が見られることが報告されている。また、筆者が勤めている深田地質研究所のロビーにはモロッコ産の古生代デボン紀の岩石があり、そこには二〇センチメートルほどのアンモナイト類ゴニアタイトのなかまがたくさん含まれていて、化石部分が綺麗に磨かれている。そのゴニアタイトをよく見ると、住房部分に小さなアンモナイトが保存されていることに気がつく。さらにはアンモナイト以外でもシェルター保存は知られており、古生代では、殻がまっすぐのオウムガイ（シェルター）と三葉虫（避難者）でシェルター保存が報告されている。シェルター保存は時代や分類を超えて見られる普遍的な現象であり、シェルターと避難者の役は各時代に存在していた生き物がそれぞれ担っていたようである。

ビーチに漂着したアンモナイト

死んだ殻が海底に沈まずに海表面を漂流した場合、アンモナイトの殻はどんな状態になるのか？　前田晴良とオハイオ大学（アメリカ）のロイヤル・メイプスらは二〇〇三年に、テキサス州のペルム紀の泥質ビーチでできた地層から産出したアンモナイト類化石の殻の保存状態を詳しく調べた。その数六〇〇個以上に上るが、無傷の殻はなく、螺環（らかん）の一番外側にあった住房が保存された個体すら一つも含まれてはいなかった。さらに九〇パーセント以上の化石は、住房が完全に失われている上に、外側から数えて少なくとも二周以上は壊れていたことがわかった。

このような殻の保存状態は、ビーチに漂着した現生オウムガイの殻の保存状態とよく似ていた。流れ着いたオウムガイの殻は住房が破損し、ダメージは気室部分にまで及んでいるものもある。また、この泥質のビーチ堆積物には繊細な構造までが三次元的な形を保ったまま保存された植物化石の破片が含まれていること、他の海洋生物の化石がほとんど見つからないことも考えると、これらのアンモナイトはもともとこの近くに棲んでいたのではなく、離れた場所に生息していたものの死殻が流され、漂流中に荒波に晒され、硬い浮遊物や浅海の海底などにぶつかって殻が破損し、最終的にビーチに漂着したものであると結論付けられた。

この研究は、陸に限りなく近い、というよりほぼ陸でできた地層に流れ着いたアンモナイト類の化石は、そのプロセスでボロボロに壊れてしまうという貴重な情報を提供している。逆算的に、例えば北海道の海の地層から見つかる白亜紀のアンモナイト化石は殻が破損していても、ここまでボロボロなものが見つかることは滅多にない。比較的保存状態が悪く、住房が失われていることが多いネオフィロセラスでさえ、破壊が前の巻きにまで及んでいるものはあまりない。そう考えると、それらが死後に多少海表面を漂った可能性はあっても、テキサス州ペルム紀の漂着化石ほど長距離を流されたものでなく、一度浮かんだ後しばらくして生息域からそう遠く離れていない海底に沈んだ化石とみるのが自然かもしれない。

オウムガイのタフォノミー実験

現生オウムガイの死体・死殻をいろいろな状況に置いてみて、殻がどのように壊れるかを調べるという実験が国立科学博物館の和仁良二により行われ、その結果が二〇〇四年と二〇〇五年に発表されている。二〇〇四年の論文中で行われている実験は、以下の三つ、①海底の斜面などを堆積物とともに流された場合を想定したもの、②堆積物に埋もれた後に圧力を受けた場合を想定したもの、③海表面を漂流した場合を想定したもの、であった。

まず、①の実験では、ドラム缶の内側に、海底での障害物を想定したプレートを取り付け、そこに砂泥と水、オウムガイの殻を入れて、ぐるぐると回転させた。この結果、オウムガイの殻は、外側部分（腹側）が縦向きに連続的に壊れ、気房部分の破損は内部の隔壁にも及んだ。②の実験では、円筒型のコンテナに乾いた砂泥と殻を寝かせた状態で入れ、上から圧力をかけた。結果、殻には割れが生じたが、それは一直線状で、最終隔壁付近の住房側に集中していた。中に隔壁がある気房部と隔壁がない住房部は、殻の強度が異なっていたと思われ、その境界近くに圧力を受けた場合は強度差により負担が集中してしまい、破損が生じるものと考えられた。このように、最終隔壁付近の住房側部分に直線的な割れがあったり、この部分を境にして殻が折れたりしている化石産状は、蝦夷層群のアンモナイトでもよく知られている。和仁は、二〇〇一年や二〇〇七年に同様の保存状態の化石の実例を報告、オウムガイの実験結果と比較し、このような保存状態の化石は、堆積した後に殻が圧力を受けた結果であることを示した。③の実験では、一メートル四方のカゴの中に複数個のオウムガイを入れ、それを海面に浮かべ、四カ月間放置した。その結果、オウムガイの殻は住房の端から壊れて失われた。これは、アンモナイトの死殻は海表面を浮かんでいる最中に住房が壊れるという従来の見解とも矛盾しないものである。

二〇〇五年の研究では、どのくらいの速度で浸水するのか、オウムガイの殻がどのくらいの速度で沈むのかなどが実験的に調べられ、小さい殻ほど比較的速く沈み、特に一七センチメートル未満の殻はほぼすべてが数日~十日ほどで沈むことなどが明らかにされた。これは、海岸に漂着するオウムガイの殻が、一八センチメートルを超えるような大きいものがほとんどであることと見事に一致している。また、海中に沈め

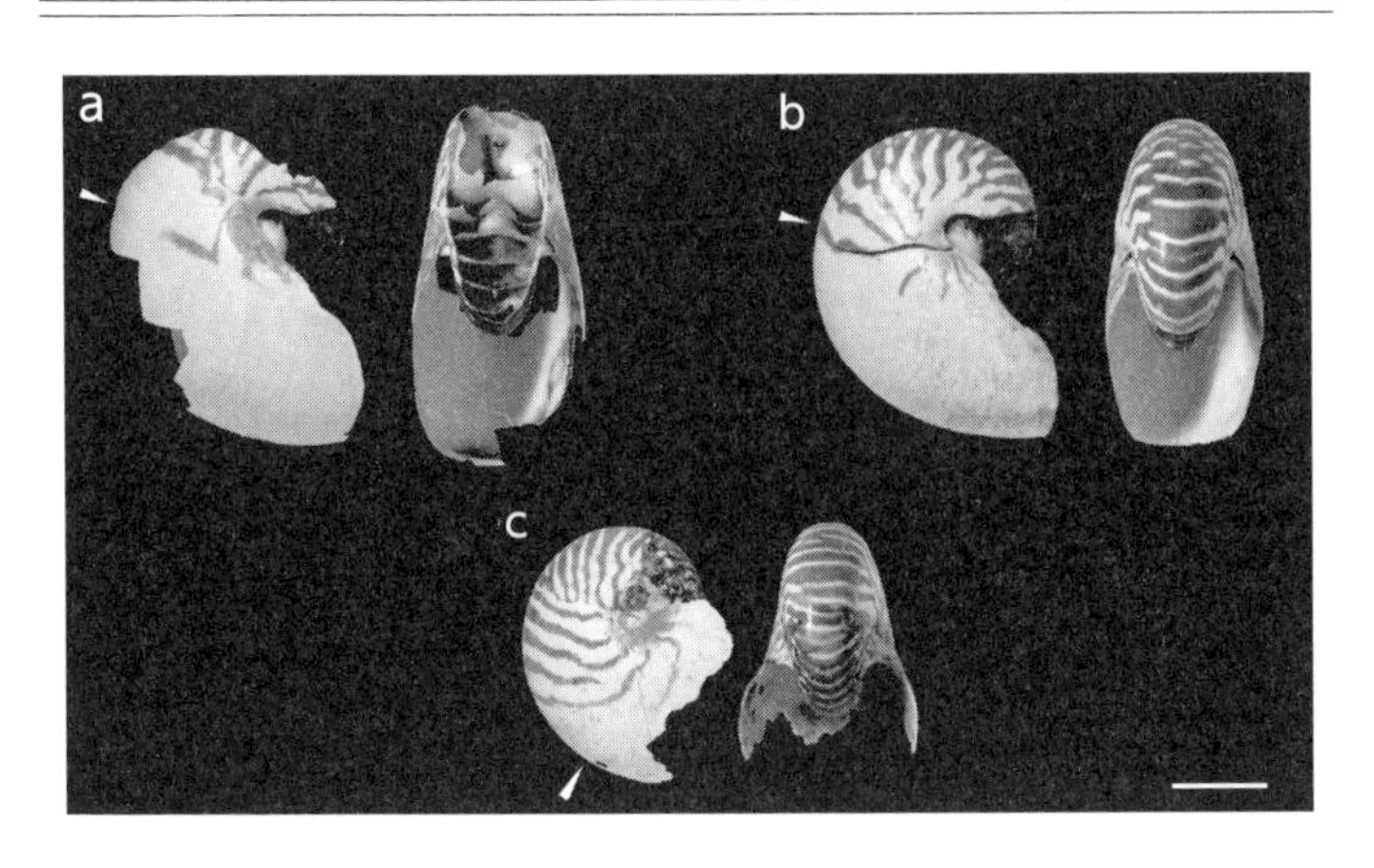

タフォノミー実験に用いられた現生オウムガイの殻。a: 実験①ドラム缶回転、b: 実験②圧力、c: 実験③海面放置。スケールは5cm。和仁良二氏提供。

た実験では、殻の浸水には意外と時間がかかることが示された。このような結果から、アンモナイトの殻は多くが二〇センチメートル未満であるので、それらはもしも海表面に浮かんだとしてもその後すぐに沈み、極端に大きい殻だけが長期間漂流したのではないかと考察された。

このように、オウムガイ殻の破壊実験は、アンモナイトの破損の原因特定や、死後の殻の行方を考える上での大きなヒントを提供した。

琥珀の中のアンモナイト

ミャンマー産の白亜紀の琥珀は世界的にとても有名で、昆虫はもちろん、トカゲの頭部、恐竜の尻尾など、様々な生き物の、まるで一週間前に死んだばかりかのような極めて良い状態の死骸が保存されている。琥珀は、樹脂が固まってできたものであるので、中に含まれる化石は基本的には陸棲生物ばかりである。しかし、二〇一九年、中国科学院のユー・ティンティンらにより、琥珀中に保存されたアンモナイトの殻が報告された。プゾシアという日本でも見つかっている種類で、一センチメートルほどの幼殻だった。比較的綺麗に殻が残っているものの、住房はほとんど失われ、軟体部は保存されていなかった。同じ琥珀中にはダニ類やクモ類、ゴキブリ類など陸棲の節足動物の他に、海棲のフナムシのなかま、巻貝の殻が保存されていた。

なぜ、陸で生成される琥珀の中にアンモナイトが保存されていたのだろうか。ユーらは、琥珀形成シナリオの検証は難しいとしつつ、この琥珀は海岸近くの樹木から流れ出た樹脂が陸棲生物を取り込んだ後、さらに流れ、海岸に転がっていたアンモナイトの殻など海棲生物の死骸を捕獲してできた可能性がもっとも高いと、一応の見解を示している。確実なのは、アンモナイトは死後それなりに時間が経ったものであるということである。テキサス・ペルム紀の漂着アンモナイト化石群の場合も合わせて考えると、漂流したアンモナイトの殻が住房から順に壊れていくというのはやはり確からしい。

今回の化石は死殻が漂着したもので、軟体部は付いていなかった。今後、軟体部付きの状態で琥珀から見つかる可能性はあるだろうか？　これまでのケーススタディのとおり、基本的には、軟体部が腐って抜け落ちた後、気体の詰まった殻は海水より軽くなって浮上し、漂流する、というシナリオが想定される。逆に考えると、軟体部がなくなったから殻が陸に到達するに至ったとも言える。したがって、残念ながら基本的にはほとんど可能性はないと言わざるを得ないかもしれない。しかし、妄想をするくらいは許されるはずだ。アンモナイトの中に、もしもビーチ近くの浅海で生息していた種類がいたとしたら、体が完全に腐らないうちに打ち上げられたり、もしくは生きたままで座礁したりすることは十分にあり得る。そして、そこに運良く樹脂が流れてきて、アンモナイトを包み込んで……いつかそんな化石が発見されることを心待ち

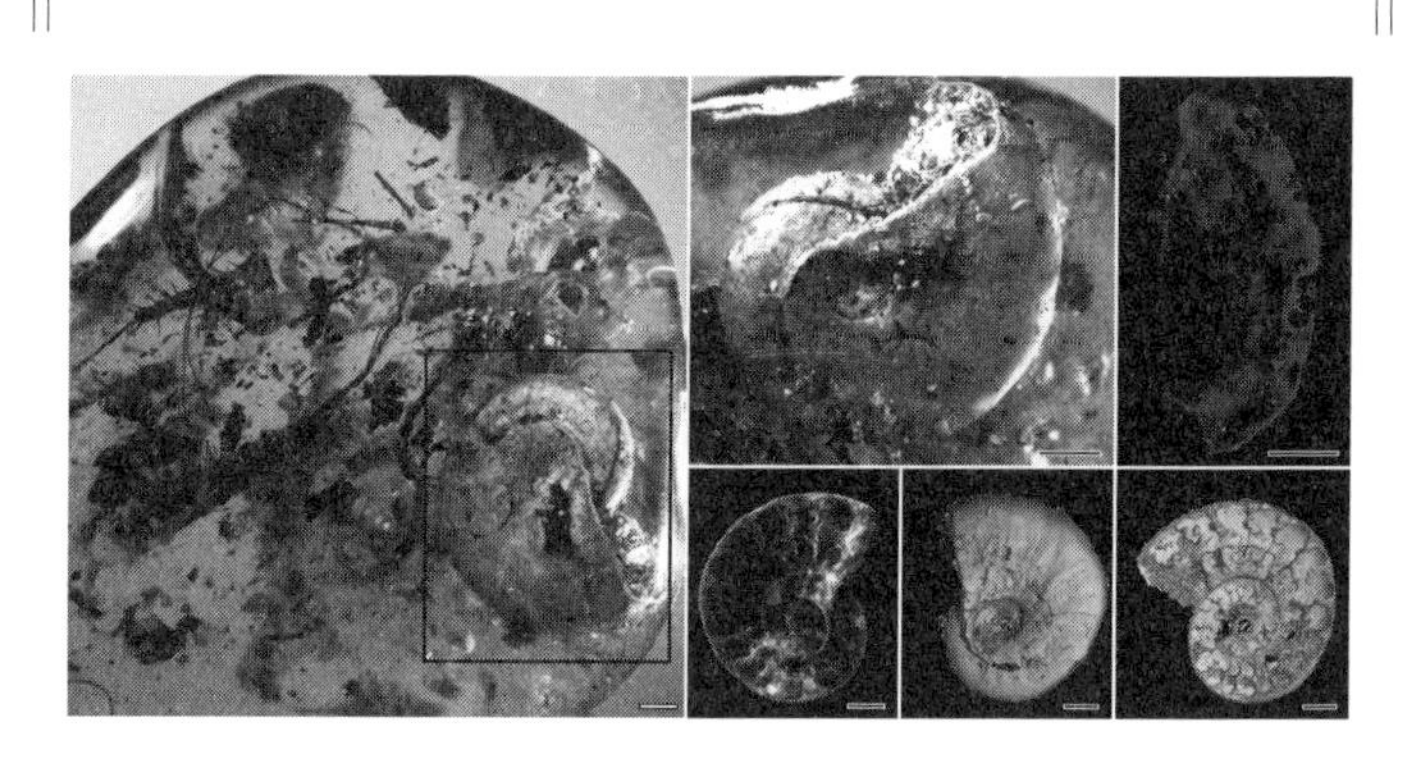

琥珀の中で保存されたアンモナイト。一見すると巻貝のようだが、CT画像からはアンモナイトに特有の内部構造(隔壁)が確認できる。スケールは2mm。Yu et al. (2019)より改作・転載。

にしている。

以上、アンモナイトのタフォノミーに関する研究例を紹介した。実は、化石になるまでに死骸の身に起きる出来事は地層に埋まった後も続くので、タフォノミーの話はさらに複雑なものになるが、今回はその部分は省略し、まずは地層に埋まるまでの話を中心に紹介した。もしかすると少し難しく感じてしまったかもしれないが、化石を調べるとは一体どういうことなのかということをご理解いただけたのではないだろうか。前田晴良は、一九九九年の論文の締めくくりで、タフォノミーの研究において重要なのは、一種ごと／一個体ごとに検討することであると述べている。アンモナイトの生態を理解したいのなら、種類ごと／個体ごとに死後を含めたその〝アンモナイト生〟が異なっていたという前提で、一つひとつに向き合うしかない。タフォノミーの研究はそのことが重要になる最たるものであり、アンモナイトの様々な産状は、そんな当たり前のことに気付かせてくれるのである。

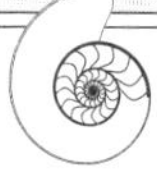

アンモナイトが食べたもの

商業施設アクアシティお台場では、第4章で解説したアンモナイトの食性を示す一連の化石を見ることができる。床に敷き詰められているジュラ紀の石灰岩には、アンモナイト（a）だけでなく、浮遊性ウミユリ「サッココーマ」（b）、糞化石「ランブリカリア」（c）も見られる。ランブリカリアの中身はサッココーマの破片であり、またアンモナイトの消化管にあたる場所からサッココーマの破片が見つかったという報告がある。このことから、アンモナイトはサッココーマを日常に食べていて、その糞がランブリカリアである可能性が指摘されている。石材中に保存されているアンモナイト以外の化石にも注目すると、アンモナイトの生態が見えてくるのだ。

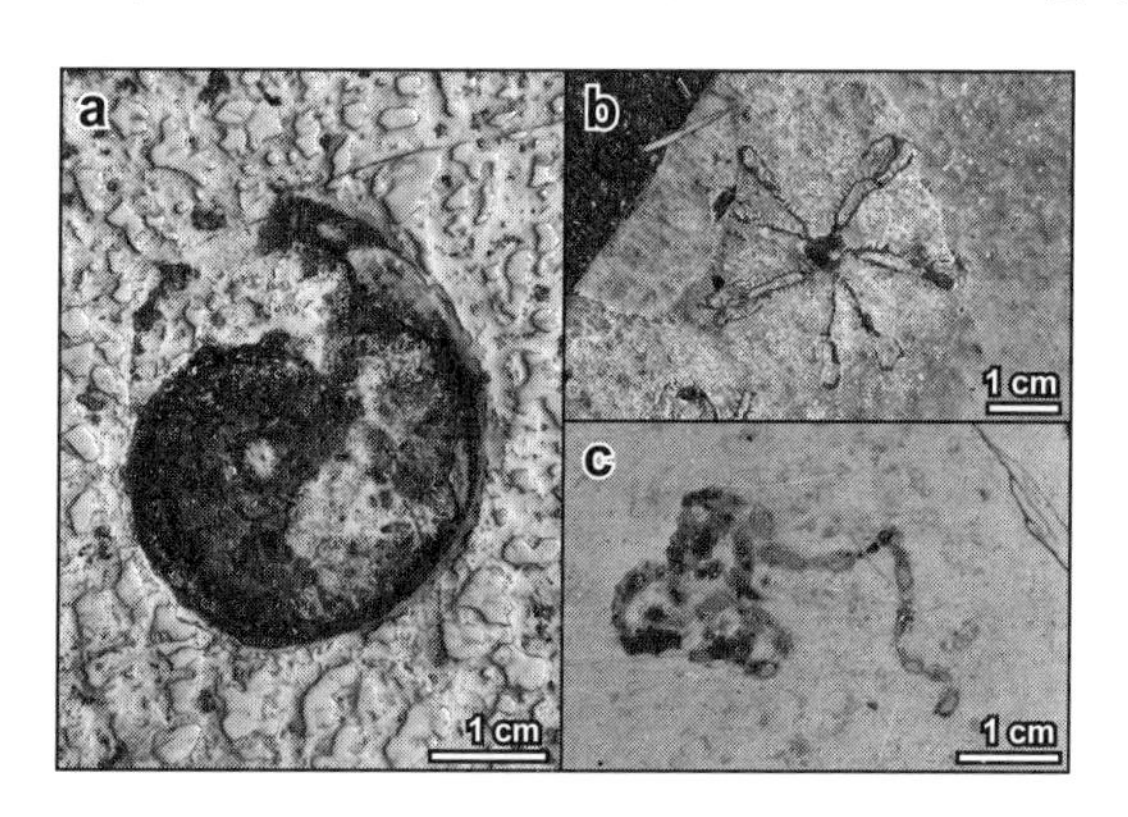

第六章

異常巻
アンモナイト

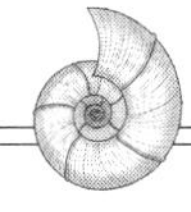

これまでの章でも度々登場しているように、アンモナイトの中には少し変わった巻き方をした種類があり、それらは「異常巻アンモナイト」と呼ばれている。しかしながら、異常巻というくくりには実はきちんとした定義はなく、多くの人がイメージするような〝正常巻〟以外の形をまとめてそう呼んでいるにすぎない。また、異常巻アンモナイトという呼称は〝異常〟という言葉がネガティブな意味合いを含んでいるなど、今となってはいろいろと問題をはらんだものであるが、それは一旦脇に置いておくとしよう。

日本、特に北海道の白亜紀層からは、他の地域では見つからない固有種を含めた様々な形の異常巻アンモナイトが豊富に見つかっている。その理由は今のところよくわかっていないが、とにかくそういった地域性もあってか、日本ではこれまでに異常巻アンモナイトについて様々な側面から古生物学研究が進められてきた。この章では、異常巻アンモナイトの研究例を辿りながら、彼らの殻形態の驚くべき多様さ、生態、進化の一端を解説していく。彼らが決して〝異常〟ではないことを理解していただけるはずだ。

異常巻アンモナイト大国ニッポン

中生代白亜紀は異常巻アンモナイトの黄金時代であるが、アンモナイトの進化を辿ると、異常巻アンモナイトは実はそれ以前にも何度か登場している。古生代デボン紀に登場した初期のアンモナイト類アネトセラスは、蚊取り線香のような形をしていて、それが短期間できつく巻くように進化し、〝正常巻〟アンモナイトが誕生した（第二章参照）。そのため、アンモナイトはある意味で異常巻からスタートしたとも言えるかもしれない。その後、古生代の間、異常巻アンモナイトは見られず、次に登場したのは中生代三畳紀の終わり頃であった。一度巻いた殻が解けたのはこの時がはじめてで、巻貝型のものや巻きが解けて棒状になったものなどが登場したが、生息期間は短く、系統はその後に続かなかった。ジュラ紀にも異常巻アンモナイトはいたが、やはりそれほど多様化しなかった。ジュラ紀末に登場したアンキロセラス亜目は白亜紀に入ると世界中に広がり、多様な形に進化して白亜紀に繁栄した。白亜紀末の地球規模の環境変動により、他のアンモナイトとともに異常巻アンモナイトも絶滅したが、一部の異常巻アンモナイトは環境変動をもたらした隕石衝突後もわずかな期間生存したことがわかっている。

日本では、北海道をはじめ岩手県や福島県、兵庫県、和歌山県、熊本県などで、保存状態の良い白亜紀のアンモナイト化石が豊富に見つかっており、その種数は六〇〇種以上にも及ぶ。日本の白亜紀アンモナイトの特徴は、外国の他地域と比較して、異常巻アンモナイトが特に多様であることである。異常巻アンモナイトは、巻き方や殻表面装飾の違いにより分類されていて、日本からしか見つからない固有のものも多く知られている。

ここからは、日本で見つかる種類を中心に、白亜紀後期のいくつかの異常巻アンモナイトと、彼らについて現在わかっていることを紹介していこう。各属について、代表的な種を口絵5に図示している。こちらも参照しながら読んでいただきたい。

◆ユーボストリコセラス

ユーボストリコセラスの殻は螺旋塔状で、伸ばしたバネのような形や、まるで巻貝のような形をしたものなどがある。殻表面には掃除機のホースのような、周期的な凸凹（肋〈ろく〉）がある。これまでに見つかっている中でもっとも殻が伸びたような形をした一種がユーボストリコセラス・ヴァルデラクサム（口絵5a）で、筆者が共同研究者と二〇一七年にはじめて新種記載したアンモナイトである。この種は、ユーボストリコセラス・ジャポニカム（p.226の図c）から、ユーボストリコセラス・オオツカイを経由して進化した可能性がある。

また、ユーボストリコセラス・ジャポニカムはニッポニテスの祖先とも考えられており、ユーボストリコセラスは生存期間が長く、多くの系統に派生した、いわば「本家」の属であると見なされている。まるでソフトクリームのような形をしたユーボストリコセラス・ムラモトイは成長初期に棒を折り畳んだような形を作り、その後、大きく方向転換をして、棒状の殻を軸に、これを巻き込むように螺旋状の殻を形成する。愛媛大学の東浦幸平と岡本隆による二〇一二年のコンピューターシミュレーションから、海底で生活していた可能性が指摘されている。

◆ハイファントセラス

ハイファントセラスの螺旋塔状型の殻はユーボストリコセラスと共通しているが、成長を通して三〜四列の突起をもつ特徴がある。ハイファントセラス・オリエンターレ（口絵5b）は、きつく巻いた殻を引き伸ばした、ドリルのような形をした種である。その祖先は、巻きが詰まったソフトクリームのような形のハイファントセラス・トランジトリウムという種類である可能性が筆者による研究で最近わかった。ハイファントセラス属は、ドイツやオーストリアなどのヨーロッパなどからも見つかるが、ハイファントセラス・トランジトリウム－ハイファントセラス・オリエンターレの系統は、今のところ日本からしか見つかっていない。どうやら日本付近で固有に進化し、この地域のみに生息していた種類のようである。

◆エゾセラス

北海道の旧呼称である「蝦夷地」から命名された属である。螺旋塔状をしているが、成長の主部では二列の突起があり、成長の最後に突起が増える場合がある。また、殻

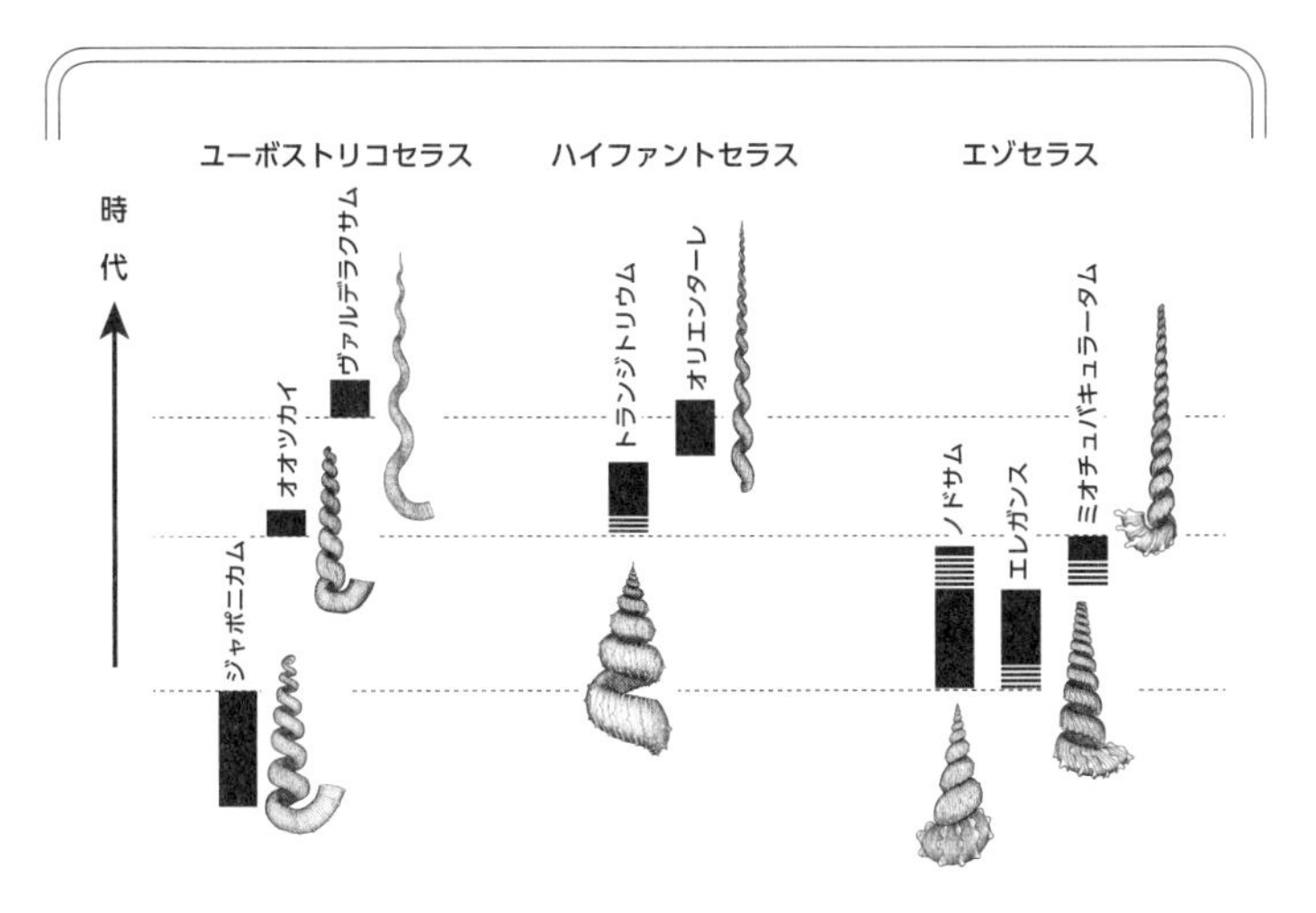

ノストセラス科3属の一部系統（推定）における殻形態の時系列変化。

を剥いでみないとわからない特徴であるが、連室細管のある位置が他の異常巻アンモナイトと異なっている。エゾセラス・ノドサムとエゾセラス・ミオチュバキュラータムの二種が一九七七年に九州大学の松本達郎により命名され、エゾセラス・エレガンス（口絵5c）が二〇二一年に筆者らにより北海道で発見されている。いずれも日本からしか見つかっておらず、日本付近で比較的短い期間に派生したと考えられる。

ちなみに、エゾセラスと、ハイファントセラスおよびユーボストリコセラスの一部系統の時系列変化を並べてみると、いずれもより新しい時代の種ほど、螺旋が解け、伸びたような形になるという共通点がありそうである。独立した複数系統で繰り返し見られるこのような形態変化からは、何かしらの機能的・生態的意義があることを期待したくなるが、詳しいことはまだよくわからない。

◆ムラモトセラス

螺旋塔状に螺環(らかん)を巻くが、塔の方向は成長の中で変わる。北海道三笠市で活躍した往年の蒐集家である村本辰雄に献名されている。昭和時代、北海道のアンモナイト研究は、九州大学の松本達郎を中心として、村本辰雄をはじめとする多くの在野の蒐集家の協力により進められた。ムラモトセラス・エゾエンゼ（口絵5d）とムラモトセラス・ラクサムの二種が知られている。

◆アイノセラス

北海道の先住民族であるアイヌ民族にちなんで名付けられたアンモナイトである。巻貝のような形の殻を作った後に巻きが解け、巻貝型部分をぐるっと巻き込むように成長する。巻貝型部分が小さく、解けた後の巻きが多いアイノセラス・カムイ（口絵

5e）と、巻貝型部分が大きく、解けた後の巻きが少ないアイノセラス・ポウシコスタータムの二種が知られる。これら二種は同じ岩石中から共産するが、生物学的な関係性はよくわかっていない。

◆ニッポニテス

ニッポニテスは世界でもっとも奇妙なアンモナイトであると言っても過言ではない（口絵5f）。螺環が複雑に蛇行し、殻が作られている。大変奇妙な形であるが、形態形成の謎については詳しく研究され、理解されている。後に改めて詳しく解説する。

◆リュウエラ

リュウエラは、中国の伝説上の生き物「龍」が由来となっている（口絵5g）。奇妙に蛇行した殻の巻き方は一見するとニッポニテスそっくりであるが、ニッポニテスと大きく異なるのは、殻表面に四列の突起が周期的に現れることである。二者は巻き方がよく似ているが別の系統で、ニッポニテスはユーボストリコセラスから進化し、リュウエラはハイファントセラス（もしくはこれに極めて近い系統の種類）から進化したと考えられている。その根拠になっているのは、殻表面装飾の類似である。ニッポニテスとユーボストリコセラスの殻表面には突起がなく、単純な肋があるのみという点で共通しており、リュウエラとハイファントセラスには、周期的な四列の突起があるという点で共通している。異常巻アンモナイトでは、巻き方よりも殻表面装飾の方がどちらかと言うと安定的で、変化しにくいと考えられており、殻表面装飾の類似が系統関係の復元に優先されているのである。二者の間で類似した、三次元的な形は「収斂（しゅうれん）」（もしくはほぼ同時期であるため「並行進化」）、つまり〝他人の空似〟と考えられている。

◆プラビトセラス

プラビトセラス・シグモイダーレは、成長の途中までは、〝正常巻〟のようにほぼ平面上にゆるく巻いた螺環を形成するが、成長後期に螺環が解け、さらに捻れながら成長し、殻全体がS字のような形になるユニークな異常巻アンモナイトである（口絵5h）。アンモナイト研究の黎明期である二〇世紀の初頭に、兵庫県淡路島産の個体を元に、東京帝国大学の矢部長克により命名された。プラビトセラス・シグモイダーレは、非常に奇妙な形をしたアンモナイトだが、同地域のやや古い時代の地層から見つかるディディモセラス・アワジエンゼから進化したと考えられている。ディディモセラス・アワジエンゼは成長中期まではソフトクリームのような形の殻を作り、成長の後期にフック状の住房を形成する。二者は、一見するとまったく別の種類にも思えるが、殻表面に二列の突起があることが共通しており、時代とともに巻貝型の部分が平面に近い形に巻くように変化したようである。二〇一〇年には北九州市立自然史・歴史博物館の御前明洋と京都大学の前田晴良により、螺旋塔状部分が斜めに傾き、わずかに平面に近づいた、両種の中間型とも言えるようなディディモセラス・アワジエンゼの個体が和歌山県から報告されている。

◆ポリプチコセラス

ポリプチコセラスの属名は「複数回折り畳んだ角」という意味で、鉄筋を何度も折り畳んだような奇妙な形をしている（口絵5j）。成長を通して完全に保存された個体が見つかることは稀で、たいていバラバラになった状態の化石が見つかる。ポリプチコセラスは、比較的近縁と思われる他の異常巻種（スカラリテスなど）と比較して、成長中の殻表面装飾の変化が大きい。このことがあってか、明治時代に東京帝国大学の神保小虎により報告された当時は、パーツごとに別の種類として命名されていた。愛媛大学の岡本隆らにより詳しく研究され、海底で生息し、寝そべるような姿勢と倒立姿勢を繰り返して成長していたことが推測されている。

◆スカラリテス

平面上で螺環同士が離れて巻く、蚊取り線香のような形をしている（口絵5k）。殻表面には突起がなく、周期的な強弱のある肋がある。スカラリテスは、ユーボストリコセラスから進化したものと考えられている。また、二〇二一年に深田地質研究所の村宮悠介と国立科学博物館の重田康成により記載されたソルマイテスなど様々な種類に派生した可能性が指摘されている。

◆ツリリテス

ツリリテスは、「塔」を意味するラテン語に由来しており、その名のとおり、巻貝によく似た塔状の形をしている。多くの近縁属とともにツリリテス科を構成している

（口絵51：ツリリテス類のマリエラ属）が、北海道のツリリテス科は他の地域と比較しても多様性が高く、固有種も多い。最近、ツリリテス科の殻口の成熟変形がソルボンヌ大学（フランス）のロマン・ジャティオットらにより詳しく調べられ、複数種において性的二型が認識された。

◆バキュリテス

まっすぐ伸びた殻をもつ〝巻いていない〟異常巻アンモナイトである（口絵5m）。棒を意味するラテン語baculumに由来する。アンモナイト・ロボット（p.145参照）でお馴染みのユタ大学（アメリカ）のデイヴィット・ピーターマンとキャスリン・リターブッシュは、バキュリテス型のロボットを水中で泳がせる実験を二〇二一年に行い、殻口が下向きになるように殻全体が縦になる姿勢で生活したこと、横向きの移動はほぼできない代わりに上下方向にはわずかな推進力で素早く移動することができた可能性を示した。上下方向への高い運動能力は、横から襲ってくる捕食者から逃げる上で役に立ったと考察されている。

◆スカファイテス

成長の中期までは〝正常巻〟のように成長し、後期に巻きが解ける（口絵5n）。北海道などで見つかる小型種エゾイテス・プエルクルス（p.97の図e，f）は、一つの岩石中に、幼年殻から成年殻まで様々な成長段階の夥しい数の個体が密集して見つかることがある。また、他のアンモナイトをほとんど伴わず、排他的に産出することもある。このような化石産状について、二〇二二年に愛媛大学の中村千佳子と岡本隆、二〇二三年に洲濱愛と岡本隆により死殻群集解析と個体群動態の再現シミュレーションが行われた。その結果、この種は、他のアンモナイトや捕食者が生息できないような環境に移住し、繁殖して急速に個体数を増やす「日和見種」であった可能性が示された。

ニッポニテス研究史

ここからは、異常巻アンモナイトの中でも特に奇妙な姿であるニッポニテス（口絵

5f）について深掘りしていこう。ニッポニテスの研究史は、異常巻アンモナイトを理解しようとする歴史がまさに凝縮されたものである。ニッポニテス・ミラビリスは、一九〇四年に東京帝国大学の矢部長克により命名された。矢部は、北海道産の一標本に基づき、成長を通した殻形態の変化や、蛇行の規則性などについて図を用いて詳細に記述している。そして、この複雑な形は殻を正常に作る能力を失ったり、事故的にもたらされたりしたものではないということや、ニッポニテスはユーボストリコセラス属に含まれる種類と近い系統関係にあるのではないかということを考察している。矢部による理解や考察の正しさは、後に岡本隆によって理論的に証明されるわけだが、そのあまりの奇妙奇天烈な殻形態は世界の研究者を困惑させたようである。報告されたのは一個体のみだったこともあり、中には奇形であると考える研究者もいたようだ。

そもそも、ニッポニテスが報告された一九世紀末～二〇世紀前半には、ニッポニテスだけでなく異常巻アンモナイト自体が生物学的に正しく理解されていたとは言えない状況であった。アンモナイトの進化史の終盤である白亜紀に異常巻アンモナイトが増えたことについて、進化の限界に達した（俗に言う〝進化の袋小路に陥った〟）という考えが蔓延（はびこ）っていた。なお、このような捉え方は、今日の科学では進化の概念として明確に否定されている。

一九七〇年代までには、日本とロシア、太平洋を挟んだアメリカから、合計三種一変種のニッポニテスが発見され、奇形などと考える意見は見られなくなった。しかしながら、どのような仕組みでその奇妙な殻形態が作られているのかということや、その生態に関しては、依然として謎に包まれていた。一九八〇年代の半ば以降になって、東京大学の岡本隆により、ニッポニテスの巻き方の仕組みが理論的に理解され、コンピューターシミュレーションで再現可能であること、形態の規則性や制御要因などが明らかにされた。また、一連の研究により、従来からその可能性が指摘されていた「ニッポニテスはユーボストリコセラスから進化した」説も支持された。二〇二〇年には、デイヴィッド・ピーターマンらにより、個体発生を通したニッポニテスの生息姿勢復元および姿勢の安定性などが理論的に検討され、現生オウムガイよりも高い安定性を示すことなどが示されるとともに、海中をゆっくり泳いでプランクトンの餌を取るような生態が推測された。

ニッポニテスの形を理解する

ニッポニテスの形態を理解するとはつまり、「定量化する」こと、そして「特定のパラメーターで表す」ということである。巻貝や通常のアンモナイトの形を表す方法は、ロチェスター大学（アメリカ）のデイヴィッド・ラウプにより一九六〇年代に開発された。これは、たった三つのパラメーターを変化させることで貝殻の基本的な形を表すことができるというものだった（「ラウプモデル」と呼ばれる）。ラウプモデルは様々なメリットがある画期的なものであったが、一方で限界もあった。その一つが成長を通して巻き軸や螺環の成長率が変化しない、単純な形しか再現できないことである。成長方向が変化するニッポニテスの形をラウプモデルで再現することはできなかった。

そこで、ニッポニテスの形を再現するために岡本隆が開発したのが「成長管モデル」である。このモデルは、円柱状の管が成長する際に径がどのくらい拡大し、どちらの方向に伸びるかを数式で表すというものである。岡本ははじめに、ニッポニテス

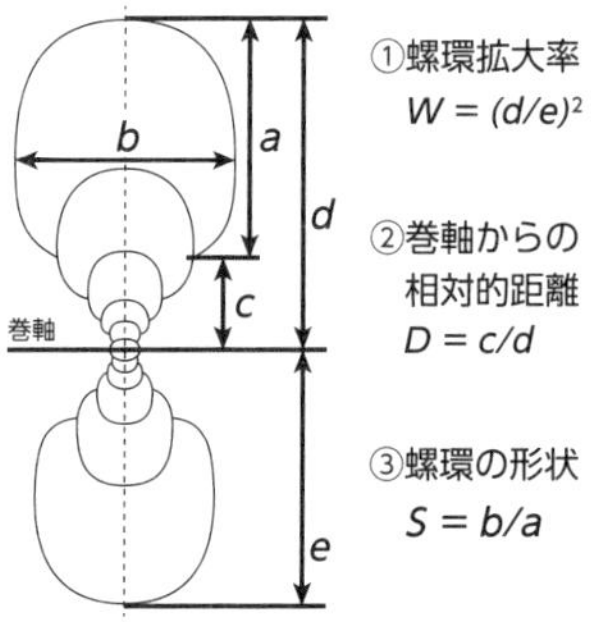

ラウプモデル。計測が容易なパラメーターで表されるが、平面巻きで、成長を通して形態が変わらないことを前提としている。Raup (1967) を参考に作図。

の殻形成の軌跡をＸＹＺの三座標上で近似してニッポニテスの形となる式を立てた。続いて実際の化石を計測してその式を補正し、コンピューターに入力し、シミュレーションで殻の形を描かせて、実際の標本の形状と比較してさらに式を補正して……ということを何度か繰り返し、実際のニッポニテスの形が忠実に再現されるように式の改良を重ねた。その試行錯誤の過程は一九八四年に発表した日本語の論文で詳細に記録されている。その結果、ニッポニテスの形状は九つの係数で表すことが可能となり、また、ニッポニテス属の三種一変種の殻の規則性は基本的には同じで、係数の数値を変えることで形態の違いが表現されたのである。

成長管モデルを発明した岡本隆は、これを他の異常巻アンモナイトに応用するとともに、ニッポニテスについても、さらに形態形成のメカニズムの探求を続けた。岡本は一九八八年に三編の論文を出版しているが、そのうちの一つにおいて、ニッポニテスの殻がどのような要因にコントロールされて形成しているのかについて検討し、「成長方向調整モデル」という素晴らしい仮説を提唱している。

まず岡本は、ニッポニテスの形は管が素直に蛇行しているのではなく、実は「ひねり」ながら蛇行していること、左巻き、平面巻き、右巻きの三種類の成長プログラムが組み合わされて形作られていることを発見した。続いて、重力と浮力の計算から生息姿勢を復元した上で、ニッポニテスの殻形成をコンピューターで再現し、成長プログラムがどのようなタイミングで切り替わっているのかを調べた。その結果、ニッポニテス自身の軟体部が出ている殻口の向きが一定の範囲に収まるように、成長プログラムが切り替えられていることが判明したのである。つまり、それはどういうことか。ニッポニテスの成長初期は平面巻きであるので、そこから成長がはじまる。成長にしたがって殻口は徐々に上向きになっていくが、あるところを境に

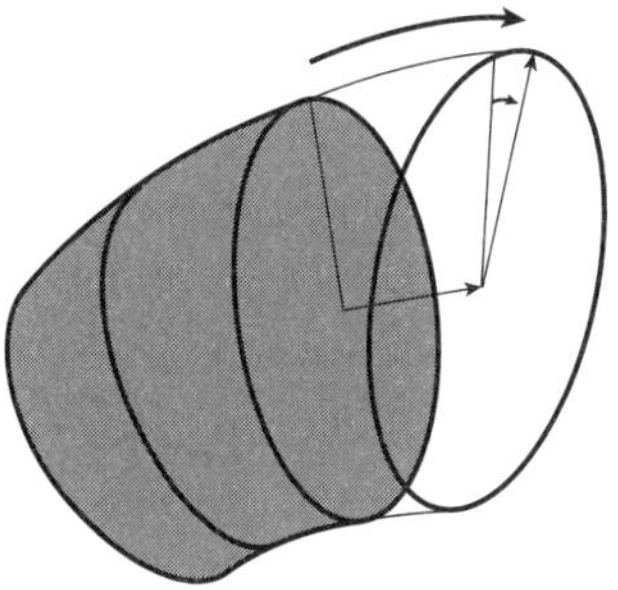

成長管モデル。成長の際にどのくらい螺環が大きくなるか、どのくらい曲がるか、どのくらい捩れるかを都度定量化する。Okamoto (1988a) を参考に作図。

して、成長プログラムが左巻き（もしくは右巻き　※右巻きからはじまるものと左巻きからはじまるものどちらも見つかっている）に切り替わる。成長プログラムが変わると、殻全体のバランスが変わり、それまで上を向いていた殻口が徐々に下向きになっていく。そして、ちょうど殻口が真横（〇度）を向いたところで、成長プログラムが平面巻きに切り替わり、続いて先ほどとは逆の右巻き（もしくは左巻き）になり、今度は殻口が上向きに変わっていく。殻口が四〇度を超えると、また平面巻きを挟んで左巻き（もしくは右巻き）になる。殻の向きの上限と下限に、上記のような制限を与えた上で殻を形成するコンピューターシミュレーションを行うと、実際に化石として見つかるニッポニテスと同じ形が出力されたのである。つまり、蛇行の繰り返しは、ニッポニテス自身が〝いつも前を向く〟ために行われていたのである。

シミュレーションがもたらした面白い結果には続きがある。殻口の向きの上限と下限の許容範囲（つまり、「この数値を超えたら成長プログラムを切り替えなさいよ」という指令）を変えると、実際に化石として見つかっているニッポニテス・ミラビリスの種内変異や、ニッポニテス属の他種の形が出力されたのである。そして、さらに驚くべきことが起きた。殻口の上限の許容範囲を極端に大きく、下限の許容範囲を極

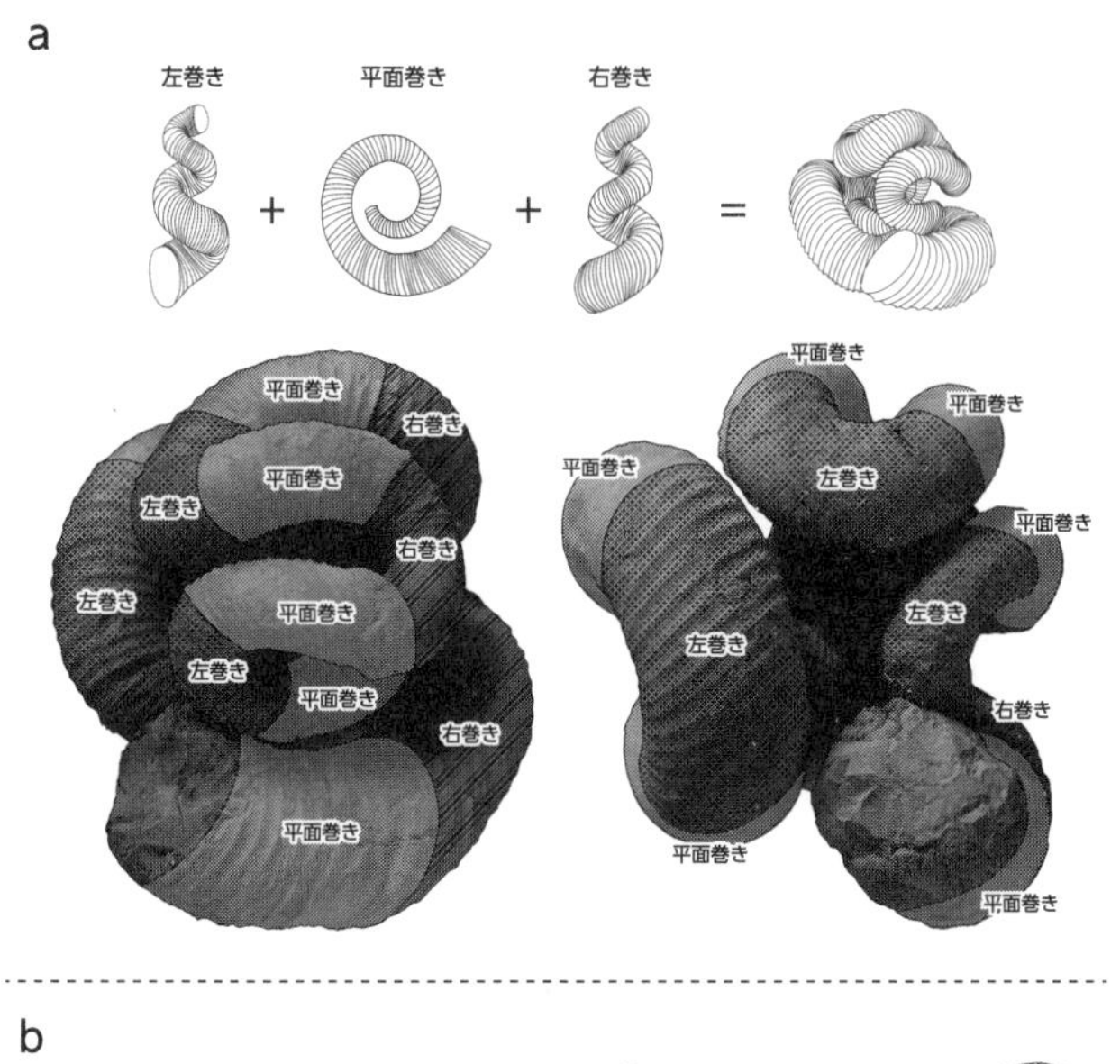

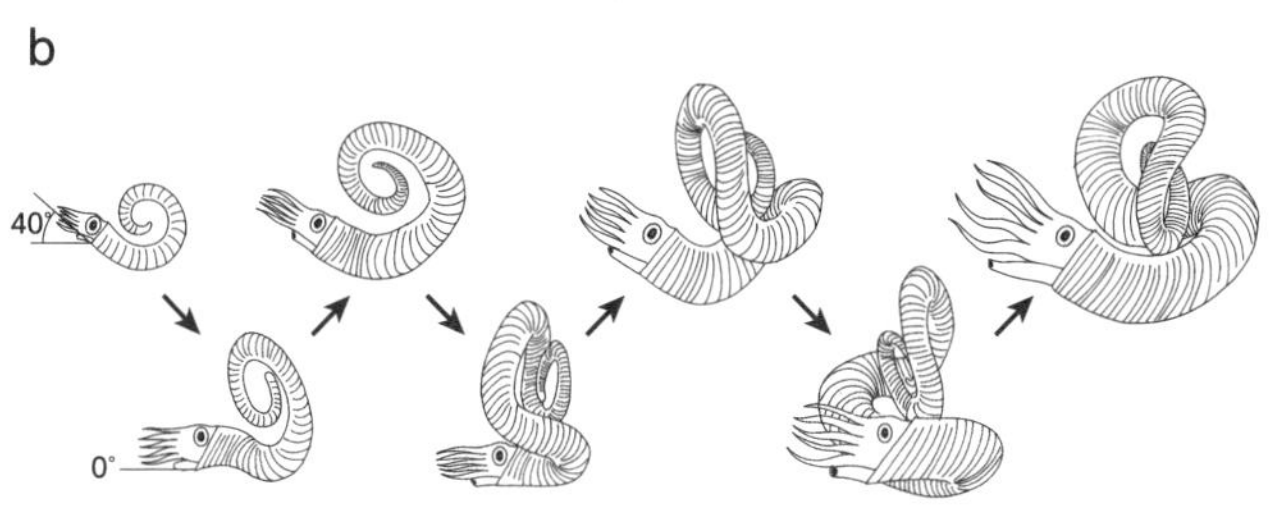

ニッポニテスの成長方向調整モデル。a: ニッポニテスの殻は3通りの巻きが組み合わさって形作られている。写真部分は三笠市立博物館所蔵標本。b: 右巻き・平面巻き・左巻きを繰り返し、殻口が0～40°の間に収まるように調整される。Okamoto (1988c) を参考に作図。

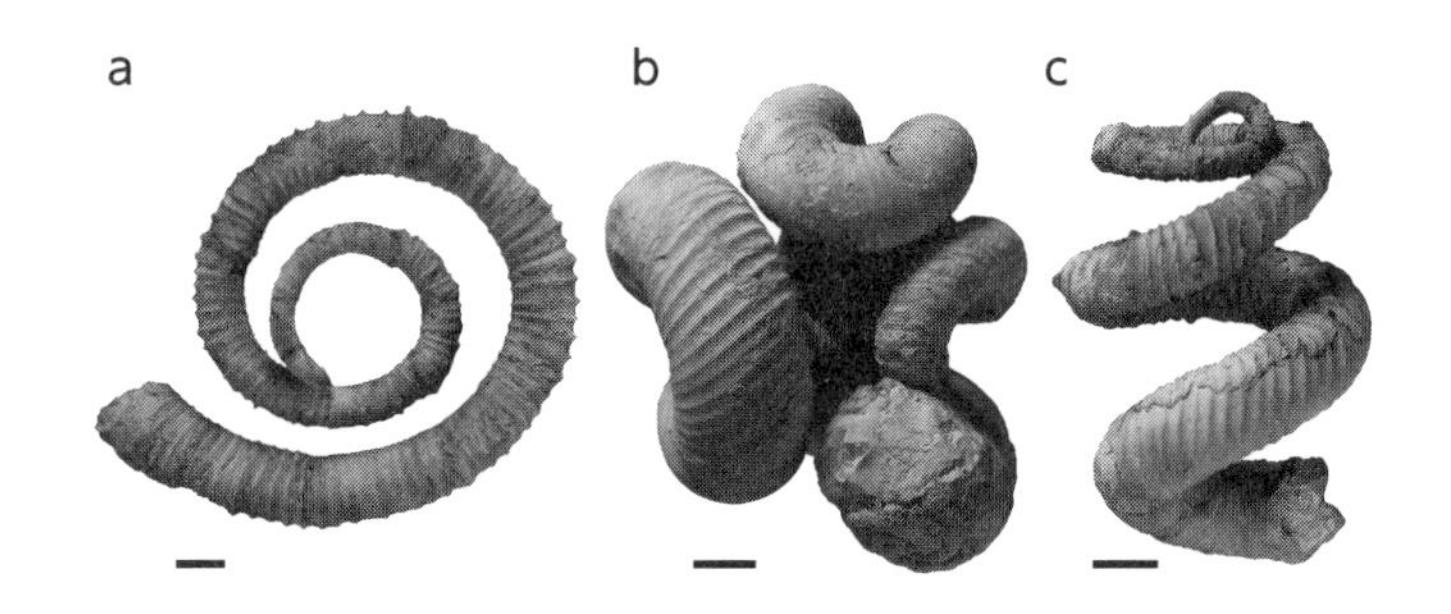

極めて近縁であると考えられている3種の異常巻アンモナイト。a: スカラリテス・スカラリス、b: ニッポニテス・ミラビリス、c: ユーボストリコセラス・ジャポニカム。いずれも三笠市立博物館所蔵。スケールは1cm。

端に小さく設定すると、成長プログラムを切り替えることをやめたのだ。つまり、上限の許容範囲を極端に大きくした場合は平面巻きのまま成長を続け、下限の許容範囲を極端に小さくした場合は一度左巻き（もしくは右巻き）になってからは左巻き（もしくは右巻き）のまま成長を続けたのである。そして、コンピューターが描いたそれらの形は実際に化石が見つかっているスカラリテス・スカラリス、ユーボストリコセラス・ジャポニカムそのものだった！　実は、ニッポニテス・ミラビリス、スカラリテス・スカラリス、ユーボストリコセラス・ジャポニカムの三種は、殻表面の装飾が区別つかないほど類似していることに加えて、同地域・同時代の地層から共産する。そのことから、矢部長克や松本達郎ら、これまでの研究者により、三種は系統的に極めて近縁であることが推測されていたのである。

成長方向調整モデルは、種内変異・属内変異も含めたニッポニテスの形を再現するに留まらず、類縁関係にあると考えられていた別属別種のまったく異なる形までも再現してしまった。さらに興味深いことに、ニッポニテスから他二種に切り替わる際には両者の中間型にはならず、形がジャンプするような結果をコンピューターシミュレーションは出力しているのだが、これも中間型の化石が見つからないという現実と一致している。

このように、岡本のコンピューターシミュレーションの結果と実際の化石記録の恐ろしいほどの一致は、成長方向調整モデルの確らしさを物語っているのである。お見事としか言いようがない。岡本は、さらに産出層準などを詳しく調べ、ユーボストリコセラスがニッポニテスよりも時代的に早く登場することから、ニッポニテスはユーボストリコセラスから、中間型を経ずに進化（派生）したことを示した。以前から推測されていたニッポニテスとユーボストリコセラスの系統関係は、実際の化石記録とコンピューターシミュレーションの両面から実証されたのである。

ニッポニテスが前を向きたい理由

進化の説明において、生き物自身に意思があるような書き方は、本当は良くない。なぜなら、キリンは〝強く願ったから〟首が長く伸びた訳ではないからである。自然淘汰により、生存と繁殖に不利な形態の割合が小さく、有利な形態の割合が大きくなり、結果的に集団としての形態が変わるのが進化である。

ということで、ニッポニテスはなぜ前を向きたかったのか、というよりも、殻が前を向くような調整は、どんな点において有利だったのだろうか？　このことについて、ユタ大学（アメリカ）のデイヴィッド・ピーターマンらによる二〇二〇年の研究例がある。この研究で行われたコンピューターシミュレーションでは、ニッポニテスの遊泳安定性が現生オウムガイよりも高いことが示され、殻口が下向きで重心と浮心の位置に開きがあると推測されるユーボストリコセラスからの進化で、少なくとも遊泳能力が向上していることが予測された。ニッポニテスは、横方向にほとんど泳げなかったユーボストリコセラスが泳げるように進化した姿なのかもしれない。

生き物の神秘を解明するということ

「不思議な生き物の〝かたち〟を数値により客観的に再現し、形成メカニズムを理解することができた」と表現すると、生き物としての神秘性が失われてしまうような、どこか味気ない気持ちになる方もいるだろう。もしも、そのように感じてしまうとしたら、その理由は、そのような取り組みが、人間が理解できるルールに無理やり当てはめようとしている「人間主観の科学」に見えてしまうことにあるのかもしれない。

しかし、多くの古生物学研究はもちろんだが、特にニッポニテスの理解を目指した岡本隆による一連の研究については、これにまったくあたらないものであると筆者は思っている。それは、岡本が開発した成長管モデルが、究極的に〝ニッポニテスの目線〟に立って開発されたものであるからだ。最初に紹介したラウプモデルのことを思い出してほしい。ラウプモデルでは巻軸の設定をすることが大前提であったが、そもそも果たして、生き物自身にとっての〝軸〟というものが存在するのだろうか。実際にニッポニテスに適応できなかったことから、〝軸〟の仮定は生き物にとって本質的ではなく、これはあくまで人間が理解しやすい表現方法なのである（繰り返すが、そうであっても、ラウプモデルは軟体動物の殻形成について多くの理解をもたらした非常に優れた手法である）。一方で成長管モデルは、次に殻を伸ばす方向、つまりアンモナイト自身の顔の位置が基準になっているものであり、これを応用して提案された成長方向調整モデルは、ニッポニテス自身にとって都合の良いように生息姿勢を決定しているという仮説である。上から目線でなく、これ以上にニッポニテスの目線に立って検討した研究は他に例がないのではないかと思う。

結果、岡本隆が行った一連の研究により、ニッポニテスは珍奇な〝モンスター〟ではなくなった。他の種類と同じように、脳をもち、平衡感覚を司る器官をもった一匹のアンモナイトであることが示されたのである。

第七章

アンモナイトの復元

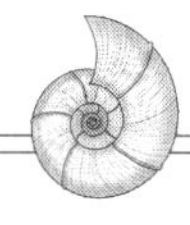

古生物の筋肉や内臓など、体のやわらかい部分（軟組織）が化石になるのは、非常に稀である。それは、生き物の軟組織（その主成分であるタンパク質）は分解されやすく、ほとんどの場合、化石になる前に腐ってしまうためである。アンモナイトの場合、化石になるのは炭酸カルシウムの殻とキチン質から成る顎器と微小な歯舌のみであり、体そのものはほとんど残らない。そのため、アンモナイトの姿は一九世紀から多くの研究者とアーティストにより想像され、様々なタイプの復元画が描かれてきた。

しかし近年、従来の〝常識〟を覆すような発見が相次いでいる。内臓や眼球、鰓と思われる構造が比較的はっきり観察できる「本体」と言うべき化石が発見されたのである。また、アンモナイトの体のつくりを知る手がかりは、実は地層の中に残された化石だけにあるのではない。現在生きている頭足類の発生や遺伝子発現メカニズムを調べることからも、アンモナイトの姿の一端が見えてきたのである。この章では、アンモナイトの軟体部、つまり殻以外の本体部分について現在わかっていることを紹介しよう。

アンモナイトのボディプラン

アンモナイトの軟体部を知ることは、系統的に近い生き物、つまり頭足類の体のつくりを理解することからはじまる。あるまとまりの生き物に共通した解剖学的特徴のことを、「体制（ボディプラン）」という。また、絶滅動物の姿や生態を推測する上で重要なのが「系統ブラケッティング法」というもので、「二つの系統に共通した特徴は、それらに挟まれた系統も同様に有している」という考え方である。例えばワニは卵を産み、鳥も卵を産む。その間に挟まれる恐竜もきっと卵を産んだはず、というものである（そして、実際に恐竜の卵化石が発見されていて、このことは裏付けられている）。

第一章で述べたように、現生頭足類の中でもっとも原始的な系統であるオウムガイと、もっとも進化的な系統であるイカに、アンモナイトは挟まれている。ここに、系統ブラケッティング法を導入すると、オウムガイとイカに共通している体制はアンモナイトも基本的には有しているはずだと言えるのである（特別な進化を想定しない限り)。これは化石の発見にかかわらず、アンモナイトの軟体部を復元する上での基本になるので、主要なものを挙げてみようと思う。

腕 ― イカ類の腕は一〇本。現生オウムガイの腕は雌雄で異なり、六〇〜九〇本ほどである。本数にはかなり差があるので、系統ブラケッティング法では「複数本あっただろう」という以上のことを推定することはできない。

漏斗 ― 漏斗は海水を噴射して推進力を得るための器官である。オウムガイ類もイカ類も漏斗をもっているので、アンモナイトも漏斗をもっていただろう。なお、イカの漏斗は輪になっている一方で、オウムガイの漏斗は二つの襞(ひだ)が丸まって重ね合わさり、筒のような形になっているという違いがある。オウムガイの方が原始形態であり、イカの完全な筒状の漏斗はどこかのタイミングで進化したものである可能性が高いと考えられている。アンモナイトの漏斗がどちらのタイプだったかはわからない。

顎器と歯舌 ― 顎器は上下二つに分かれた鳥のクチバシによく似た形の摂餌器官で

あり、歯舌は二つの顎器の間にある細かい突起が並んだ硬い舌状の器官である。すべての現生イカ・タコ・オウムガイが顎器と歯舌をもっており、アンモナイトにおいても、実際にこれらの化石が見つかっている。

—**鰓**— オウムガイもイカも肛門の外側にある空間（外套腔）に鰓をもつ。イカ・タコの鰓は一対二個、オウムガイの鰓は二対四個ある。アンモナイトも鰓はあっただろうが、その個数を系統ブラケッティングで絞ることはできない。

—**眼**— オウムガイもイカも一対の眼をもつ。しかし、オウムガイはピンホール眼、イカ・タコはレンズ眼であり、構造が異なる。アンモナイトも一対の眼をもっていたはずである。

—**脳・食道・胃・嗉嚢（そのう）・消化腺・肛門**— これらの消化器系、神経系はオウムガイとイカに共通している。アンモナイトも同様であったであろう。

このように、現生頭足類の体制を理解し、系統ブラケッティング法を導入することで、アンモナイトの軟体部について、ある程度までは推測することができる。しかし、これだけ共通点があっても、実際にオウムガイとイカの軟体部の細部はかなり異なる。例えば、オウムガイは頭巾をもち、イカはもたない。イカの腕は一〇本で、オウムガイは六〇~九〇本ほど、タコは八本である。では、アンモナイトは何本であったのか？　オウムガイはピンホール眼で、イカはレンズ眼である。アンモナイトの眼は？イカとタコは墨を吐くが、オウムガイは吐かない。アンモナイトは墨を吐いたのか？このように、アンモナイトの軟体部を理解するには系統ブラケッティング法だけでは限界があり、イメージをさらに明確にするには、例外的に保存された軟組織の化石の観察と進化発生生物学的な研究から、さらに考察する必要がある。

腕は何本あったのか？

ウネウネと動く複数の腕は、頭足類を象徴するものである。こどもの頃から、イカは一〇本、タコは八本と何度も繰り返し刷り込まれてきた私たちにとって、それはほとんど〝常識〟と言えるほどのものであろう。ちなみに、先ほどオウムガイの腕は六〇～九〇本ほどと書いたが、より正確には雄が六二本、雌が八六～九〇本である。これも、新たな〝常識〟としていただいてはいかがか。

気になるのはアンモナイトの腕は何本であったのかという話だが、残念ながら、これまでに確実な化石は見つかっていない。しかし、理化学研究所の滋野修一らによる現生オウムガイの発生過程を詳細に観察した二〇〇八年の報告は、アンモナイトの腕の数を知る有力な手がかりになった。この研究で、オウムガイの発生初期には腕の基礎はたった一〇本であり、それらが発生の過程で分岐して数が増えることが示された。さらに、腕のうちの一部は大きく形を変え、これが頭巾になることが明らかになったのである。オウムガイの腕は一〇本からスタートする、これは頭足類の体制を考える上で非常に重要な事実である。現生頭足類のうち、もっとも派生的な系統であるイカの腕は一〇本であり、もっとも原始的であるオウムガイにおいても発生初期の腕の数が一〇本だったとすると、頭足類の腕の基本数は一〇本と考えるのが自然である（ちなみに、タコは進化の過程で二本の腕を退化させたことがわかっている）。

さらに、アンモナイトそのものではないが、頭足類化石で重要な発見があった。

二〇一九年にチューリッヒ大学（スイス）のクリスチャン・クルッグらの報告により、アンモナイトの祖先であるバクトリテスから進化して間もない石炭紀のイカ・タコの祖先が一〇本の腕をもっていることが明らかになったのである。系統ブラケッティング法とアンモナイトの祖先に近い化石の証拠から、アンモナイトの腕は一〇本である可能性がもっとも高いと結論付けられる。また、オウムガイの頭巾は腕の一部が変形したものであるとわかったことにより、頭巾は頭足類の基本形質ではなく、オウムガイが独自に進化させた特徴であるということも明らかになった。したがって、アンモナイトには頭巾はなかったと考えられる。

ただし、オウムガイやタコのように進化の過程で腕を増やしたり、減らしたりしたものがいるので、アンモナイトもその進化史の中で腕を特殊化させた可能性はある。頭巾についても、由来は同じでないにしろ、オウムガイのように独自に進化し、同じようなものをもつようになった可能性もゼロとは言えない。いつか化石で確認したいところではあるが、ひとまず、特殊な事情を考慮しない限り、アンモナイトは「一〇本腕の頭巾なし」と考えるのが、なかば学界での定説となった。

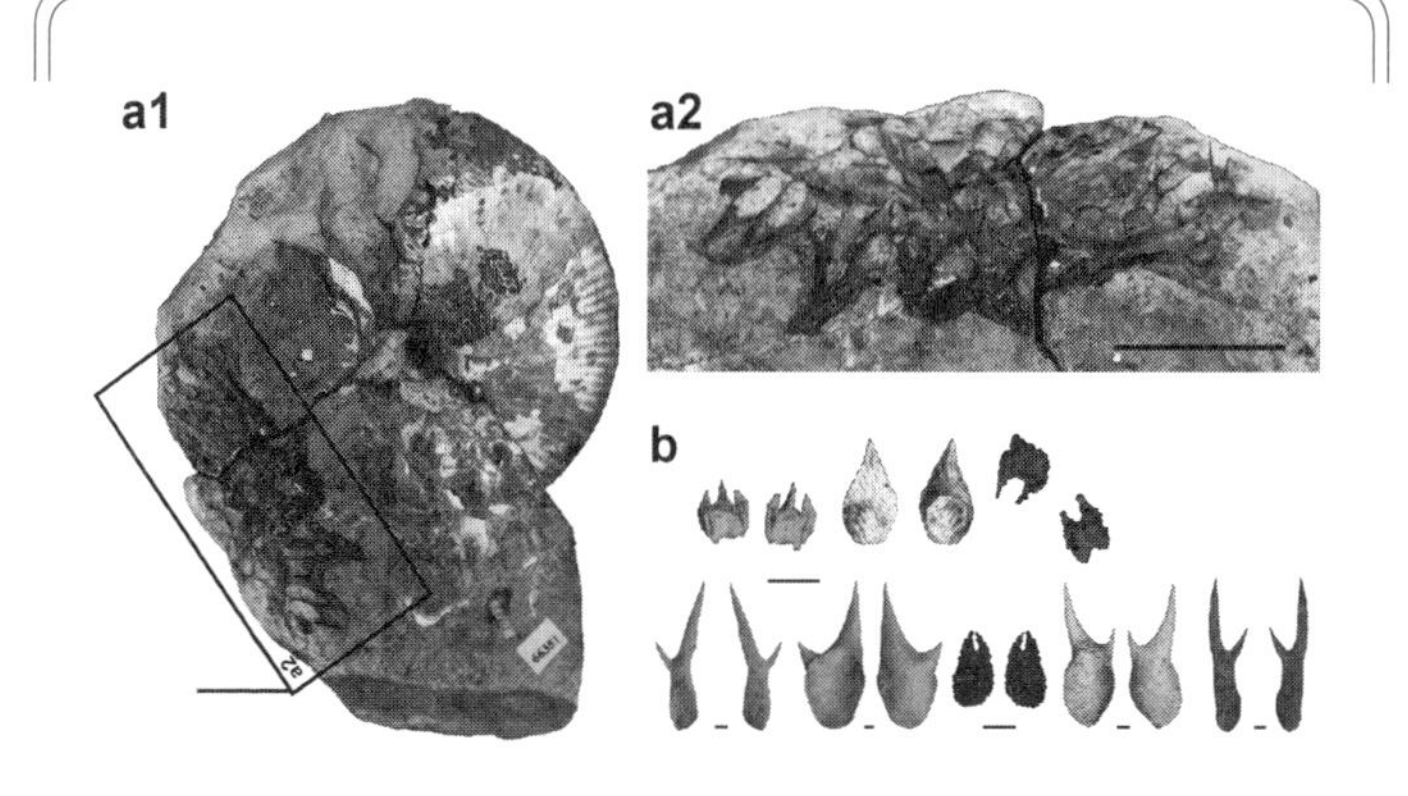

アンモナイトのフックの化石。a: フックが保存されたスカファイテス類の化石。スケールは2cm。b: デジタルで再構成されたフック。スケールは1cm。Smith et al. (2021) より転載。

鉤爪の発見

アンモナイトの腕そのものの化石は見つかっていないものの、腕の先端に付いていた鉤爪（フック）と思われる化石が発見されている。それらはアメリカで見つかっている白亜紀のスカファイテス類の複数の化石で、構造そのものは二〇〇二年に報告されており、当時は歯舌（第一章参照）と解釈されていた。ソルボンヌ大学（フランス）のイザベラ・クルタらを中心とした研究チームにより、二〇二〇年と二〇二一年にCTスキャンなどで詳しく調べられた結果、一つの化石に含まれるフック状構造には複数の形があることや、岩石内で一列に並ぶように配置していることなどがわかった。その様子は、現生のイカの触腕の先端に付いている鉤爪ととてもよく似ていることから、アンモナイトの触腕の鉤爪であると解釈されたのである。

イカの他にベレムナイトも鉤爪をもつが、アンモナイトを含めた三系統の鉤爪は共通の祖先から受け継いだものではなく、どこかのタイミングでそれぞれ独自に進化したものと考えられている。現状、アンモナイトではスカファイテス類からしか鉤爪が発見されていないので、進化のどのタイミングで得たものかはわからない。スカファイテス類はたくさんの種類が知られており、化石も豊富に得られているにもかかわらず、鉤爪がごく限られた種、個体でしか確認されないのは不思議である。

ピンホール眼か、レンズ眼か？

現生頭足類のうち、もっとも原始的な系統に属すオウムガイは水晶体がなく、解像度の低いピンホール眼をもち、より派生的な系統であるイカやタコはより正確な像を見られるレンズ眼をもつ。それでは、系統的にその中間に位置するアンモナイトはどちらのタイプの眼をもっていたのだろうか？　クルッグにより、眼球と思われる痕跡が残るアンモナイトの化石が報告されているものの（後述）、どちらのタイプの眼であるかまでは判断できなかった。

それを直接的に知ることができる化石は現在までに発見されていないが、ヒントとなり得る現生頭足類に関する知見がある。小倉淳と吉田真明らにより、二〇一三年にオウムガイの眼の発生に関する遺伝子発現メカニズムが調べられている。その結果、オウムガイのピンホール眼は、レンズ眼の形成に必要な遺伝子をもちつつも、それが発現しないために形成されていることが明らかになった。また、レンズ眼の形成に必要な遺伝子はイカだけでなくヒトも有しており、レンズ眼は無脊椎動物と脊椎動物の共通祖先から共有されているもので、頭足類の眼の基本型であることを示している。つまり、オウムガイのピンホール眼は頭足類の原始的な特徴ではなく、レンズ眼形成遺伝子の制御不全により実現された〝進化的〟なものであることがわかった。オウムガイのような独自進化を想定しないのなら、アンモナイトの眼は原始形質であるレンズ眼であったと、まずは想定すべきかもしれない。

ついに発見された本体の化石

いくら生き物の軟組織は化石に残りにくいと言っても、アンモナイトの本体（軟体部）の発見例はあまりにも少なすぎる。これは、多くのアンモナイト研究者にとって、非常にもどかしい問題であった。他の生き物では見つかることがあるのに、なぜかアンモナイトでは見つからない。例えば、ドイツにあるジュラ紀の地層ゾルンフォーヘン石灰岩からは、腕や内臓など体のシルエットが完全に保存された、様々な種類のコウモリダコのなかまやベレムナイトの化石が見つかっているのに、同じ地層から得られるアンモナイトでは軟体部の痕跡は見つからない。レバノンの白亜紀の地層も同じ状況で、タコやコウモリダコの軟体部の化石は見つかるのに、やっぱりアンモナイトのものは長い間見つからなかった。

しかし、待望の化石が、ドイツにある二つの化石産地から報告された。どちらも発表したのは、チューリッヒ大学（スイス）のクリスチャン・クルッグを中心とした研究チームである。それらの化石は完全体ではないものの、軟体部と思われる痕跡がしっかり残っていて、アンモナイトの体のつくりを理解するには十分なものであった。

バキュリテス類の眼と消化管

バキュリテスはまっすぐな棒状の殻をもつ、白亜紀に登場した異常巻アンモナイトである（口絵5m）。クルッグらが二〇一二年に発表した、ドイツで見つかったバキュリテスのなかま（殻の保存状態が良くなく、詳しい種類は特定されていない）の複数個の化石には、住房にあたる部分に軟体部の痕跡が残っていた。もともとあったであろう位置に顎器と歯舌が保存されていたほか、顎器を中心としてその左右には、楕円形に近い不定形の大きなシミのような痕跡が認められたのである。クルッグらにより、これは眼であると解釈された。また、顎器から住房の奥の方に向かってまっすぐ伸びている線状の食道が残った標本もあり、食道は体の奥の方でやや太くなっている。これは食物を一時的に貯めておく嗉嚢（そのう）、もしくは胃であると解釈された。嗉嚢と胃が細い管で繋がれたようにして保存された化石もあった。また、顎器よりも殻の奥側、食道の上にちょうど被さるような形でメラニン色素が濃集した部分があり、これは脳や

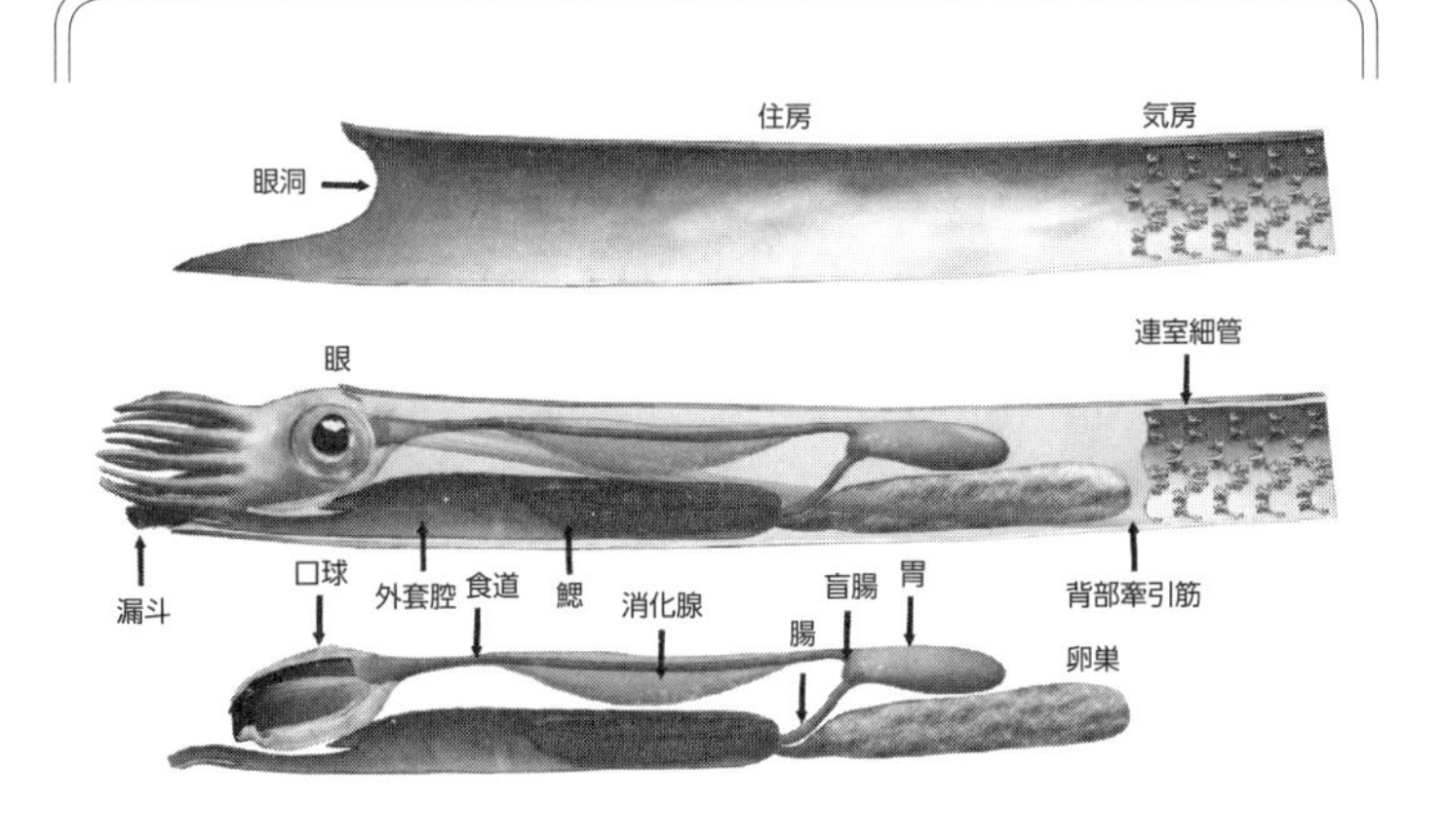

ドイツで発見された異常巻アンモナイト、バキュリテス類の軟体部化石を元に作成された解剖図。Hoffmann et al. (2021a) を改作。

眼を守る頭部軟骨（イカの頭にある、触ると少しコリコリしている部分）と見なされた。

この化石には、〝卵の痕跡〟のように「本当かな？」と少し疑ってしまうような解釈も付されているが、多くの神経器官・消化器系が現在知られているイカやオウムガイの体に近い形・位置で保存されていた。特に、眼と解釈された部位はそれでないとしたら一体何かと言われたら答えようがないほど、確かに眼のように見える。クルッグらは、アンモナイトの眼は現在生きているイカのように大きく、視力が優れていたのではないか、光が届くような比較的浅い場所で生息していたのではないかと推測した。

p.244の図は、これらの発見を元に示された解剖図である。系統ブラケッティング法だけでは推測の部分が多かったアンモナイトの解剖図だが、この化石によって、以前よりも確信をもって描けるようになったわけである。

サブプラニテスの〝アンモナイトせんべい〟

同じくドイツだが、始祖鳥が発見されたアイヒシュテットのジュラ紀層から見つかり、二〇二一年にクルッグらにより報告された軟体部の化石は、実に生々しいものである。このアンモナイトは殻を伴っていなかったものの、少し丸まったような形をしたほとんど完全な軟体部が頁岩に保存されている。それはまさに、殻から引っこ抜いたアンモナイトの本体を鉄板でプレスして作ったタコせんべい、もとい〝アンモナイトせんべい〟のようである。

殻がないのに、この化石がアンモナイトのものであるとなぜ言えるのかというと、この時代のアンモナイトに特徴的な、二枚貝のようなアプチクスタイプの顎器が一緒

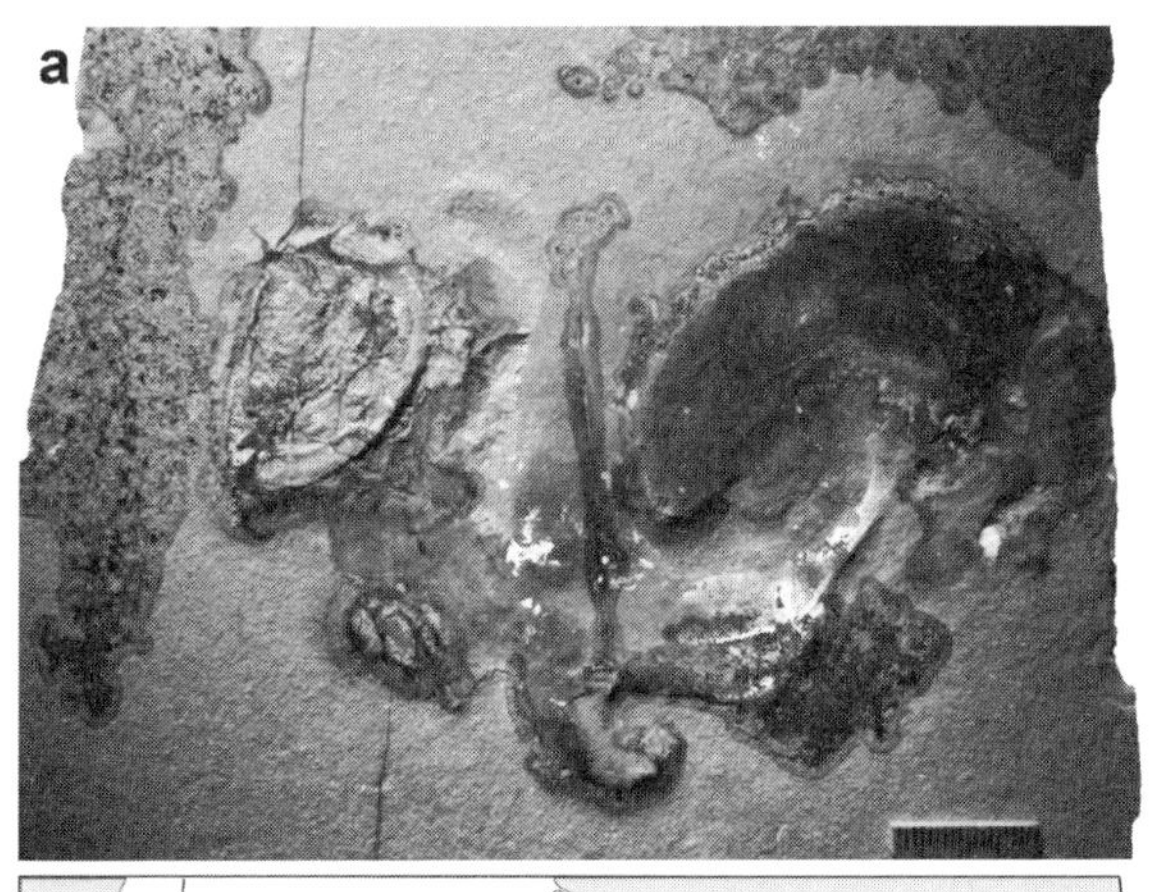

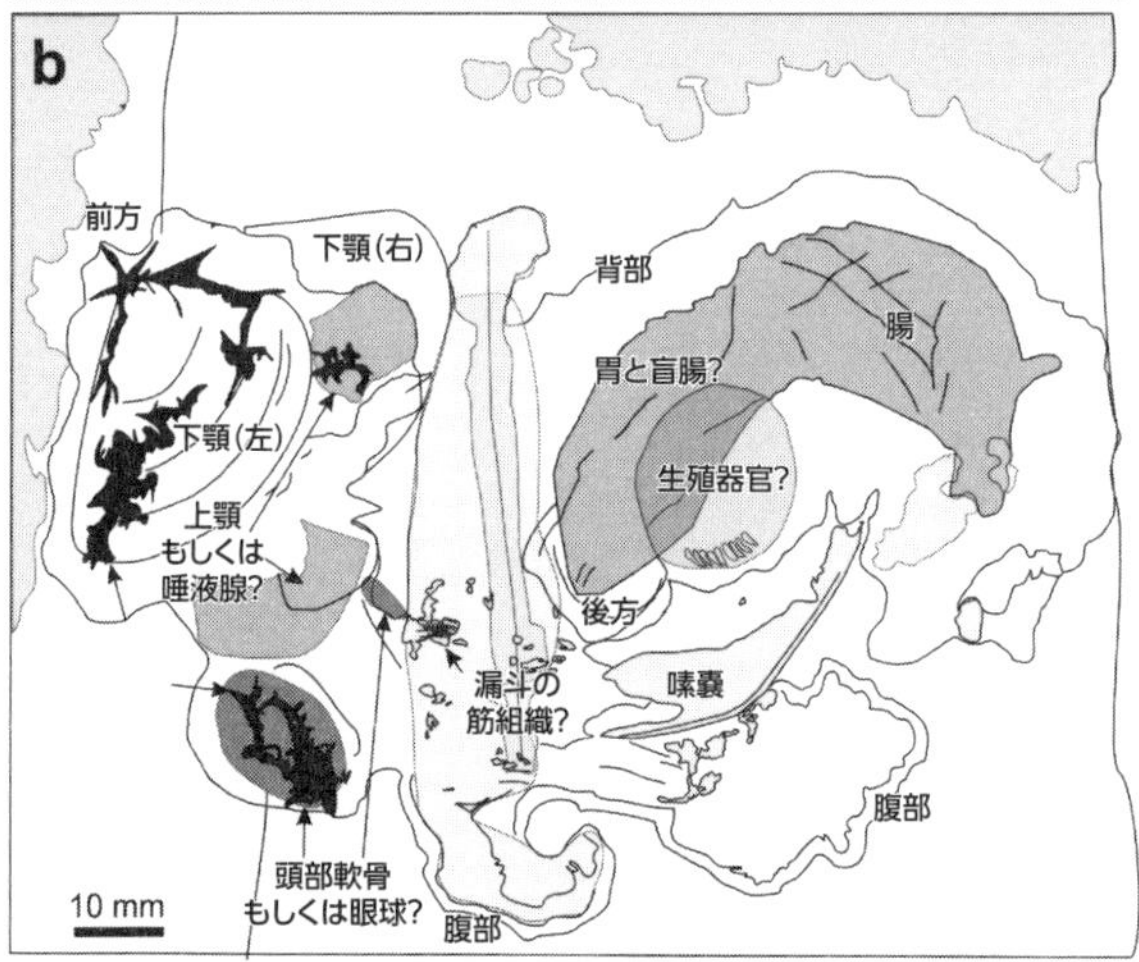

ドイツで発見されたジュラ紀アンモナイトの軟体部。a: 紫外線照射化で撮影された化石。b: スケッチと各器官の解釈。Klug et al. (2021) より転載。

に保存されていたためである。これにより、この奇妙な化石がアンモナイト、特にペリスフィンクテスのなかまのサブプラニテスのものであることがわかった。この化石には、顎器が一番端にあり、続いて眼のようなシミ、そのすぐ近くには漏斗のような棒状の痕跡が残されている。そして、さらに体の奥に向かって、嗉嚢と胃が続いている。この配置はバキュリテスと同じだ。特に、嗉嚢部分は紫外線に反応するリン酸鉱物で、現在のイカと同じくキチン質でできていたことが示された。他には、一対の鰓と思われる痕跡も保存されていた。

また、消化器系だけではなく、軟体部のもっとも後ろにあたる部位には、生殖器官と思われるものまで残されていた。折り畳まれた細い紐がえんどう豆のような形でまとまっている構造が、オウムガイの精胞の中にある紐状の精莢(せいきょう)（精子を入れたカプセル）とよく似ており、この個体の性別は雄であると推測された。アンモナイトは個体ごとに性別が分かれており、同種の中に見られる大小の二型は性別に対応しているというのが定説だが、どちらがどちらなのかという肝心のことが長年の謎であった（第三章参照）。雌雄のどちらであるかを決めるには、各性別の生殖器官を発見する必要があったわけであるが、クルッグらは、この化石は軟体部の大きさからサブプラニテスのミクロコンクであると判断し、どうやらミクロコンクの方が雄であったのではないかと考察している。この化石には残念ながら殻が保存されていないため、このアンモナイトの分類および二型のどちらであるかは検証の余地があるようにも思えるが、とにかく生殖器官と思われる痕跡が見つかった意義はとても大きく、アンモナイトの性別に関する理解を大きく進める重要な発見である。

クルッグらは、このアンモナイトがなぜ軟体部だけで化石化しているのかということについても考察している。それによると、ベレムナイトがこのアンモナイトを食べようとして軟体部を殻から引き抜いたものの、捕食に失敗し、軟体部のみ海底に沈んだシナリオが想定されている。軟体部だけが保存されている理由を特定するのはなかなか難しそうだが、いずれにしても、この化石がアンモナイトのものであることは確実であり、アンモナイトの体のつくりを知る上で重要であることに変わりはない。

最後に、バキュリテスもサブプラニテスも、神経器官や消化器系などが保存されているにもかかわらず、腕の化石が見つからなかったのはとても不思議なことである。アンモナイトの腕は、化石として残らないほどに貧弱だったのだろうか？　彼らの腕の特徴と本数の正解を得ることは、アンモナイト研究に残る最終課題の一つである。

筋肉を復元する

筋肉のつくりを知ることは運動能力を推定する上でも大変重要であるが、アンモナイトの筋肉もタンパク質なのでやはり化石には残りにくい。しかし、殻の側に筋肉が付着していた痕跡（筋肉付着痕）が残っていることがあり、これを現生オウムガイのものと比較するなどして、筋肉の付き方や運動能力を推定することはできる。

筋肉付着痕が残るアンモナイト（アイオロセラス）。スケールは1cm。

アンモナイトの筋肉付着痕はかなり古くから発見されており、一九世紀の後半にはすでに報告されていた。その後、多くの研究者により記載がなされてきたが、ロシア科学アカデミーのラリサ・ドグザエバとスウェーデン自然歴史博物館のハーリー・ムトベイによる一九九一年の論文はロシアで産出された白亜紀のアコネセラスの筋肉付着痕を詳しく図示し、オウムガイとも比較した上で筋肉系を復元した画期的なものであった。アコネセラスの筋肉付着痕のうち、まず目立つのは、住房の奥から手前に向かって舌のように伸びている、左右対称の付着痕である。オウムガイでも大まかに似通った箇所に筋肉付着痕があり、ここに頭部を動かすための筋肉（頭部牽引筋）が付いている。オウムガイは、この筋肉を収縮して頭部を体の奥の方に引き込むことを繰り返し、その運動によって押し出される海水を漏斗から噴射することで泳ぐのである。アコネセラスにある筋肉付着痕も頭部牽引筋に関係したものであろうと想像されるが、その筋肉付着痕の形をよく見ると、舌状の部分がわずかに二股になっていた。ドグザエバとムトベイは、頭部牽引筋と並んで、イカでよく発達が見られる漏斗を動かすための筋肉（漏斗牽引筋）がここに付着していたのではないかと考えた。確かに、イカは外套腔を広げたり縮めたりして水を噴射する以外にも、漏斗を広げたり縮めたりして推進力を生み出す。さらに、サイズから考えると、どうやら、頭部牽引筋よりも漏斗牽引筋の方がより発達しているようである。

結論として、アコネセラスは筋肉質な漏斗をもっており、頭を前後させて推進力を生むオウムガイとは違って、頭部の前後による水の押し出しに加え、漏斗も推進力の

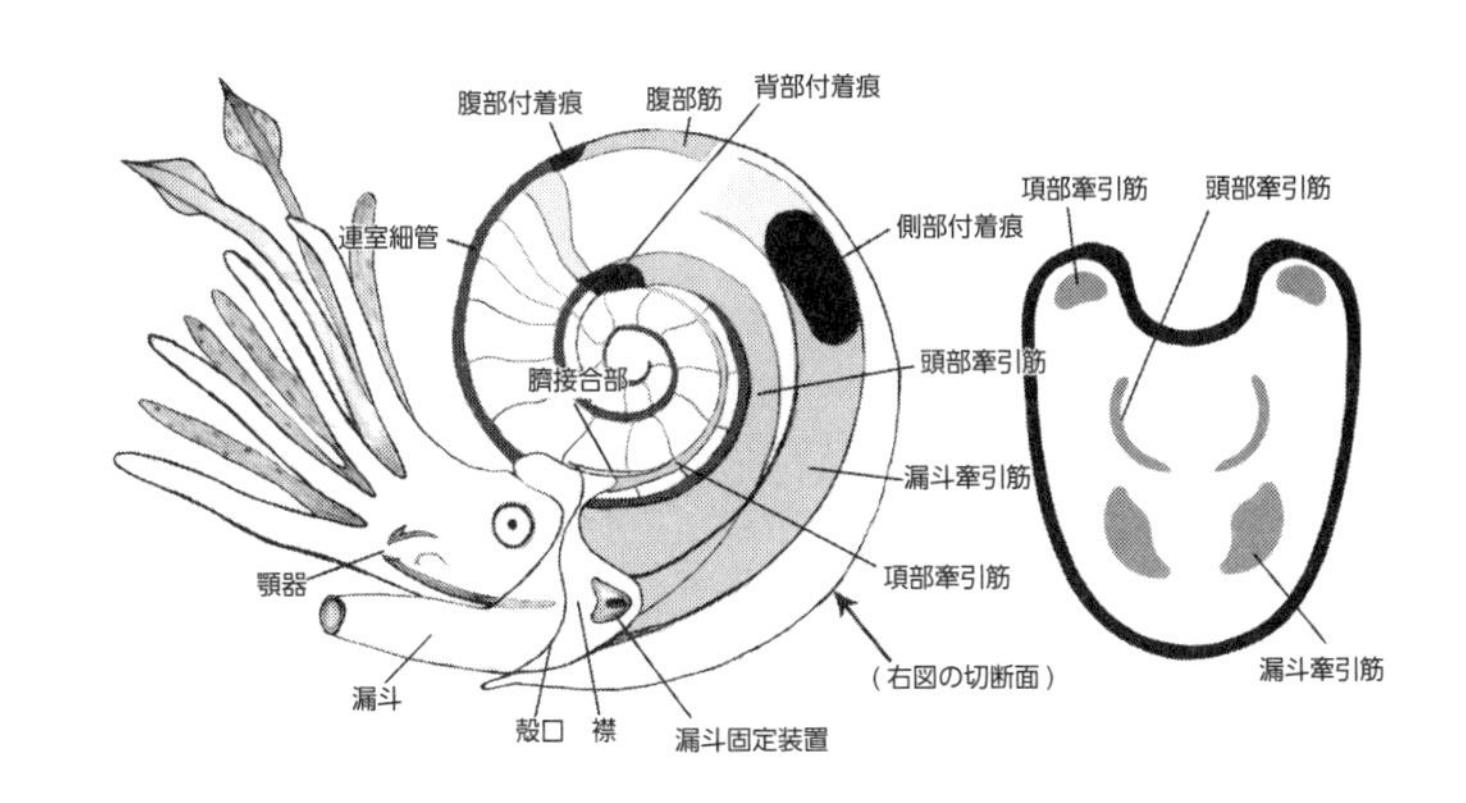

ミロネンコによるジュラ紀アンモナイトの筋肉図。Mironenko (2015) を改作。

エンジンとして機能させて泳いでいたのではないかと彼女らは推測した。アコネセラスには、住房の一番奥の臍側と腹側にも筋肉付着痕があった。前者は頭部に繋がっていて、防御のために軟体部を殻の中に引き込めた可能性が、後者は隔壁を作り、体を前進させる際に機能する筋肉が付いていた可能性が推測されている。

ドグザエバとムトベイによる筋肉付着痕の解釈は現在に至るまで、基本的な考えとして支持されている。二〇一五年にロシア科学アカデミーのアレキサンダー・ミロネンコはロシアのジュラ紀層から産出されたクラスペダイテス類の筋肉付着痕を報告し、種類によって異なる筋肉をもち、殻と軟体部を固定していた可能性などを示している。また、アンモナイトの筋肉系について、一つ興味深い指摘をしている。それは、漏斗を制御していたと思われる筋肉の付着痕が異常巻アンモナイトのオウドリセラスなどでは発見されないということである。これについて、異常巻アンモナイトは泳ぐ能力をほとんど失っており、そのために筋肉が減少していたのではないかとミロネンコは考察している。確かに、異常巻アンモナイトの中には、どう考えても器用には泳げないような形をしているものがあり、その指摘と解釈は辻褄が合っているように思う。

二〇二一年にカーディフ大学（イギリス）のレズリー・チャーンズらは、イギリスで産出されたジュラ紀のシガロセラスをＣＴスキャンを用いて解析した。その化石は住房に砂や泥が詰まっておらず、二次的な透明の鉱物の中に軟体部由来と思われる黒い塊状の物質が保存されていた。解析の結果、これまでに報告されていた筋肉付着痕と近い部位から伸びるような形をしていることなどから、これが筋肉であると解釈された。これは、三次元的に保存されたはじめてのアンモナイトの軟体組織の化石で、とても貴重な発見である。

また、アンモナイトの筋肉系と推進力を生み出す仕組みについては、一九九三年にアメリカ自然史博物館のデイヴィッド・ジェイコブズとニール・ランドマンにより、まったく異なる仮説が立てられている。ドグザエバとムトベイが想定しているように、アンモナイトでは頭部を引き込む筋肉の発達が弱く、代わりに漏斗を操作する筋肉がより発達していたとしても、それで十分な推進力が生み出されることは期待できないと彼らは指摘している。その上でイカは胴体を広げたり縮めたりして推進力を生み出すことに注目し、似た仕組みがアンモナイトにもあった可能性を挙げている。しかし、アンモナイトがイカと根本的に違うのは体の外側に固い殻があるということで、イカのように胴体を広げようにも、殻があるために同様の収縮はできない。そこでジェイコブズとランドマンが提案したのが、胴体が前後方向に収縮するような筋肉を有していたのではないかということである。また、イカの胴を伸び縮みさせる筋肉の向きが少し変わるだけで、前後方向の収縮が実現されたのではないかと推測している。確かに住房の内部で体を前後に収縮することができれば、その運動により海水を押し出す力が生まれ、十分な推進力となるかもしれない。また、そのように、軟体部を殻の中に引っ込めるような運動ができれば、防御にも役立つであろう。

この仮説は現時点で他の手法から裏付けられていないが、棄却してしまうにはおしいものであると思う。これまで解説してきたとおり、アンモナイトは、オウムガイよりもむしろイカやタコの方と共通点が多い。筋肉のつくりに関しても、外殻性という共通点に囚われてオウムガイだけと比較するよりも、イカやタコを考慮する価値はありそうである。ジェイコブズとランドマンによる前後収縮筋仮説は、まさにその提言と言えるものであった。アンモナイトがどのような筋肉構造をもち、どのように推進力を生み出していたのかについては検討の余地がありそうである。

墨を吐いたのか？

「墨を吐く」ことは、イカ・タコのアイデンティティの一つかもしれない。敵から襲われた際に、メラニン色素を多く含む黒色に近い墨を吐いて身を守るが、イカとタコが吐く墨は性質が少し異なる。イカの墨には粘り気があり、塊として水中に留まることで敵に標的を勘違いさせる役割があり、タコの墨には粘り気がなく、辺りに広がって目眩しになる。この性質と戦術の違いは、イカは〝分身の術〟を使い、タコは〝煙幕〟を使う、とよく例えられるものである。イカの墨は、かつてインクにも使用された。ノスタルジックな趣のある茶色系の「セピア色」とは、もともとイカ墨から作った顔料であり、セピアとはコウイカ属の学名*Sepia*そのものなのである。ちなみに、オウムガイは墨を吐かない。

アンモナイトはどうだったのだろうか？　過去には、アンモナイトの化石に残る黒色の痕跡が墨袋と解釈されたものがあったが、報告した研究者自身が後に解釈を改め、墨袋と断言できるものはまだ見つかっていないという状況である。墨袋をもちながらもそれが化石に残らなかった、ということも考えるべきではあるが、例えばドイツにあるジュラ紀の地層などにおいて、同じ産地のコウモリダコやタコ、ベレムナイトの化石では墨袋が見つかるにもかかわらず、アンモナイトでは見つからない。これらのことから、現時点では「アンモナイトは墨を吐かなかった」と結論付けざるを得ない。

体の中に殻があった？

一部のアンモナイトは、体の中に殻があった可能性がある。「またまたご冗談を」と思われるだろう。しかし、これは大真面目な話であり、そうでないととても説明が付かないような化石が実際に知られているのである。

通常、アンモナイトの殻は三層から成っているが、ジュラ紀や白亜紀の一部の種類には、一層多いものがいる。その追加層は、三層構造を作った後に「外側から作られた」可能性があり、外側から殻を作れるということは「軟体部が殻の外側を覆っていた」ことを意味するというのである。このような、アンモナイトの「内殻性」の可能性は、ドグザエバとムトベイにより、二〇一五年にまとめられている。

北海道から見つかるゴードリセラスには追加層が見られ、内殻性が疑われるアンモナイトの一つである。ゴードリセラスを採集したことがある人にはお馴染みだが、ゴードリセラスだけが、なぜか岩石との分離がよく、ハンマーを当てると渦巻の中心(臍)まで完全に岩石から分離され、綺麗に露出する。そして、殻の表面、特に臍の部分には黒色の薄い層状のものが覆っていることに気がつく。これこそが追加層で、オウムガイのフードが接する部分にできる黒色の層と基本的には同じ物質のようである。ゴードリセラスは普通に三層の殻を作った後に軟体部を伸ばして殻を覆い、この追加層を形成したのではないかと考えられている。興味深いのは、追加層は殻全体を完全に包んでいるわけではなく臍の部分だけを覆っていたらしいということだ。また、成長の中で臍を覆うフェーズと、覆わないフェーズを繰り返していたかもしれないという見解もある。なんとも不思議である。

また、筋肉付着痕の研究で登場したアコネセラスは、成長段階により住房の長さが著しく変化し、特に成熟個体では住房が短い。また、通常では内側に作られる殻が外側の表面にまで広がっていることが確認されていることから、膜状の軟体部がはみ出して殻を一部覆っていた可能性が考えられている。クリップのような形をしたプチコセラスというアンモナイトも、成長の初期に作った殻を自分で切断し、そこを埋めるようにして成長するということに加えて、殻の一番外側には、外側から分泌したとしか思えないような薄い膜が形成されていることから、軟体部が殻の外側まで伸びて、クリップ状の殻の一部を覆っていた可能性がある。

黒色の追加層が見られるアンモナイト（ゴードリセラス）。スケールは１cm。

顎器の蓋復元

アンモナイトは、鳥のクチバシのような形をした「カラストンビ」と呼ばれる顎器(がくき)をもっている。現生の頭足類と似た形をした顎器は、これを上下に動かして食べ物を切り刻んでいたと推測されるが、ジュラ紀には下顎が大きく平べったいシャベル状になったアプチクスタイプというものもあり（p.156の図f参照）、このような顎器については本来の機能とは異なる別の機能が提案されている。その一つが、顎器が殻を閉じる蓋のように使用されたというもので、顎器の形が殻口の形にぴったり合い、しかも塞ぐような位置で保存されていた化石が見つかったため、このような説が提案されるようになった。その復元画は、顎器がまさにオウムガイのフードのように配置されている（p.266の図f参照）。他にも、腕と顎器が繋がっていて、顎器を体の外側に出すことで姿勢を安定させる〝バラスト〟として使用したという説もあり、顎器の位置による姿勢移動などのシミュレーションも行われている。

確かに、アプチクスタイプの顎器は摂餌器官にしてはかなり不自然な形をしており、どう考えても、これを使って物を噛むことはできないだろう。しかし、いずれの機能についても現時点では推測の域を出ておらず、現実的なものであるかはわからない。

殻の色と模様

アンモナイトには黒色、茶色、白色、虹色など、様々な色の化石がある。化石の色は地域ごとに異なり、北海道内だけで考えても、羽幌地域や中川地域では白色や虹色、小平地域や古丹別地域では茶色、三笠地域や夕張地域では黒色など様々だ。地域によって色が異なる理由についてはよくわかっていないが、こうした化石の色はアンモナイトが生きていた当時の色とは無関係であり、地層の中で化石になる過程で変色したものである。このような「アンモナイト化石の色」ではなく、アンモナイトが生きていた当時の色や模様が、ここでの主題である。

生き物の体色を作り出す色素の多くは不安定で壊れやすく、化石になる過程で失われ、色や模様は基本的には化石に保存されない。そのため、図鑑などで見られる古生物の復元画の多くは、体色が推測で描かれていることが多い。しかし、二枚貝や巻貝などの殻化石にもともとの模様と思われるものが残っている場合が稀にあったり、近年では始祖鳥の羽根に残った色素胞の形から、艶のない黒色の羽根をもっていた可能性が高いことなどが示されたりと、古生物の色や模様を知る術はまったくないというわけでもない。

アンモナイトにおいては、色そのものこそ明らかになっていないものの、もともとあったと思われる模様が残った化石が見つかっている。主なものを以下に紹介しよう。

1 帯状模様

北海道の白亜紀の地層から見つかるテキサニテスのなかまには、螺旋と並行に走った太い帯状の模様が残っていることがある（口絵7a）。また、近縁のサブモルトニセラスでも同様の帯状模様が残っているものが、遠く離れた南アフリカから報告されている。

2 点線模様・線模様

ドイツのジュラ紀の地層から見つかるプレウロセラスやアマルテウスには、殻の螺旋に並行するように並んだ点線状の模様や、点同士が連結した線状の模様が見られることがある（口絵7b）。

3　放射模様

アメリカ・ネバダ州の三畳紀のオーウェニテスやプロスフィンギテスには、螺環（らかん）を横切り、外側に向かって太くなる風車のような放射状の模様が見られることがある（口絵7c）。しかし、模様のように見えるのは周期的な成長停滞線であり、真の意味での模様とは異なるのではないかという意見もある。

4　虹色模様

マダガスカルの白亜紀のデスモセラスやボーダンティセラス、ロシアのジュラ紀のクインステッドセラスやキャドセラス、アメリカの白亜紀のホプロスカファイテスなどには、帯状の虹色模様が現れているものがある。これは色素による模様ではなく光の干渉により発現した構造色であるが、殻の表面にある色彩パターンという意味で、色素模様と同等の役割をもっていた可能性が指摘されている。北海道の白亜紀の地層から見つかるダメシテスなどデスモセラス類のアンモナイトにも、虹色模様が見られる化石がある（口絵7d）。

5 無模様

前述のとおり、中生代の地層からは模様が残ったアンモナイトの化石がそれなりの数が報告されているものの、古生代の地層からは確実なものは知られていない。地層の年代が古いために模様が現代まで残らなかった可能性も考えられるが、同じ時代のオウムガイ類や巻貝には、模様が残った化石が少なからず知られている。特に、エストニアやチェコ、スウェーデン、アメリカなどから見つかる様々なオウムガイ類の化石には、はっきりとしたジグザグ模様や縞模様などが残っている場合がある。このように、古生代の他の軟体動物化石では模様が発見されているにもかかわらず、アンモナイトでは発見されないことから、古生代のアンモナイトには模様がなかったのではないかともいわれている。

化石に模様らしきものが残っていたとして、それが本当に生きていた当時のものというなのか、真の意味での模様であるかについては注意が必要である。その判定はなかなか難しいが、模様の規則性や左右対称性は一つの基準になり得る。例えば、斑点模様が化石にあっても、それが不規則であり、殻の半分のみだった場合、それが生きていた当時からあったものとは考えにくく、化石になる過程で現れた模様状のものである可能性が高い。また、殻の構造上の問題で、一つの化石の中で箇所によって色が違って見えることもある。例えば、くびれがある部分では殻の厚みが増していることがあり、そこだけが他よりも色が濃くなっている場合があるが、これは殻の模様とは言えないだろう。過去に模様として報告されたが、これらの視点から残念ながら「もともとの模様ではない」と後に再解釈されたものもある。

生き物の体の色や模様には、カモフラージュや警戒、個体認識、性的アピールなど様々な機能がある。現生オウムガイでは、白地の殻に赤色の独特な火炎模様があり、これにはカモフラージュの効果があるらしい。また、イカは体の外側に殻をもっていないが、軟体部にある色素胞を広げたり縮めたりして体色を変え、擬態や威嚇をする種類がいる。何かしらの機能を備えた生き物の体色は、種類を超えて共通することも多く、子孫となる現生生物がいないアンモナイトにおいても模様の機能を推測できるものと思われるが、まだほとんど検討されていないのが現状である。今後、模様の報告をさらに増やし、その法則性や、推測される生態などとの比較を通して、その機能を一定の根拠をもって明らかにすることができれば、アンモナイトの外見をより具体的に描くに留まらず、生き物としての生々しい生態の解明も大きく前進するはずである。

復元の歴史

古生物学では、化石という極めて断片的な存在から、それがどのような姿をしていたのか、どのような生態をしていたのかを明らかにするので、想像される姿が研究の進展により更新されることがある。もっとも有名な恐竜ティラノサウルスを例にすると、一九八〇年代までは、体を起こして尻尾を地面につけた〝怪獣〟のように描かれることが多かったが、一九九〇年代になると、尻尾を地面から起こし、体全体を地面と水平に保つような姿勢の復元画が主流になった。ハリウッド映画『ジュラシック・パーク』に登場する姿が象徴的だ。さらにその後、羽毛恐竜の発見が相次ぎ、ティラノサウルスの祖先にあたる種類の恐竜でも羽毛の痕跡が確認され、二〇一〇年代以降は、体の一部に羽毛を生やしたティラノサウルスの復元画も描かれるようになってきた。

アンモナイトはというと、本体（軟体部）の化石がなかなか見つからないこともあり、全体像を描く際には推測の部分が大きくなってしまう部類の古生物である。そのため、これまで描かれた復元画のバリエーションは広い方である。そして、これまで日本国内ではあまりそのことが紹介されてこなかったが、時代を辿ってみると流行のようなものが見られる。アンモナイトの復元画の歴史は、コーネル大学（アメリカ）のワーレン・アルモンにより二〇一七年に詳しくまとめられている。ここではアルモンのレビューを参考にしつつ、筆者自身の解釈も加えながら、その復元画の変遷を紹介していきたいと思う。

◆一九世紀

アンモナイトの復元画は、特定の現生頭足類がモデルとなることが多かった。アンモナイトが頭足類であることがわかり、一八三〇年代に描かれた最初の復元画でモデ

19世紀

a: 1830年

b: 1863年

c: 1872年

20世紀

d: 1908年

e: 1910年

f: 1958年

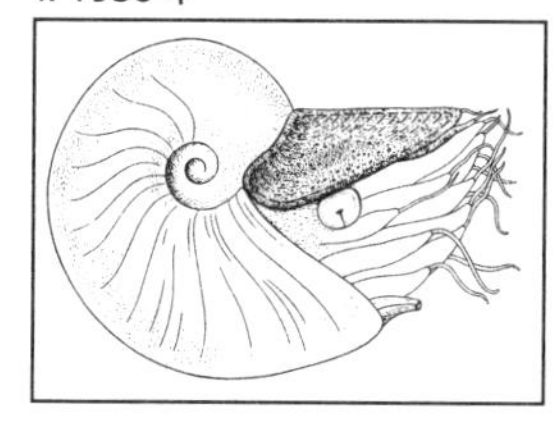

g: 1974年

h: 1998年

アンモナイトの復元画の変遷(19～20世紀)。a: Beche, H. D. L.の絵画を元に制作されたScharf, G. J.による版画。b: Figuier (1863) に掲載されたRiou, É.による復元画。c: Figuier (1872) に掲載されたRiou, É.による復元画。d: Harder, H.による復元画。e: Fraas (1910) に掲載された復元画。f: Schindewolf (1958) による復元画。g:「失われた日本の生物」(講談社, 1974年) に掲載された清水勝による復元画。h: Monks, N.により1998年に制作された復元画。

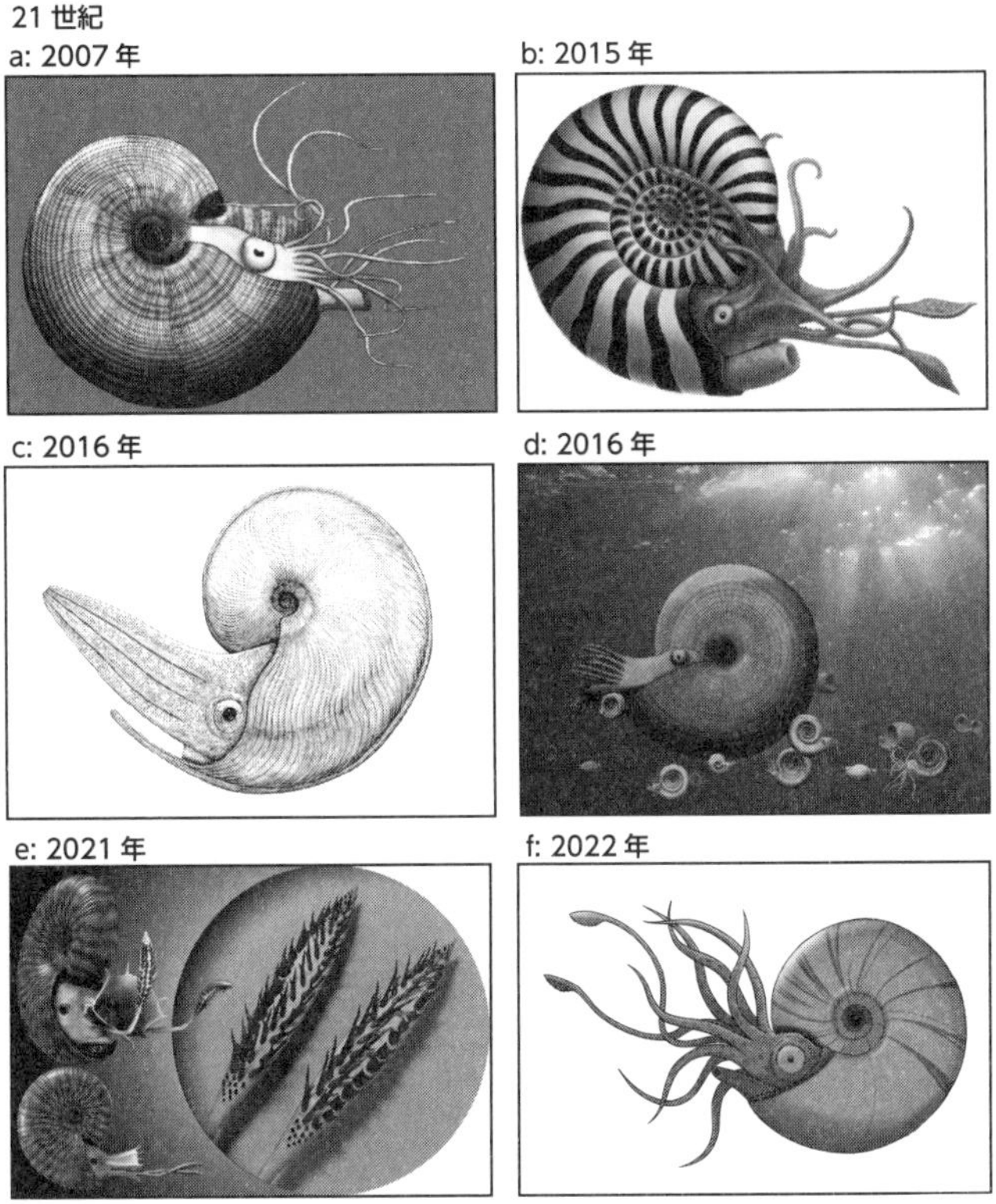

21世紀

a: 2007年

b: 2015年

c: 2016年

d: 2016年

e: 2021年

f: 2022年

アンモナイトの復元画の変遷(21世紀)。a: Korn & Klug (2007) に掲載されたKlug, C.による復元画(De Baets et al. (2016) より転載)。b: Mironenko (2015) に掲載されたAtuchin, A.による復元画。c: Inoue & Kondo (2016) に掲載された小田隆による復元画。d: Klug et al. (2016) に掲載されたKlug, C. による復元画。e: Smith et al. (2021) に掲載されたLethiers, A. による復元画。 f: 筆者による復元画。

ルにされたのは、意外なことにアオイガイというタコのなかまであった（p.266の図a）。アオイガイは、雌雄の体格差が極端に大きなタコで、雌はアンモナイトやオウムガイのように螺旋状に巻いた殻を作り、その中に体を収めて海中を漂っている。しかしその殻構造は異なり、内部に気室―連室細管系がなく、殻自体もとても薄い。実際に、その殻はアンモナイトやオウムガイと同じ起源をもつものではなく、進化の中で独立して発達させたものである。アオイガイは腕のうちの一対が特殊化し、先端が団扇のように大きく平たくなっており、その腕により殻が作られる。オウムガイを別名「パーリィ・ノーチラス」（パーリィは、パール＝真珠のようなという意味）というが、薄い殻をもつアオイガイは「ペーパー・ノーチラス」とも呼ばれる。

最初に描かれたアンモナイトは、船のように海表面に浮かんでいて、アオイガイのように大きく発達した腕を、うさぎの耳のように上向きに伸ばしている。当時のアオイガイの絵もそのように描かれていたため、これが参考にされたようである（なお、うさぎの耳のように腕を伸ばし、海表面をぷかぷかと浮かぶアオイガイの姿も、その後、間違いであったことがわかった。実際のアオイガイは、広げた腕を殻の外側からぴったりと覆うようにし、海表面でなく海中を漂う）。最初のモデルがなぜアオイガイだったのかというと話は単純で、当時はオウムガイのことがまだよく知られておらず、螺旋状の殻をもつ頭足類といえばアオイガイの方が有名だったからである。その殻の外見の類似性から、アオイガイが参考にされたのである。アンモナイトのはじめての復元画はアンモナイトが単独で描かれたものではなく、ジュラ紀の沿岸風景が描かれたもので、イギリス・ドーセット地域で見つかる首長竜や魚竜、翼竜、魚類、ベレムナイトなどとともに描かれた。この絵はとても有名で、これをモチーフにしたと思われる似た構図の絵が度々制作され、その後出版された古生物学の教科書的書籍に掲載されている。

アオイガイの次にアンモナイトの復元画のモチーフとなったのは、オウムガイであった。最初の恐竜メガロサウルスを報告したことで有名な地質学者ウィリアム・バックランドは、一八三六年に出版した書籍で、アオイガイの殻構造がアンモナイトと根本的に異なることを指摘し、アンモナイトの殻がオウムガイやトグロコウイカに近いことを述べた。しかし、しばらくの間、バックランドの提言が復元画に活かされることはなく、一八六三年になってようやく、アオイガイをモチーフにしないアンモナイトの復元画が登場した（p.266の図b）。これはイカに非常によく似た軟体部をもつ姿として描かれている。その後の一八七二年には、オウムガイのように鞘から細い触手が伸びている腕とフードらしきものをもつアンモナイトの復元画が描かれた（p.266の図c）。

◆二〇世紀

一八九〇年代から一九一〇年頃にかけて、それ以前は殻を半分くらい水面から出して海表面を漂うような姿で描かれてきたアンモナイトは、海中を泳ぐような、もしくは海底を這うような生き物として描かれるようになった。一九〇八年に作られたカードに描かれたアンモナイトは、現在考えられているような姿にかなり近づいた（p.266の図d）。このイラストはアンモナイトのイメージ図として多くの場所で引用され、インターネット上の事典、ウィキペディアなどでも掲載されているので、目にしたことがある方もいるかもしれない。そのすぐ後の一九一〇年に出版された書籍に掲載された復元画も、同じように海底を這うような姿で描かれている（p.266の図e）。フードをもつオウムガイのような軟体部のものと、殻の向きが逆さまに描かれている一体には、腕の間にタコがもつような皮膜があるのが興味深い。底生であることからタコが連想されたとも思える。だとすると、これはアオイガイ以外のタコがはじめてモデルになったアンモナイトの復元画と言えるかもしれない。

二〇世紀の間は、多くの復元画にオウムガイのようなフードが付けられていた。これは、二〇世紀初頭に制作された復元画の影響を受けている可能性の他に、顎器を蓋とする考えが割と主流だったことにも関係がありそうである（p.266の図f）。また、遊泳性や底生など、様々な生活スタイルのものが制作された。日本でも二〇世紀後半には、多くの一般書籍や図鑑にアンモナイトの復元画が掲載されたが、それらはやはりフード付きが基本で、腕を海底に広げたような底生スタイルのものがどちらかと言うと多い印象がある（p.266の図g）。

二〇世紀終盤になると、アンモナイトはオウムガイよりもむしろイカ・タコと多くの共通点を有していたことがわかってきて、イカがモチーフにされたと思われる復元画が増えてきた（p.266の図h）。特にマックマスター大学（カナダ）のゲルド・ヴェスターマンが一九九六年に発表したいくつかのタイプのアンモナイトの復元画は、非常にユニークで秀逸である。その一方で、フードを付けたオウムガイモチーフのものも依然として多くあった。クリスチャン・クルッグは、論文に自身で描いた復元画をよく掲載するが、二〇一〇年頃までに発表した論文の中には、オウムガイにかなり寄せたものも見られた（p.267の図a）。

◆二一世紀

アンモナイトの復元画の傾向が大きく変わったのは二〇一〇年前後で、滋野修一らによるオウムガイの発生を調べた二〇〇八年の論文（p.237参照）の影響がおそらく大きい。この論文では、オウムガイは独自にフードを獲得した可能性、また腕の基本数が一〇本であることが示されている。それらの知見はアンモナイトの復元画にも反映され、フードが描かれるものがほとんどなくなり、一〇本腕で描かれるようになった（p.267の図）。これはクリスチャン・クルッグの二〇一〇年以降の論文（p.267の図d）や、アレキサンダー・ミロネンコの論文に掲載された復元画にも如実に現れている（p.267の図b）。日本で販売されている古生物に関する図鑑では、つい最近までほとんどがオウムガイに非常によく似た姿で描かれてきたが、フードがなく、一〇本腕の（現時点で科学的に正しいとされる）復元画も徐々に増えてきた。

アンモナイト研究を映す鏡

このように、アンモナイトの復元画はその当時の科学的知見や流行りなどを反映したものであり、アンモナイト研究を映す鏡とも言えるだろう。筆者自身もアンモナイトの復元画を描くことがある（口絵8およびp.267の図f）。論文が出版された時、プレスリリースに復元画を掲載すると、化石の写真を載せるだけよりも明らかに世間の反応が大きい。しかし、復元画を描く理由は注目を得るためではない。研究成果を論文として世に残し、それを目に見えるイメージとして表現したい。アンモナイトの生態なり、姿なりを明らかにしたいモチベーションの裏に、より鮮明にアンモナイトを「復元したい」という思いがある。

素晴らしいアンモナイトの絵が載った論文や書籍が、この世界にはたくさんある。それぞれの絵を描いたアーティストもしくは研究者自身が何を思っていたのかは、一人ひとりに聞いてみないことにはわからない。しかし、丁寧に描かれたスケッチや復元画から少なくともわかることは、その絵を描いた人物はアンモナイトに並々ならぬ愛情を抱いているということである。科学とは、言うまでもなく客観性を前提としている。論文には、研究者自身の私情などは挟まれないことが理想ではあるが、復元画は、古生物学の良い意味での「曖昧さ」を象徴するものであると同時に、客観的であるべき研究者の主観性を感じられるものでもある。筆者がアンモナイトの復元画に心惹かれてしまう理由はそこにあるのだと思う。

おわりに

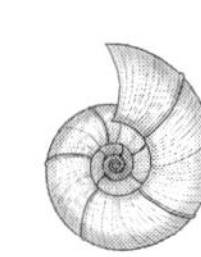

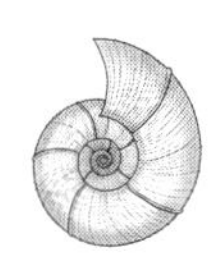

二〇二二年一〇月、オンライン講演会を視聴してくださった編集者から本書執筆のお話をいただいた時、「すぐに書ける」と思った。なぜならアンモナイトについては話したいことばかりだったからだ。

しかし、いざ書きはじめてみると、それは完全に驕りだった。講演会のように、インパクトのある研究例をつまみ食いするだけではダメだったのだ。そこにどのような歴史的背景があり、どのような議論がなされ、どのような手法により明らかになったのかを、体系的に、かつ丁寧に書かないと読めるものにはならない。そうして、先行研究のレビューをイチからやり直すことにしたが、改めて勉強すればするほど、自分がいかに無知であったかを思い知らされた。記述を誤れば、偉大なる先人達の顔に泥を塗ることになる。二〇〇年以上におよぶ研究の歴史と研究者らの奮闘の蓄積が筆に重くのしかかった。それでもどうにか、約十カ月かけて原稿を揃えることができた。

本書を執筆するにあたり、多くの方々のお世話になった。まず、本書を企画くださった、担当編集者の松下大樹さんに最大の御礼を申し上げたい。グラフィックデザイナーの鈴木千佳子さんは、本書をスタイリッシュに、大変素敵にデザインしてくださった。

大学院時代の指導教官である横浜国立大学の和仁良二教授には、本書の草稿を見ていただき、適切なアドバイスをいただいた。勤務先である公益財団法人深田地質研究所の千木良雅弘理事長、船戸明雄副理事長、横山幸也常務理事、高木孝枝常務理事、磯真一郎研究部長ほか、職員の皆様には本書執筆についてご理解いただき、応援していただいた。

標本写真の掲載にあたり、三笠市立博物館の唐沢與希学芸員、岩手県立博物館の望月貴史学芸員、横浜国立大学の和仁良二教授、深田地質研究所の村宮悠介研究員、北海道三笠市の藤原寛一氏、鳥羽水族館、東京大学総合研究博物館、アータール恐竜博物館のお世話になった。また、執筆を継続的に応援してくれ、時に家事の当番を代わってくれた妻・ほのかにも感謝している。

そして最後に、本書で紹介したすべての研究者に最大限の敬意と、そのエキサイティングな研究成果に、一人のアンモナイトファンとして感謝の意を表する。その一方で、取り上げた研究事例に偏りがあったり、もしも研究内容に誤解や不適切な説明などがあったりしたら、心よりお詫び申し上げたい。

アンモナイトの生き物としての姿にはまだまだ謎がたくさん残っている。例えば、腕の確実な化石は見つかっていないし、筋肉の構造や食性についても、検討の余地が残っている。軟体部の化石はほんの数例しか見つかっておらず、そのすべてを理解できているとは言えない状況である。

この美しく、奇妙な絶滅生物の魅力を多くの方と分かち合いたい。そして残る謎に、より多くの方に挑戦してほしい（一緒に挑戦したい）。そんな思いを本書に込め、筆を置きたいと思う。

二〇二三年　十二月　相場　大佑

参考文献・図版クレジット

参考文献

第1章

- ・Benito M.I. & Reolid M. (2020): Comparison of the Calcareous Shells of Belemnitida and Sepiida: Is the Cuttlebone Prong an Analogue of the Belemnite Rostrum Solidum? *Minerals*, **10:713**, p.1–25.
- ・Boyajian G. & Lutz T. (1992): Evolution of biological complexity and its relation to taxonomic longevity in the Ammonoidea. *Geology*, **20**, p.983–986.
- ・De Baets K. *et al.* (2016): Fossil Focus: Ammonoids. *Palaeontology Online*, **6:2**, p.1–15.
- ・Etter W. (2015): Early ideas about fossil cephalopods. *Swiss J. Palaeontol.*, **134**, p.177–186.
- ・Gessner C. (1565): *De rerum fossilium, lapidum et gemmarum*.
- ・Klug C. *et al.* (2015a): Describing ammonoid conchs. *Ammonoid Paleobiology: From anatomy to ecology*, p.3–24, Springer.
- ・Kröger B. *et al.* (2011): Cephalopod origin and evolution: a congruent picture emerging from fossils, development and molecules. *Bioessays*, **33**, p.602–613.
- ・Kruta I. *et al.* (2015): Ammonoid radula. *Ammonoid Paleobiology: From anatomy to ecology*, p.485–505, Springer.
- ・Lindsay D.J. *et al.* (2020): The first in situ observation of the ram's horn squid *Spirula spirula* turns "common knowledge" upside down. *Diversity*, **12:449**, p.1–6.
- ・Peterman D.J. *et al.* (2021): Buoyancy control in ammonoid cephalopods refined by complex internal shell architecture. *Sci. Rep.*, **11:8055**, p.1–12.
- ・重田 康成 (2001): アンモナイト学：絶滅生物の知・形・美. p.155, 東海大学出版会.
- ・Tanabe K. *et al.* (2015a): Ammonoid buccal mass and jaw apparatus. *Ammonoid paleobiology: From anatomy to ecology*, p.429–484, Springer.
- ・von Buch L. (1849): *Über Ceratiten*. p.33, F. Dümmler.

第2章

- ・Alegret L. *et al.* (2012): End-Cretaceous marine mass extinction not caused by productivity collapse. *PNAS*, **109**, p.728–732.
- ・Alvarez L.W. *et al.* (1980): Extraterrestrial cause for the Cretaceous-Tertiary extinction. *Science*, **208**, p.1095–1108.
- ・American Museum of Natural History (2016): Science Bulletins: Sea Creatures Face the Acid Test [Video], Youtube. https://www.youtube.com/watch?v=d6OpKPxc7Tg (2023-11-19閲覧).
- ・Boyajian G. & Lutz T. (1992): *op.cit.* p.983–986.
- ・Brayard A. & Bucher H. (2015): Permian-Triassic extinctions and rediversifications. *Ammonoid paleobiology: From macroevolution to paleogeography*, p.465–473, Springer.
- ・De Baets K. *et al.* (2012): Early evolutionary trends in ammonoid embryonic development. *Evolution*, **66**, p.1788–1806.
- ・De Baets K. *et al.* (2016): *op.cit.* p.1–15.
- ・During M.A. *et al.* (2022): The Mesozoic terminated in boreal spring. *Nature*, **603**, p.91–94.
- ・Henehan M.J. *et al.* (2019): Rapid ocean acidification and protracted Earth system recovery followed the end-Cretaceous Chicxulub impact. *PNAS*, **116**, p.22500–22504.
- ・平野 弘道・安藤 寿男 (2006): 白亜紀海洋無酸素事変. 石油技術協会誌, 71, p.305–315.
- ・House M.R. (1989): Ammonoid extinction events. *Phil. Trans. R. Soc. Lond.*, **B 325**, p.307–326.
- ・Jenks J.F. *et al.* (2015): Biostratigraphy of Triassic ammonoids. *Ammonoid Paleobiology: From macroevolution to paleogeography*, p.329–388, Springer.
- ・Klug C. (2001): Life - cycles of some Devonian ammonoids. *Lethaia*, **34**, p.215–233.
- ・Klug C. & Hoffmann R. (2015): Ammonoid septa and sutures. *Ammonoid Paleobiology: From anatomy to ecology*, p. 45–90, Springer.
- ・Klug C. & Korn D. (2004): The origin of ammonoid locomotion. *Acta Palaeontol. Pol.*, **49**, p. 235–242.
- ・Klug C. *et al.* (2010): The Devonian nekton revolution. *Lethaia*, **43**, p. 465–477.
- ・Klug C. *et al.* (2015c): Ancestry, origin and early evolution of ammonoids. *Ammonoid Paleobiology: From macroevolution to paleogeography*, p. 3–24, Springer.
- ・Korn D. & Klug C. (2015): Paleozoic ammonoid biostratigraphy. *Ammonoid Paleobiology: From macroevolution to paleogeography*, p. 299–328, Springer.
- ・Korn D. *et al.* (2015): Taxonomic diversity and morphological disparity of Paleozoic ammonoids. *Ammonoid*

Paleobiology: From macroevolution to paleogeography, p. 431–464, Springer.
- Landman N.H. *et al.* (1996): Ammonoid embryonic development. *Ammonoid paleobiology*, p. 343–405, Plenum Press.
- Landman N.H. *et al.* (2012): Short-term survival of ammonites in New Jersey after the end-Cretaceous bolide impact. *Acta Palaeontol. Pol.*, **57**, p. 703–715.
- Landman N.H. *et al.* (2015): Ammonites on the brink of extinction: diversity, abundance, and ecology of the Order Ammonoidea at the Cretaceous/Paleogene (K/Pg) boundary. *Ammonoid paleobiology: from macroevolution to paleogeography*, p. 497–553, Springer.
- Lehmann J. (2015): Ammonite biostratigraphy of the Cretaceous—an overview. *Ammonoid paleobiology: from macroevolution to paleogeography*, p. 403–429, Springer.
- Longridge L.M. & Smith P.L. (2015): Ammonoids at the Triassic-Jurassic transition: pulling back from the edge of extinction. *Ammonoid paleobiology: from macroevolution to paleogeography*, p. 475–496, Springer.
- Machalski M. (2002): Danian ammonites: A discussion. *Bull. Geol. Soc. Denmark*, **49**, p. 49–52.
- Machalski M. (2005): Late Maastrichtian and earliest Danian scaphitid ammonites from central Europe: Taxonomy, evolution, and extinction. *Acta Palaeontol. Pol.*, **50**, p. 653–696.
- Machalski M. & Heinberg C. (2005): Evidence for ammonite survival into the Danian (Paleogene) from the Cerithium Limestone at Stevns Klint, Denmark. *Bull. Geol. Soc. Denmark*, **52**, p. 97–111.
- Monnet C. *et al.* (2011): Parallel evolution controlled by adaptation and covariation in ammonoid cephalopods. *BMC Evol. Biol.*, **11:115**, p. 1–21.
- Monnet C. *et al.* (2015a): Evolutionary trends of Triassic ammonoids. *Ammonoid Paleobiology: From macroevolution to paleogeography*, p. 25–50, Springer.
- Monnet C. *et al.* (2015c): Evolutionary patterns of ammonoids: phenotypic trends, convergence, and parallel evolution. *Ammonoid Paleobiology: From macroevolution to paleogeography*, p. 95–142, Springer.
- Neige P. & Rouget I. (2015): Evolutionary trends within Jurassic ammonoids. *Ammonoid Paleobiology: From macroevolution to paleogeography*, p. 51–66, Springer.
- Peterman D.J. *et al.* (2021): *op.cit.*, p. 1–12.
- Schweigert G. (2015): Ammonoid biostratigraphy in the Jurassic. *Ammonoid Paleobiology: From macroevolution to paleogeography*, p. 389–402, Springer.
- Shigeta Y. (1993): Post - hatching early life history of Cretaceous Ammonoidea. *Lethaia*, **26**, p. 133–145.
- 重田 康成 (2001): 前掲書, 155p.
- Tajika A. *et al.* (2020): Chamber volume development, metabolic rates, and selective extinction in cephalopods. *Sci. Rep.*, **10:2950**, p. 1–11.
- Tajika A. *et al.* (2023): Ammonoid extinction versus nautiloid survival: Is metabolism responsible? *Geology*, **51**, p. 621–625.
- Vermeij G.J. (1977): The Mesozoic marine revolution: evidence from snails, predators and grazers. *Paleobiology*, **3**, p. 245–258.
- Wani R. (2001): Reworked ammonoids and their taphonomic implications in the Upper Cretaceous of northwestern Hokkaido, Japan. *Cretac. Res.*, **22**, p. 615–625.
- Ward P.D. (1981): Shell sculpture as a defensive adaptation in ammonoids. *Paleobiology*, **7**, p. 96–100.
- Ward P.D. (1996): Ammonoid extinction. *Ammonoid paleobiology*, p. 815–824, Plenum Press.

第 3 章

- Arai K. & Wani R. (2012): Variable growth modes in Late Cretaceous ammonoids: implications for diverse early life histories. *J. Paleontol.*, **86**, p. 258–267.
- Bandel K. (1982): Morphologie und Bildung der frühontogenetischen Gehäuse bei conchiferen Mollusken. *Facies*, **7**, p. 1–197.
- Bucher H. *et al.* (1996): Mode and rate of growth in ammonoids. *Ammonoid paleobiology*, p. 407–461, Plenum Press.
- Callomon J.H. (1955): The ammonite succession in the Lower Oxford Clay and Kellaways Beds at Kidlington, Oxfordshire, and the zones of the Callovian Stage. *Philos. Trans. R. Soc. Lond., B, Biol. Sci.*, **239**, p. 215–264.
- Callomon J.H. (1963): Sexual dimorphism in Jurassic ammonites. *Trans. Leicester Lit. & Philos. Soc.*, **57**, p. 21–56.
- Davis R.A. *et al.* (1996): Mature modifications and dimorphism in ammonoid cephalopods. *Ammonoid paleobiology*, p. 463–539, Plenum Press.
- De Baets K. *et al.* (2015): Ammonoid embryonic development. *Ammonoid paleobiology: From anatomy to ecology*, p. 113–205, Springer.
- Denton E.J. & Gilpin-Brown J.B. (1961): The buoyancy of the cuttlefish, *Sepia officinalis* (L.). *J. Mar. Biol. Assoc. U. K.*, **41**, p. 319–342.

- Denton E.J. & Gilpin-Brown J.B. (1966): On the buoyancy of the pearly Nautilus. *J. Mar. Biol. Assoc. U. K.*, **46**, p. 723–759.
- Denton E.J. & Gilpin-Brown J.B. (1973): Floatation mechanisms in modern and fossil cephalopods. *Adv. Mar. Biol.*, **11**, p. 197–268.
- Dunston A.J. *et al.* (2011): *Nautilus pompilius* Life History and Demographics at the Osprey Reef Seamount, Coral Sea, Australia. *PLoSONE*, **6:e16312**, p. 1–10.
- Erben H.K. *et al.* (1969): Die frühontogenetische Entwicklung der Schalenstruktur ectocochleater Cephalopoden. *Palaeontogr. Abt. A, Paläozoo., Stratigr.*, **132**, p. 1–54.
- Hoffmann R. *et al.* (2021b): Report on ammonoid soft tissue remains revealed by computed tomography. *Swiss J. Palaeontol.*, **140:11**, p. 1–15.
- Jackson G.D. & Domeier M.L. (2003): The effects of an extraordinary El Niño/La Niña event on the size and growth of the squid Loligo opalescens off Southern California. *Mar. Biol.*, **142**, p. 925–935.
- Klug C. & Hoffmann R. (2015): *op.cit.*
- Klug C. *et al.* (2015b): Mature modifications and sexual dimorphism. *Ammonoid paleobiology: From anatomy to ecology*, p. 253–320, Springer.
- Klug C. *et al.* (2021): Failed prey or peculiar necrolysis? Isolated ammonite soft body from the Late Jurassic of Eichstätt (Germany) with complete digestive tract and male reproductive organs. *Swiss J. Palaeontol.*, **140:3**, p. 1–14.
- Kröger B. (2002): On the efficiency of the buoyancy apparatus in ammonoids: evidences from sublethal shell injuries. *Lethaia*, **35**, p. 61–70.
- Kulicki C. (1979): The ammonite shell: Its structure. development and biological significance. *Palaeontol. Pol.*, **39**, p. 97–142.
- Landman N.H. (1987): Ontogeny of Upper Cretaceous (Turonian-Santonian) scaphitid ammonites from the Western Interior of North America: systematics, developmental patterns, and life history. *Bull. Am. Mus. Nat. Hist.*, **185**, p. 117–241.
- Landman N.H. & Waage K.M. (1993): Scaphitid ammonites of the Upper Cretaceous (Maastrichtian) Fox Hills Formation in South Dakota and Wyoming. *Bull. Am. Mus. Nat. Hist.*, **215**, p. 1–257.
- Landman N.H. *et al.* (1996): *op.cit.*, p.343–405.
- Maeda H. (1993): Dimorphism of two late Cretaceous false-puzosiine ammonites, *Yokoyamaoceras* Wright and Matsumoto, 1954 and *Neopuzosia* Matsumoto, 1954. *Trans. Proc. Palaeont. Soc. Japan, N. S.*, **169**, p. 97–128.
- Makowski H. (1962): Problem of sexual dimorphism in ammonites. *Palaeontol. Pol.*, **12**, p. 1–92.
- 沼津港深海水族館 (2016): オウムガイのストレッチ (沼津港深海水族館) [Video], Youtube. https://www.youtube.com/watch?v=1xMW_reka-8 (2023-11-19閲覧).
- Okamoto T. & Shibata M. (1997): A cyclic mode of shell growth and its implications in a Late Cretaceous heteromorph ammonite *Polyptychoceras pseudogaultinum* (Yokoyama). *Paleontol. Res.*, **1**, p. 29–46.
- 奥谷 喬司 編著 (2010): 新鮮イカ学. 366p., 東海大学出版会.
- 奥谷 喬司・神崎 宣武 編 (1994): タコは、なぜ元気なのか―タコの生態と民俗. 144p., 草思社.
- Polizzotto K. *et al.* (2015): Cameral membranes, pseudosutures, and other soft tissue imprints in ammonoid shells. *Ammonoid paleobiology: From anatomy to ecology*, p. 91–109, Springer.
- Shigeta Y. (1993): *op.cit.*, p.133–145.
- Shigeta Y. and Weitschat, W.W. (2004): Origin of the Ammonitina (Ammonoidea) inferred from the internal shell features. *Mitt. Geol.- Paläont. Inst. Univ. Hamburg*, **88**, p. 179–194.
- Shigeta Y. *et al.* (2001): Origin of the Ceratitida (Ammonoidea) inferred from the early internal shell features. *Paleontol. Res.*, **5**, p. 201–213.
- Tanabe K. (1977): Functional evolution of *Otoscaphites puerculus* (Jimbo) and *Scaphites planus* (Yabe), Upper Cretaceous ammonites. *Mem. Fac. Sci., Kyushu Univ., Ser. D, Geol.*, **23**, p. 367–407.
- Tanabe K. (1989): Endocochliate embryo model in the Mesozoic Ammonitida. *Hist. Biol.*, **2**, p. 183–196.
- Tanabe K. (2022): Late Cretaceous dimorphic scaphitid ammonoid genus *Yezoites* from the circum-North Pacific regions. *Paleontol. Res.*, **26**, p. 233–269.
- Tanabe K. *et al.* (2000): Soft - part anatomy of the siphuncle in Permian prolecanitid ammonoids. *Lethaia*, **33**, p. 83–91.
- Tanabe K. *et al.* (2015b): Soft-part anatomy of the siphuncle in ammonoids. *Ammonoid paleobiology: From anatomy to ecology*, p. 531–544, Springer.
- 鳥羽水族館飼育日記 (2016): P162のストレッチ. https://aquarium.co.jp/diary/2016/08/25920 (2023-11-19閲覧).
- Ward P.D. (1979): Cameral liquid in *Nautilus* and ammonites. *Paleobiology*, **5**, p. 40–49.
- ウォード P.D. (1995): オウムガイの謎. 324p., 河出書房新社.
- Ward P.D. & Greenwald, L. (1982): Chamber refilling in *Nautilus*. *J. Mar. Biol. Assoc. U. K.*, **62**, p. 469–475.
- Ward P.D. *et al.* (1981): The chamber formation cycle in *Nautilus macromphalus*. *Paleobiology*, **7**, p. 481–493.

第 4 章

- Anderson T.F. *et al.* (1994): The stable isotopic records of fossils from the Peterborough Member, Oxford Clay Formation (Jurassic), UK: palaeoenvironmental implications. *J. Geol. Soc.*, **151**, p. 125–138.
- Batt R.J. (1989): Ammonite shell morphotype distributions in the Western Interior Greenhorn Sea and some paleoecological implications. *Palaios*, **4**, p. 32–42.
- De Baets K. *et al.* (2015): *op.cit.*, p.113–205.
- Etches S. *et al.* (2009): Ammonite eggs and ammonitellae from the Kimmeridge Clay Formation (Upper Jurassic) of Dorset, England. *Lethaia*, **42**, p. 204–217.
- 二上 政夫 (1992): チュロニアン・コリンニョニケラス類アンモナイトの分布特性について：特にメガ化石帯の対比の有効性に関連して. 川村学園女子大学研究紀要, 3, p. 217–232.
- Hammer Ø. & Bucher H. (2005): Buckman's first law of covariation – a case of proportionality. *Lethaia*, **38**, p. 67–72.
- Hoffmann R. *et al.* (2015): Ammonoid buoyancy. *Ammonoid Paleobiology: From anatomy to ecology*, p. 613–648, Springer.
- Hoffmann R. *et al.* (2020): Regurgitalites–a window into the trophic ecology of fossil cephalopods. *J. Geol. Soc.*, **177**, p. 82–102.
- Hoffmann R. *et al.* (2021c): Fressen und gefressen werden: Über die Lebensweise von Ammoniten. *GeoFocus*, **85**, p. 8–20.
- Jacobs D.K. *et al.* (1994): Ammonite shell shape covaries with facies and hydrodynamics: iterative evolution as a response to changes in basinal environment. *Geology*, **22**, p. 905–908.
- Kase T. *et al.* (1994): Limpet home depressions in Cretaceous ammonites. *Lethaia*, **27**, p. 49–58.
- Kase T. *et al.* (1998): Alleged mosasaur bite marks on Late Cretaceous ammonites are limpet (patellogastropod) home scars. *Geology*, **26**, p. 947–950.
- Kauffman E.G. & Kesling R.V. (1960): An Upper Cretaceous ammonite bitten by a mosasaur. *Contrib. Mus. Paleontol., Univ. Michigan*, **15**, p. 193–248.
- Kawabe F. (2003): Relationship between mid-Cretaceous (upper Albian–Cenomanian) ammonoid facies and lithofacies in the Yezo forearc basin, Hokkaido, Japan. *Cretac. Res.*, **24**, p. 751–763.
- Kennedy W.J. & Cobban, W.A. (1976): Aspects of ammonite biology, biogeography, and biostratigraphy. *Spec. Pap. Palaeontol.*, **17**, p. 1–94.
- Keupp H. (2000): Ammoniten. palaeobiologische Erfolgsspiralen. 165p., Thorbecke Jan Verlag.
- Klompmaker A.A. *et al.* (2009): Ventral bite marks in Mesozoic ammonoids. *Palaeogeogr. Palaeoclimatol. Palaeoecol.*, **280**, p. 245–257.
- Klug C. & Korn D. (2004): *op.cit.*, p.235–242.
- Knaust D. & Hoffmann R. (2021): The ichnogenus *Lumbricaria* Münster from the Upper Jurassic of Germany interpreted as faecal strings of ammonites. *Pap. in Palaeontol.*, **7**, p. 807–823.
- Kruta I. *et al.* (2011): The role of ammonites in the Mesozoic marine food web revealed by jaw preservation. *Science*, **331**, p. 70–72.
- Lukeneder A. (2015): Ammonoid habitats and life history. *Ammonoid paleobiology: From anatomy to ecology*, p. 689–791, Springer.
- Lukeneder A. *et al.* (2010): Ontogeny and habitat change in Mesozoic cephalopods revealed by stable isotopes (δ18O, δ13C). *Earth Planet. Sci. Lett.*, **296**, p. 103–114.
- Mapes R.H. & Nützel A. (2009): Late Palaeozoic mollusc reproduction: cephalopod egg-laying behavior and gastropod larval palaeobiology. *Lethaia*, **42**, p. 341–356.
- Mironenko A.A. & Rogov M.A. (2016): First direct evidence of ammonoid ovoviviparity. *Lethaia*, **49**, p. 245–260.
- Monnet C. *et al.* (2015b): Buckman's rules of covariation. *Ammonoid Paleobiology: From macroevolution to paleogeography*, p. 67–94, Springer.
- Moriya K. (2015): Isotope signature of ammonoid shells. *Ammonoid paleobiology: From anatomy to ecology*, p. 793–836, Springer.
- Moriya K. *et al.* (2003): Demersal habitat of Late Cretaceous ammonoids: evidence from oxygen isotopes for the Campanian (Late Cretaceous) northwestern Pacific thermal structure. *Geology*, **32**, p. 167–170.
- Naglik C. *et al.* (2015): Ammonoid locomotion. *Ammonoid Paleobiology: From anatomy to ecology*, p. 649–688, Springer.
- 奥谷 喬司 (2009): イカはしゃべるし、空も飛ぶ〈新装版〉. 264p., 講談社.
- 奥谷 喬司 編著 (2010): 前掲書, 366p.
- 奥谷 喬司・神崎 宣武 編 (1994): 前掲書, 144p.
- Peterman D.J. & Ritterbush K.A. (2022a): Resurrecting extinct cephalopods with biomimetic robots to explore hydrodynamic stability, maneuverability, and physical constraints on life habits. *Sci. Rep.*, **12:11287**, p. 1–16.

・Peterman D.J. & Ritterbush K.A. (2022b): Stability–Maneuverability Tradeoffs Provided Diverse Functional Opportunities to Shelled Cephalopods. *Integr. Org. Biol.*, **4**, p. 1–22.
・Ritterbush K.A. & Bottjer D.J. (2012): Westermann Morphospace displays ammonoid shell shape and hypothetical paleoecology. *Paleobiology*, **38**, p. 424–446.
・桜井 泰憲 (2015): イカの不思議：季節の旅人・スルメイカ. 218p., 北海道新聞社.
・Scott G. (1940): Paleoecological factors controlling distribution and mode of life of Cretaceous ammonoids in Texas area. *AAPG Bull.*, **24**, p. 1164–1203.
・Sessa J.A. *et al.* (2015): Ammonite habitat revealed via isotopic composition and comparisons with co-occurring benthic and planktonic organisms. *PNAS*, **112**, p. 15562–15567.
・Stevens K. *et al.* (2015): Stable isotope data (δ18O, δ13C) of the ammonite genus *Simbirskites*—implications for habitat reconstructions of extinct cephalopods. *Palaeogeogr. Palaeoclimatol. Palaeoecol.*, **417**, p. 164–175.
・Tanabe, K. (1979): palaeoecological analysis of ammonoid assemblages in the Turonian *Scaphites* facies of Hokkaido, Japan. *Palaeontology*, **22**, p. 609–630.
・Tanabe K. *et al.* (1993): Analysis of a Carboniferous embryonic ammonoid assemblage –implications for ammonoid embryology. *Lethaia*, **26**, p. 215–224.
・Tanabe K. *et.al.* (2015a): *op.cit.*, p. 429–484.
・Trueman A.E. (1940): The ammonite body-chamber, with special reference to the buoyancy and mode of life of the living ammonite. *Qr. J. Geol. Soc.*, **96**, p. 339–383.
・上田 幸男・海野 徹也 (2013): アオリイカの秘密にせまる：研究期間25年、観察した数3万杯. 212p., 成美堂書店.
・ウォード, P.D. (1995): 前掲書, 324p.
・Westermann G.E.G. (1996): Ammonoid life and habitat. *Ammonoid paleobiology*, p. 607–707, Plenum Press.
・Wilmsen M. & Mosavinia A. (2011): Phenotypic plasticity and taxonomy of *Schloenbachia varians* (J. Sowerby, 1817) (Cretaceous Ammonoidea). *Palaontol. Z.*, **85**, p. 169–184.
・Ziegler B. (1967): Ammoniten-Ökologie am Beispiel des Oberjura. *Geol. Rundsch.*, **56**, p. 439–464.

第 5 章

・Maeda H. (1987): Taphonomy of ammonites from the Cretaceous Yezo Group in the Tappu area, northwestern Hokkaido, Japan. *Trans. Proc. Palaeont. Soc. Japan, N. S.*, **148**, p. 285–305.
・Maeda H. (1991): Sheltered preservation: a peculiar mode of ammonite occurrence in the Cretaceous Yezo Group, Hokkaido, north Japan. *Lethaia*, **24**, p. 69–82.
・前田 晴良 (1999): アンモノイドの遺骸は浮くか沈むか? 地質学論集, 54, p. 131–140.
・Maeda H. & Seilacher A. (1996): Ammonoid taphonomy. *Ammonoid paleobiology*, p. 543–578, Plenum Press.
・Maeda H. *et al.* (2003): Taphononic features of a Lower Permian beached cephalopod assemblage from central Texas. *Palaios*, **18**, p. 421–434.
・Wani R. (2001): *op.cit.*, p.615–625.
・Wani R. (2004): Experimental fragmentation patterns of modern *Nautilus* shells and the implications for fossil cephalopod taphonomy. *Lethaia*, **37**, p. 113–123.
・Wani R. (2007): Differential preservation of the Upper Cretaceous ammonoid *Anagaudryceras limatum* with corrugated shell in central Hokkaido, Japan. *Acta Palaeontol. Pol.*, **52**, p. 77–84.
・Wani R. & Gupta N.S. (2015): Ammonoid taphonomy. *Ammonoid paleobiology: From macroevolution to paleogeography*, p. 555–598, Springer.
・Wani R. *et al.* (2005): New look at ammonoid taphonomy, based on field experiments with modern chambered nautilus. *Geology*, **33**, p. 849–852.
・Yoshida H. *et al.* (2015): Early post-mortem formation of carbonate concretions around tusk-shells over week-month timescales. *Sci. Rep.*, **5:14123**, p.1–10.
・Yu T. *et al.* (2019): An ammonite trapped in Burmese amber. *PNAS*, **116**, p. 11345–11350.

第 6 章

・Aiba D. (2019): A possible phylogenetic relationship of two species of *Hyphantoceras* (Ammonoidea, Nostoceratidae) in the Cretaceous Yezo Group, northern Japan. *Paleontol. Res.*, **23**, p. 65–79.
・Aiba D. *et al.* (2017): A new species of *Eubostrychoceras* (Ammonoidea, Nostoceratidae) from the lower Campanian in the northwestern Pacific realm. *Paleontol. Res.*, **21**, p. 255–264.
・Aiba D. *et al.* (2021): A new species of *Yezoceras* (Ammonoidea, Nostoceratidae) from the Coniacian in the northwestern Pacific realm. *Paleontol. Res.*, **25**, p. 1–10.
・Aiba D. *et al.* (2022): Additional specimens of the Late Cretaceous heteromorph ammonoid *Eubostrychoceras otsukai* (Yabe) from the Mikasa area, Hokkaido, northern. *Bull. Mikasa City Mus.*, **25**, p. 1–10.

・東浦 幸平・岡本 隆 (2012): 異常巻アンモナイトの着底時における生息姿勢の復元法: Eubostrychoceras muramotoi Matsumoto を例にして. 化石, 92, p. 19–30.
・Hoffmann R. *et al.* (2021a): Recent advances in heteromorph ammonoid palaeobiology. *Biol. Rev.*, **96**, p. 576–610.
・Jattiot R. *et al.* (2023): Mature modifications and sexual dimorphism in Turrilitidae (heteromorph ammonites): contribution of remarkable *Mariella bergeri* specimens (upper Albian, southeastern France). *Cretac. Res.*, **151:105651**, p. 1–12.
・Jimbo K. (1894): Beiträge zur Kenntniss der Fauna der Kreideformation von Hokkaido. *Paläont. Ab., Neue Folge*, **2**, p. 149–194.
・Kawada M. (1929): On some new species of ammonites from the Naibuchi district, South Sakhalin. *J. Geol. Soc. Japan.*, **36**, p. 1–6.
・Matsumoto T. (1967): Evolution of the Nostoceratidae (Cretaceous heteromorph ammonoids). *Mem. Fac. Sci., Kyushu Univ., Ser. D, Geol.*, **18**, p. 331–347.
・Matsumoto T. (1977): Some heteromorph ammonites from the Cretaceous of Hokkaido. *Mem. Fac. Sci., Kyushu Univ., Ser. D, Geol.*, **23**, p. 303–366.
・Matsumoto T. & Kanie Y. (1967): *Ainoceras*, a new heteromorph ammonoid genus from the Upper Cretaceous of Hokkaido. *Mem. Fac. Sci., Kyushu Univ., Ser. D, Geol.*, **18**, p. 349–359.
・Matsumoto T. & Muramoto T. (1967): Two interesting heteromorph ammonoids from Hokkaido. *Mem. Fac. Sci., Kyushu Univ., Ser. D, Geol.*, **18**, p. 361–366.
・Misaki A. & Maeda H. (2010): Two Campanian (Late Cretaceous) nostoceratid ammonoids from the Toyajo Formation in Wakayama, Southwest Japan. *Cephalopods—Present and Past*, p. 223–231, Tokai University Press.
・Muramiya, Y. & Shigeta, Y. (2021): *Sormaites*, a New Heteromorph Ammonoid Genus from the Turonian (Upper Cretaceous) of Hokkaido, Japan. *Paleontol. Res.*, **25**, p. 11–18.
・中村 千佳子・岡本 隆 (2022): 後期白亜紀異常巻きアンモナイト, スカファイテス科死殻群集の理論的再現. 化石, 111, p. 17–32.
・岡本 隆 (1984): 異常巻きアンモナイトNipponitesの理論形態. 化石, 36, p. 37–51.
・Okamoto T. (1988a): Analysis of heteromorph ammonoids by differential geometry. *Palaeontology*, **31**, p. 35–52.
・Okamoto T. (1988b): Changes in life orientation during the ontogeny of some heteromorph ammonoids. *Palaeontology*, **31**, p. 281–294.
・Okamoto T. (1988c): Developmental regulation and morphological saltation in the heteromorph ammonite *Nipponites*. *Palaeobiology*, **14**, p. 272–286.
・岡本 隆ほか (2013): 後期白亜紀異常巻アンモナイトPolyptychocerasの殻装飾に関する理論形態学的研究. 化石, 94, p. 19–31.
・Peterman D.J. & Ritterbush K.A. (2021): Vertical escape tactics and movement potential of orthoconic cephalopods. *PeerJ*, **9:e11797**, p. 1–31.
・Peterman D.J. *et al.* (2020). The balancing act of *Nipponites mirabilis* (Nostoceratidae, Ammonoidea): Managing hydrostatics throughout a complex ontogeny. *PLoS ONE*, **15:e0235180**, p. 1–23.
・Raup D.M. (1967): Geometric Analysis of Shell Coiling: Coiling in Ammonoids. *J. Paleontol.*, **41**, p. 43–65.
・洲濱 愛・岡本 隆 (2023): 日和見アンモナイト種Yezoites puerculus (Jimbo) にみられる性的二型現象の適応的意味づけ. 化石, 114, p. 3–18.
・Ward P.D. & Westermann G.E.G. (1977): First occurrence, systematics, and functional morphology of *Nipponites* (Cretaceous Lytoceratina) from the Americas. *J. Paleontol.*, **51**, p. 367–372.
・Yabe H. (1904): Cretaceous Cephalopoda from the Hokkaido, part 2. *Journ. Coll. Sci. Imp. Univ. Tokyo*, **20**, p. 1–45.

第 7 章

・Allmon W.D. (2017): Life-restorations of ammonites and the challenges of taxonomic uniformitarianism. *Earth Sci. Hist.*, **36**, p. 1–29.
・Bolsche W. (1908): *Tierbuch*. Bondi.
・Cherns L. *et al.* (2022): Correlative tomography of an exceptionally preserved Jurassic ammonite implies hyponome-propelled swimming. *Geology*, **50**, p. 397–401.
・De Baets K. *et al.* (2016): *op.cit.* p.1–15.
・Doguzhaeva L.A. & Mapes R.H. (2015). The body chamber length variations and muscle and mantle attachments in ammonoids. *Ammonoid Paleobiology: From anatomy to ecology*, p. 545–584, Springer.
・Doguzhaeva L.A. & Mutvei H. (1989): *Ptychoceras*—a heteromorphic lytoceratid with truncated shell and modified ultrastructure (Mollusca: Ammonoidea). *Palaeontogr. Abt. A, Paläozoo., Stratigr.*, **208**, p. 91–121.
・Doguzhaeva L.A. & Mutvei H. (1991): Organization of the soft body in *Aconeceras* (Ammonitina), interpreted on the basis of shell morphology and muscle scars. *Palaeontogr. Abt. A, Paläozoo., Stratigr.*, **218**, p. 17–33.
・Doguzhaeva L.A. & Mutvei H. (2015): The additional external shell layers indicative of “endocochleate experiments”

in some ammonoids. *Ammonoid Paleobiology: from anatomy to ecology*, p. 585 609, Springer.
・Drushchits V.V. *et al.* (1978): Unusual coating layers in ammonoids. *Paleontol. Zh.*, **2**, p. 36–44.
・Dzik J. (1981): Origin of the cephalopoda. *Acta Palaeontol. Pol.*, **26**, p. 161–191.
・Figuier L. (1863): *La terre avant le Déluge: Ouvrage contenant 24 vues idéales de paysages de l'ancien monde dessinées par Riou*. Hachette.
・Figuier L. (1865): *The World before the Deluge, Containing Twenty-five Ideal Landscapes of the Ancient World, Designed by Riou*. Chapman and Hall.
・Fraas E. (1910): *Der Petrefaktensammler. Ein Leitfaden zum Sammeln und Bestimmen der Versteinerungen Deutschlands*. K. G. Lutz' Verlag.
・Hoffmann R. *et al.* (2021a): *op.cit.*, p.576–610.
・Inoue S. & Kondo S. (2016): Suture pattern formation in ammonites and the unknown rear mantle structure. *Sci. Rep.*, **6:33689**, p. 1–7.
・Jacobs D.K. & Landman N.H. (1993): *Nautilus*—a poor model for the function and behavior of ammonoids? *Lethaia*, **26**, p. 101–111.
・Kennedy W.J. *et al.* (2002): Jaws and radulae in *Rhaeboceras*, a Late Cretaceous ammonite. *Cephalopods–Present and Past. Abh. Geol. Bundesanst.*, **57**, p. 394–399.
・Klug C. & Lehmann J. (2015): Soft part anatomy of ammonoids: reconstructing the animal based on exceptionally preserved specimens and actualistic comparisons. *Ammonoid Paleobiology: from anatomy to ecology*, p. 507–529, Springer.
・Klug C. *et al.* (2004): The black layer in cephalopods from the German Muschelkalk (Triassic). *Palaeontology*, **47**, p. 1407–1425.
・Klug C. *et al.* (2007): Ammonoid shell structures of primary organic composition. *Palaeontology*, **50**, p. 1463–1478.
・Klug C. *et al.* (2012): Soft–part preservation in heteromorph ammonites from the Cenomanian–Turonian Boundary Event (OAE 2) in north–west Germany. *Palaeontology*, **55**, p. 1307–1331.
・Klug C. *et al.* (2015a): *op.cit.*, p.3–24.
・Klug C. *et al.* (2016): Exploring the limits of morphospace: Ontogeny and ecology of late Viséan ammonoids from the Tafilalt, Morocco. *Acta Palaeontol. Pol.*, **61**, p. 1–14.
・Klug C. *et al.* (2019): Anatomy and evolution of the first Coleoidea in the Carboniferous. *Commun. Biol.*, **2:280**, p. 1–12.
・Klug C. *et al.* (2021): *op.cit.*, p.1–14.
・鹿間 時夫・尾崎 博 監修 (1974): 失われた日本の生物. 244p., 講談社.
・Kruta I. *et al.* (2020): Enigmatic hook - like structures in Cretaceous ammonites (Scaphitidae). *Palaeontology*, **63**, p. 301–312.
・Lehmann U. (1967): Ammoniten mit Tintenbeutel. *Palaontol. Z.*, **41**, p. 132–136.
・Lehmann U. & Kulicki C. (1990): Double function of aptychi (Ammonoidea) as jaw elements and opercula. *Lethaia*, **23**, p. 325–331.
・Mapes R.H. & Davis R.A. (1996): Color patterns in ammonoids. *Ammonoid paleobiology*, p. 103–127, Plenum Press.
・Mapes R.H. & Larson N.L. (2015): Ammonoid color patterns. *Ammonoid Paleobiology: From anatomy to ecology*, p. 25–44, Springer.
・Mironenko A.A. (2015): The soft-tissue attachment scars in Late Jurassic ammonites from Central Russia. *Acta Palaeontol. Pol.*, **60**, p. 981–1000.
・Ogura A. *et al.* (2013): Loss of the six3/6 controlling pathways might have resulted in pinhole-eye evolution in *Nautilus*. *Sci. Rep.*, **3:1432**, p. 1–7.
・Parent H. *et al.* (2014): Ammonite aptychi: Functions and role in propulsion. *Geobios*, **47**, p. 45–55.
・Schindewolf O.H. (1958): Über Aptychen (Ammonoidea). *Palaeontogr. Abt. A, Paläozoo., Stratigr.*, **111**, p. 1–46.
・Shigeno S. *et al.* (2008): Evolution of the cephalopod head complex by assembly of multiple molluscan body parts: evidence from Nautilus embryonic development. *J. Morphol.*, **269**, p. 1–17.
・Smith C.P.A. *et al.* (2021): New evidence from exceptionally "well-preserved" specimens sheds light on the structure of the ammonite brachial crown. *Sci. Rep.*, **11:11862**, p. 1–13.
・Westermann G.E.G. (1996): *op.cit.*, p.607–707.

図版クレジット

口絵1: a: *Gyroceratites laevis*/モロッコ産/デボン紀前期、b: *Prolobites ellipticus*/ロシア産/デボン紀後期、*Prionoceras* sp./モロッコ産/デボン紀後期、d: *Sporadoceras muensteri*/モロッコ産/デボン紀後期、e: *Goniatites multiliratus*/アメリカ産/石炭紀前期、f: *Bisatoceras milleri*/アメリカ産/石炭紀後期、g: *Agathiceras sundaicum*/東ティモール産/ペルム紀前期、h: *Platyclymenia annulate*/モロッコ産/デボン紀後期、i: *Medlicottia orbignyana*/カザフスタン産/ペルム紀前期。a,

b, d, e, g, h, i: 三笠市立博物館所蔵。
口絵 2: a: *Ceratites nodosus*/ ドイツ産 / 三畳紀中期、b: *Ceratites posseckeri*/ ドイツ産 / 三畳紀中期、c: *Paranannites aspenensis*/ アメリカ産 / 三畳紀前期、d: *Hellenites tchernyschewiensis*/ 宮城県産 / 三畳紀前期、e: *Xenoceltites* sp. / アメリカ産 / 三畳紀前期、f: *Anatomites* sp./ インドネシア産 / 三畳紀後期、g: *Vredenburgites vredenburgi*/ 東ティモール産 / 三畳紀後期、h: *Cladiscites tornatus*/ インドネシア産 / 三畳紀後期、i: *Monophyllites wengenensis*/ ギリシャ産 / 三畳紀中期。a, b, f, g, h, i: 三笠市立博物館所蔵、d: 岩手県立博物館所蔵。
口絵 3: a: *Holcophylloceras polyolcum*/ マダガスカル産 / ジュラ紀後期、b: *Psiloceras planorbis*/ イギリス産 / ジュラ紀前期、c: *Lytoceras siemensi*/ イギリス産 / ジュラ紀前期、d: *Dactylioceras commune*/ イギリス産 / ジュラ紀前期、e: *Hildoceras bifrons*/ フランス産 / ジュラ紀前期、f: *Harpoceras serpentinum*/ ドイツ産 / ジュラ紀前期、g: *Fontannesiella prolithographica*/ ドイツ産 / ジュラ紀後期、h: *Euaspidoceras* sp./ フランス産 / ジュラ紀後期、i: *Perisphinctes* sp./ マダガスカル産 / ジュラ紀後期。c, e: 三笠市立博物館所蔵。
口絵 4: a: *Phyllopachyceras ezoense*/ 北海道小平町産 / 白亜紀後期、b: *Tetragonites glabrus*/ 北海道小平町産 / 白亜紀後期、c: *Heteroceras moriezense*/ フランス産 / 白亜紀前期、d: *Douvilleiceras mammillatum*/ マダガスカル産 / 白亜紀前期、e: *Hauericeras angustum*/ 北海道中川町産 / 白亜紀後期、f: *Menuites japonicus*/ 北海道羽幌町産 / 白亜紀後期、h: *Yubariceras yubarense*/ 北海道小平町産 / 白亜紀後期、i: *Metaplacenticeras subtilistriatum*/ 北海道遠別町 / 白亜紀後期。c, h: 三笠市立博物館所蔵。
口絵 5: a: *Eubostrychoceras valdelaxum*/ 羽幌町産、b: *Hyphantoceras orientale*/ 苫前町産、c: *Yezoceras elegans*/ 羽幌町産、d: *Muramotoceras yezoense*/ むかわ町産、e: *Ainoceras kamuy*/ 平取町産、f: *Nipponites mirabilis*/ 三笠市産、g: *Ryuella ryu*/ 三笠市産、h: *Pravitoceras sigmoidale*/ 日高町産、i: Nostoceratidae gen. et sp. indet./ 苫前町産、j: *Polyptychoceras pseudogaultinum*/ 苫前町産、k: *Scalarites scalaris*/ 小平町産、l: *Mariella oehlerti*/ 夕張市産、m: *Baculites tanakae*/ 苫前町産、n: *Yezoites pseudoaequalis*/ 羽幌町産。すべて三笠市立博物館所蔵。
口絵 6: いずれも北海道苫前町にて撮影。
口絵 7: a: *Texanites kawasakii*/ 北海道小平町産 / 白亜紀後期 / 藤原寛一所蔵、b: *Amaltheus gibbosus*/ ドイツ産 / ジュラ紀前期 / 和仁良二提供標本、c: *Prosphingites slossi*/ アメリカ産 / 三畳紀前期、d: *Damesites* sp./ 北海道羽幌町産 / 白亜紀後期。
口絵 8: 筆者制作。
p.15: a: ©Dan Mihai Pitea；ミュンヘン州立古代美術博物館所蔵 <https://en.wikipedia.org/wiki/Amun> (CC BY-SA 3.0)、b: Gessner (1565) より転載 (CC0)、c: von Buch (1849) より転載 (CC0)。
p.17, 19, 21, 58, 66, 67, 71, 211: 筆者作図。
p.22: a: Peterman *et al.* (2021) の図 1a, b を抜粋して掲載 (CC BY 4.0)、b セラタイト型：De Baets *et al.* (2016) の図 8 の一部を切り出して掲載 (CC BY 3.0)。
p.24: *1: 三笠市立博物館提供、*2：Lindsay *et al.* (2020) の図 1C を抜粋して掲載 (CC BY 4.0)、*3: ©N. Tamura < https://en.wikipedia.org/wiki/Youngibelus > (CC BY 3.0)、*4: Benito & Reolid (2020) の図 3, 4 の一部を抜粋して掲載 (CC BY 4.0)。その他の画像は筆者所有資料もしくはパブリックドメイン。
p.26: a–d: Tanabe *et al.* (2015a) の図 10.4 を元に作図、e–h: Kruta *et al.* (2015) の図 11.3, 11.4, 11.6 を元に作図。
p.27: Kröger *et al.* (2011) の図 5 を元に簡略化し、2012 年以降の一部知見 (ベレムナイトの生存期間) を加えて作図。
p.33: De Baets *et al.* (2016) の図 7 を簡略化させて作図。ただし、トルノセラス超科をゴニアタイト目とした (CC BY 3.0)。
p.39: Monnet *et al.* (2011) の図 1 の一部を切りだし、画像を編集し、コラージュして掲載 (CC BY 2.0)。
p.41: Klug & Korn (2004) の図 2, 3 の一部を切りだし、画像を編集し、コラージュして掲載 (CC BY 4.0)。
p.45: De Baets *et al.* (2012) の図 11 を参考にして作図。
p.48: Ward (1981) の図 3 を元にイラストを加えて作図。
p.50: Peterman *et al.* (2021) の図 1f を元に作図し、図 1c–e をサイズ変更して掲載 (CC BY 4.0)。
p.52: ©Jeffrey Beall <https://commons.wikimedia.org> (CC BY 4.0)
p.55: Machalski (2005) の図 12A の一部をトリミングし、配置を修正して掲載 (CC BY 4.0)。
p.57, 102: パブリックドメイン。
p.69: 筆者作図。作成にあたり、Ward *et al.* (1981) を参考にした。
p.73: a: Hoffmann *et al.* (2021b) の図 6b を切り出し、図中記号およびスケールを修正し掲載 (CC BY 4.0)、b: Tanabe *et al.* (2015b) の図 13.1A, B, 13.6B などを参考にして作図。
p.77: *Desmoceras latidorsatum*；マダガスカル産；白亜紀前期。
p.79: Bucher *et al.* (1996) の図 1 を参考にして作図。
p.82: Kulicki (1979) の図 7 を参考にして作図。
p.83: 上：*Neophylloceras subramosum*；北海道羽幌町産；白亜紀後期、下：筆者作図。
p.85: 鳥羽水族館提供。
p.90: a: *Prolobites ellipticus*/ ロシア産 / デボン紀後期 / 三笠市立博物館所蔵、b: *Chondroceras evolvescens*/ フランス産 / ジュラ紀中期、c: *Yezoites puerculus*/ 北海道苫前町産 / 白亜紀後期、d: *Pravitoceras sigmoidale*/ 北海道日高町産 / 白亜紀後期 / 三笠市立博物館所蔵、e–f: *Anagaudryceras limatum*/ 北海道産 / 白亜紀後期 / 三笠市立博物館所蔵、g: *Mortoniceras rostratum*/ フランス産 / 白亜紀前期 //。h: *Mortoniceras rostratum*；フランス産；白亜紀前期；フランス国立自然史博物館データベースより転載 <https://science.mnhn.fr/institution/mnhn/search> (CC BY 4.0)、

h: *Kosmoceras jason*/イギリス産/ジュラ紀中期/フランス国立自然史博物館データベースより転載（CC BY 4.0）。
i: *Tetragonites minimus*/北海道産/白亜紀後期/三笠市立博物館所蔵。j–k: 現生オウムガイ（*Nautilus pompilius*）/フィリピン産/現世、j: パブリックドメイン、k: 三笠市立博物館所蔵。
p.97: a: *Oecotraustes* sp./ドイツ産/ジュラ紀中期、b: *Oppelia* sp. /フランス産/ジュラ紀中期、c: *Oecoptychius refractus*/フランス産/ジュラ紀中期/フランス国立自然史博物館データベースより、殻の欠損部分を点線で補足して掲載（CC BY 4.0）、d: *Phlycticeras pustulatum*/フランス産/ジュラ紀中期/フランス国立自然史博物館データベースより転載（CC BY 4.0）、e: *Yezoites puerculus* ミクロコンク/北海道苫前町産/白亜紀後期、f: *Yezoites puerculus* マクロコンク/北海道苫前町産/白亜紀後期、g: *Yokoyamaoceras ishikawai* ミクロコンク/北海道小平町産/白亜紀後期、h: *Yokoyamaoceras ishikawai* マクロコンク/北海道小平町産/白亜紀後期。
p.106: 三笠市立博物館にて撮影。
p.120: Tanabe (1979) の図10を参考にして作図。
p.123: Kawabe (2003) の図6, 8の一部を元にして作図。
p.126: Wilmsen & Mosavinia (2011) の図9を元にして作図。
p.137: Stevens *et al.* (2015) の図 9を元にして作図。
p.141: Trueman (1940) の図14を参考にして作図。
p.144: Westermann (1996) および Ritterbush & Bottjer (2012) を参考に作図。
p.146: Peterman & Ritterbush (2022a) の図1, 2をトリミング、コラージュ、図中記号変更し、英語説明を削除、日本語説明を追加して掲載（CC BY 4.0）。
p.150: a, b: Peterman & Ritterbush (2022b) の図10の配置を編集、英語説明を削除、日本語説明を追加して掲載（CC BY 4.0）。c: 筆者作図。
p.156: a–d: Tanabe *et al.* (2015a) の図10.4を参考にして作図。e: ノーマルタイプの下顎化石/北海道産/白亜紀後期、f: アプチクスタイプの下顎化石/ドイツ産/ジュラ紀後期。
p.160: Hoffmann *et al.* (2021c) の図1, 3, 4の一部を切り出し、スケール、図中記号を編集して掲載（CC BY 4.0）。
p.162: *Lumbricaria intestinum*；ドイツ産；ジュラ紀後期。
p.167: 多数のアリストセラス（*Aristoceras* sp.）、ヴィドリオセラス（*Vidrioceras* sp.）などの胚殻を含む岩石/アメリカ産/石炭紀/東京大学総合研究博物館所蔵。Tanabe *et al.* (1993) で検討された標本。
p.169: *Harpoceras serpentinum*/ドイツ産/ジュラ紀前期。
p.171: *Placenticeras meeki*/アメリカ産（複製）/白亜紀後期カンパニアン期/アータール恐竜博物館（スイス）所蔵。
p.177: a: 三笠市立博物館の展示パネルなどを参考に作図、b: *Yokoyamaoceras ishikawai*/北海道中川町産/白亜紀後期/村宮悠介氏提供。
p.182: a: *Gaudryceras* sp./北海道羽幌町産/白亜紀後期、b: *Neophylloceras subramosum*/北海道苫前町産/白亜紀後期。
p.185: Maeda & Seilacher (1996) の図5を参考にして作図。
p.188: Maeda (1987) の図8, 12を参考にして作図。
p.194: *Manticoceras* sp./モロッコ産/デボン紀後期/深田地質研究所所蔵。
p.199: a–c: 現生オウムガイ（*Nautilus pompilius*）/フィリピン産/現世/和仁良二氏提供写真。Wani (2004) の図3B, 4B, 5Aと同じ標本。
p.202: Yu *et al.* (2019) の図5をトリミングしてスケールを編集、図2と合わせ、補助線を追加して掲載（CC BY 4.0）。
p.222: Raup (1967) の図1を参考に作図。
p.223: Okamoto (1988a) の図2を参考に作図。
p.225: Okamoto (1988c) の図7, 8を参考に作図。
p.226: a: *Scalarites scalaris*/北海道小平町産/白亜紀後期/三笠市立博物館所蔵、b: *Nipponites mirabilis*/北海道三笠市産/白亜紀後期/三笠市立博物館所蔵、c: *Eubostrychoceras japonicum*/北海道小平町産/白亜紀後期/三笠市立博物館所蔵。
p.239: Smith *et al.* (2021) 図2の要素を一部抜粋して配置・サイズを編集、補助線を追加して掲載（CC BY 4.0）。
p.244: Hoffmann *et al.* (2021a) の図1A–Cの省略記号・補助線の一部を削除し、日本語説明を追加して掲載（CC BY 4.0）。
p.246: Klug *et al.* (2021) の図2の英語説明を削除、日本語説明を追加して掲載（CC BY 4.0）。
p.249: *Aioloceras besairiei*；マダガスカル産、白亜紀前期。
p.251: Mironenko (2015) の図13の記号・英語説明を削除、日本語説明を追加して掲載（CC BY 4.0）。
p.257: *Gaudryceras tenuiliratum*/北海道苫前町産/白亜紀後期。
p.266: a: パブリックドメイン、b: Figuier (1863) より転載、c: Figuier (1865) より転載、d: Bolsche (1908) より転載、e: Fraas (1910) より転載。Schindewolf (1958) より転載。 g:「失われた日本の生物」（講談社, 1974）より転載。h: ©Monks N. <https://en.wikipedia.org/wiki/Hamites_(genus)> (CC BY-SA 3.0)。
p.267: a: De Baets *et al.* (2016) の図6の一部を切り出し、一部を改変して掲載（CC BY 3.0）。b: Mironenko (2015) の図14Aを掲載（CC BY 4.0）、c: Inoue & Kondo (2016) の図5右を掲載（CC BY 4.0）、d: Klug *et al.* (2016) の図9Aをトリミングして掲載（CC BY 4.0）、e: Smith *et al.* (2021) の図6を掲載（CC BY 4.0）、f: 筆者作図。

※本文中で引いた研究者の所属先について、特に言及がない限り論文発表時のものを使用しています。
※掲載された標本写真のうち、クレジットの記載がないものは筆者の研究試料です。

相場大佑

あいば・だいすけ

公益財団法人深田地質研究所研究員。1989年、東京都生まれ。2017年横浜国立大学大学院博士課程修了、博士（学術）。三笠市立博物館学芸員を経て現職。専門は古生物学（特に、化石頭足類アンモナイトの分類・進化・古生態）。アンモナイトの生物としての姿に迫るべく研究を進め、これまでに2新種を記載。また、学芸員時代に巡回展「ポケモン化石博物館」を企画し、総合監修を務める。著書に『僕とアンモナイトの1億年冒険記』（イースト・プレス）、『自然科学ハンドブック 化石図鑑』（創元社）など。

ブックデザイン：鈴木千佳子

DTP：あおく企画

校正：藤本淳子

編集：松下大樹（誠文堂新光社）

アンモナイト学入門

殻の形から読み解く進化と生態

2024年2月15日　発　行　　NDC456

著　　者　相場大佑
発 行 者　小川雄一
発 行 所　株式会社 誠文堂新光社
〒113-0033 東京都文京区本郷 3-3-11
電話 03-5800-5780
https://www.seibundo-shinkosha.net/
印 刷 所　星野精版印刷 株式会社
製 本 所　和光堂 株式会社

ISBN978-4-416-52416-9